TypeScript+Vue.js前端开发从入门到精通

张益珲 编著

清华大学出版社
北京

内 容 简 介

本书以一个一线前端架构师的视角，深入浅出地介绍TypeScript与Vue.js整合开发大型前端应用的全部技术细节。全书共17个章节，主要内容包括TypeScript基础、面向对象编程、Vue中的模板、组件属性和方法、用户交互处理、组件基础与进阶、Vue响应性编程、动画技术、脚手架Vue CLI和Vite工具的使用、Element Plus UI组件库以及基于Vue的网络框架vue-axios的应用等。此外，本书还涵盖Vue路由管理和状态管理的内容，并通过实战编程技术论坛系统项目的开发，让读者巩固所学的知识，全面提升自己的前端开发技能。

本书还提供了丰富的配书资源，包括教学视频、源代码、代码导读手册，这些资源可以让读者学习更轻松和高效。

本书面向TypeScript与Vue.js初学者和有一到两年经验的前端开发人员，也适合培训机构和大中专院校作为教学用书。

图书在版编目（CIP）数据

TypeScript+Vue.js 前端开发从入门到精通/张益珲编著. —北京：清华大学出版社，2024.1
ISBN 978-7-302-64912-0

Ⅰ. ①T… Ⅱ. ①张… Ⅲ. ①JAVA 语言—程序设计 Ⅳ. ①TP312.8

中国国家版本馆 CIP 数据核字（2023）第 219626 号

责任编辑： 王金柱
封面设计： 王　翔
责任校对： 闫秀华
责任印制： 沈　露

出版发行： 清华大学出版社
　　网　　址： https://www.tup.com.cn，https://www.wqxuetang.com
　　地　　址： 北京清华大学学研大厦 A 座　　　**邮　　编：** 100084
　　社 总 机： 010-83470000　　　**邮　　购：** 010-62786544
　　投稿与读者服务： 010-62776969，c-service@tup.tsinghua.edu.cn
　　质量反馈： 010-62772015，zhiliang@tup.tsinghua.edu.cn
印 装 者： 涿州汇美亿浓印刷有限公司
经　　销： 全国新华书店
开　　本： 190mm×260mm　　**印　　张：** 26.25　　**字　　数：** 708 千字
版　　次： 2024 年 1 月第 1 版　　**印　　次：** 2024 年 1 月第 1 次印刷
定　　价： 128.00 元

产品编号：099110-01

前　言

Vue.js本身是JavaScript技术栈中的一个框架，但随着前端项目规模的增加，JavaScript越来越难以胜任大型团队合作的复杂项目的开发，TypeScript则弥补了JavaScript这方面的不足，编程的方式也更加现代化，因此Vue.js+TypeScript的组合越来越受前端开发人员的喜爱，已成为前端大型项目开发的一种趋势。

本书以一个资深前端架构师的视角，从零基础入手，通俗易懂地介绍了TypeScript的基础语法和进阶用法，以及Vue.js全家桶和周边技术框架，并提供了丰富的范例和项目，旨在使读者边学边练，快速且扎实地掌握TypeScript的编程方法和Vue.js框架的方方面面，并真正使用它们开发出商业级的应用程序。

内容结构

本书共分为17章。

第1章是本书的入门，简单介绍了前端开发必备的基础知识，包括HTML、CSS和JavaScript这3种前端开发必备的技能，以及JavaScript与TypeScript的关系，然后简要介绍了Vue.js框架，以使读者对本书所讲的知识有一个初步印象。

第2~4章是TypeScript部分。

第2章介绍TypeScript中的一些基础语法，包括开发环境的搭建、基本数据类型、函数等相关知识。第3章介绍TypeScript中的面向对象编程，包括类、接口等核心语法。第4章介绍TypeScript高阶技术，包括TypeScript中的泛型、迭代器与装饰器等。

第6~10章是Vue.js部分。

第5章介绍Vue模板的基本用法，包括模板插值、条件与循环渲染的相关语法。第6章介绍Vue组件中属性和方法的相关概念，并使用面向对象的思路进行前端程序开发，通过一个功能简单的登录注册页面进行练习。

第7章介绍前端应用中用户交互的处理方法，用户交互为应用程序带来灵魂。除介绍基础的网页用户交互的处理外，还讲解如何在Vue.js框架中更加高效地处理用户交互事件。

第8章和第9章介绍Vue.js中组件的应用。组件是Vue.js框架的核心，有了组件，才有了开发大型互联网应用的基础，组件使得项目的结构更加便于管理，工程的可维护与可扩展性大大提高，且组件本身的复用性也使开发者可以大量使用第三方模块，或将自己开发的模块作为组件供各种项目使用，极大地提高了开发效率。

第10章介绍Vue.js框架的响应性原理及Vue.js 3.x版本引入的组合式API的新特性。本章是对读者开发能力的一种拔高，引导读者在实现功能到精致逻辑设计的方向上进步。

第11章介绍通过Vue.js框架开发前端动画效果。前端是和用户面对面的，功能本身只是前端应用的一部分，更重要的是给用户带来良好的使用体验。合理地使用动画是提升用户体验的一大法宝。

第12章介绍开发大型项目必备的脚手架Vue CLI和Vite的基本用法，管理项目、编译、打包都需要使用脚手架工具。

在使用Vue CLI构建结构化的Vue应用前，我们都是通过在HTML中引入Vue.js框架直接使用的，这种方式通过编译即可直接使用Vue.js提供的功能，这会使读者专注于Vue.js框架本身的语法特性，不分散精力在环境搭建、语言编译等工作流程上。因此，这一部分我们依然使用JavaScript来做Vue.js语法的演示。在使用脚手架工具后，编译相关的工作流程将由脚手架完成，在后续的实践项目中，读者即可通过前面所学习的知识，结合运用TypeScript来开发完整的应用程序。

第13章介绍样式美观且扩展性极强的基于Vue.js的UI框架Element Plus，第14章介绍网络请求框架vue-axios，第15章介绍一款非常好用的Vue应用路由管理框架Vue Router，第16章介绍强大的状态管理框架Vuex，通过Vuex开发者可以更好地管理大型Vue项目各个模块间的交互。

第17章通过一个相对完整的应用项目全面地对本书所涉及的Vue.js技能进行综合应用，帮助读者学以致用，更加深入地理解所学习的内容。

配书资源

源代码：本书提供完整源代码，读者扫描右侧的二维码即可下载。

代码导读手册：该手册对本书所有代码进行了详尽说明，对于初学者来说，通过该手册可以大大降低理解代码的难度，达到快速上手的目的。代码导读手册参见源码包中的PDF文件。读者扫描右侧的二维码即可下载。

教学视频：作者为本书录制的教学视频，读者可以扫描书中各章节的二维码直接观看。

如果在学习和下载资源的过程中遇到问题，可以发送邮件至booksaga@126.com，邮件主题写“TypeScript+Vue.js前端开发从入门到精通”。

读者对象

- 正在学习前端开发的初学者
- 拥有1～2年工作经验，想进一步提升的前端开发人员
- 培训机构的学员和大中专院校的学生

最后，感谢支持我的家人和朋友，感谢清华大学出版社王金柱编辑的勤劳付出，使本书顺利与读者见面。感谢读者的耐心，希望本书可以带给你预期的收获。限于本人水平，书中疏漏之处在所难免，敬请广大读者斧正。

张益珲

2023年10月14日 于上海

目　　录

第 1 章 准备知识

前端技术是互联网大技术栈中非常重要的一个分支。前端技术本身也是互联网技术发展的一个见证，它就像一扇窗户，展现了互联网技术的发展与变迁。

前端技术通常是指通过浏览器将信息展现给用户这一过程中涉及的互联网技术。随着目前前端设备的泛化，并非所有的前端产品都是通过浏览器来呈现的，例如微信小程序、支付宝小程序、移动端应用等被统称为前端应用，相应地，前端技术栈也越来越宽广。

讲到前端技术，虽然目前有各种各样的框架与解决方案，基础技术依然是前端三剑客：HTML5、CSS3 与 JavaScript。随着 HTML5 与 CSS3 的应用，现代前端网页的美观程度与交互能力都得到了极大的提升。并且，在 JavaScript 的基础之上，人们又开发出了支持静态类型的 TypeScript 语言，弥补了 JavaScript 开发大型应用的不足之处。在前端项目开发中，TypeScript 的流行程度也越来越高。

本章将向读者简单介绍前端技术的发展过程，以及前端三剑客和 TypeScript 的基本概念及应用，并简单介绍响应式开发框架的相关概念。本章将通过一个简单的静态页面向读者展示如何使用 HTML、CSS 与 TypeScript 代码将网页展示到浏览器界面中。

通过本章，你将学习到：

- 了解前端技术的发展概况。
- 对HTML技术有简单的了解。
- 对CSS技术有简单的了解。
- 对JavaScript技术有简单的了解。
- 理解TypeScript的出现背景并做简单的了解。
- 认识渐进式界面开发框架Vue，初步体验Vue开发框架。

1.1 前端技术简介

关于前端技术，我们还是要从HTML说起。1990年12月，计算机学家Tim Berners-Lee使用HTML语言在NeXT计算机上部署了第一套由“主机－网站－浏览器”构成的Web系统，我们通常认为这是世界上第一套完整的前后端应用，将其作为Web开发技术的开端。

1993年，第一款正式的浏览器Mosaic发布，1994年年底W3C组织成立，标志着互联网进入了标准化发展的阶段，互联网技术迎来快速发展的春天。

1995年，网景公司推出JavaScript语言，赋予了浏览器更强大的页面渲染与交互能力，使之前的静态网页开始真正向动态化的方向发展，由此后端程序的复杂度大幅提升，MVC（Model-View-Controller，模型–视图–控制器）开发架构诞生，其中前端主要负责MVC架构中的V（视图层）的开发。

2004年，Ajax技术在Web开发中得到应用，使得网页可以灵活使用HTTP异步请求来动态地更新页面，复杂的渲染逻辑由之前的后端处理逐渐更替为前端处理，开启了Web 2.0时代。由此，类似jQuery等非常多流行的前端DOM处理框架相继诞生，以其中最流行的jQuery框架为例，其几乎成为网站开发的标配。

2008年，HTML5草案发布，2014年10月，W3C正式发布HTML5推荐标准，众多流行的浏览器也都对其进行了支持，前端网页的交互能力大幅度提高。前端网站开始由Web Site向Web App进化，2010年开始相继出现了Angular JS、Vue JS等开发框架。这些框架的应用开启了互联网网站开发的SPA（Single Page Application，单页面应用程序）时代，这也是当今互联网Web应用开发的主流方向。

2012年，微软发布了新一代编程语言TypeScript，弥补了JavaScript语言本身的局限性，使前端大型项目的开发更加工程化。TypeScript是JavaScript的超集，本质上是向JavaScript语言中添加了静态类型以及基于类的面向对象编程特性。

总体来说，前端技术的发展经历了静态页面阶段、Ajax阶段、MVC阶段，最终发展到SPA阶段。前端开发语言的功能也在不断迭代，逐渐增加了更强大的面向对象编程特性。

在静态页面阶段，前端代码只是后端代码中的一部分，浏览器中展示给用户的页面都是静态的，这些页面的所有前端代码和数据都是后端组装完成后发送给浏览器进行展示的，页面响应速度慢，只能处理简单的用户交互，样式也不够美观。

在Ajax阶段，前端与后端实现了部分分离。前端的工作不再只是展示页面，还需要进行数据的管理与用户的交互。当前端发展到Ajax阶段时，后端更多的工作是提供数据，前端代码逐渐变得复杂。

随着前端要完成的功能越来越复杂，代码量也越来越大。应运而生的很多框架都为前端的代码工程结构管理提供了帮助，这些框架大多采用MVC或MVVM模式，将前端逻辑中的数据模型、视图展示和业务逻辑区分开来，为更大复杂性的前端工程提供了支持。

前端技术发展到SPA阶段后意味着网站不再只是用来展示数据，其是一个完整的应用程序，浏览器只需要加载一次网页（可以理解为加载了完整的应用程序代码），用户即可在其中完整使用多页面交互的复杂应用程序，程序的响应速度快，用户体验也非常好。

1.2 HTML入门

HTML是一种编程语言，是一种描述性的网页编程语言。HTML的全称为Hyper Text Markup Language，我们通常也将其称为超文本标记语言。所谓超文本，是指其除可以用来描述文本信息外，还可以描述超出基础文本范围的图片、音频、视频等信息。

虽然说HTML是一种编程语言，但是从编程语言的特性来看，HTML并不是一种完整的编程语言，其并没有很强的逻辑处理能力，更确切的说法为HTML是一种标记语言，其定义了一套标记标签用来描述和控制网站的渲染。

标签是HTML语言中非常重要的一部分，标签是指由尖括号包围的关键词，例如<h1>、<html>等。在HTML文档中，大多标签都是成对出现的，例如<h1></h1>，在一对标签中，前面的标签是开始标签，后面的标签是结束标签。例如下面就是一个非常简单的HMTL文档示例：

【代码片段1-1】

```
<html>
<body>
<h1>Hello World</h1>
<p>HelloWorld 网页</p>
</body>
</html>
```

上面的代码中共有4对标签，html、body、h1和p，这些标签的排布与嵌套定义了完整的HTML文档，最终会由浏览器进行解析渲染。

1.2.1 准备开发工具

HTML文档本身也是一种文本，我们可以使用任何文本编辑器进行HTML文档的编写，只需要将其文本后缀名使用.html即可。使用一个强大的HTML编辑器可以极大地提高我们的编写效率，例如很多HTML编辑器都会提供代码提示、标签高亮、标签自动闭合等功能，这些功能都可以帮助我们在项目开发中十分快速地编写代码，并且可以有效减少因为笔误所产生的错误。

Visual Studio Code（VS Code）是一款非常强大的编辑器，其除提供语法检查、格式整理、代码高亮等基础编程功能外，还支持对代码进行调试和运行以及版本管理。通过安装扩展，VS Code几乎可以支持目前所有流行的编程语言。本书示例代码的编写也将采用VS Code编辑器完成。你可以在如下网站下载新版本的VS Code编辑器：

```
https://code.visualstudio.com
```

目前VS Code支持的操作系统有macOS、Windows和Linux，在网站中下载适合自己操作系统的VS Code版本进行安装即可，如图1-1所示。

下载并安装VS Code软件后，可以尝试使用其创建一个简单的HTML文档，新建一个名为test.html的文件，在其中编写如下测试代码：

图 1-1　下载 VS Code 编辑器软件

【代码片段1-2 源码见附件代码/第1章/1.test.html】

```
<!DOCTYPE html>
<html lang="en">
<head>
    <meta charset="UTF-8">
    <meta name="viewport" content="width=device-width, initial-scale=1.0">
    <title>Document</title>
</head>
<body>
    <h1>HelloWorld</h1>
</body>
</html>
```

相信在输入代码的过程中，你已经体验到使用VS Code编程带来的畅快体验，并且在编辑器中关键词的高亮和自动缩进也使代码结构看起来更加直观，如图1-2所示。

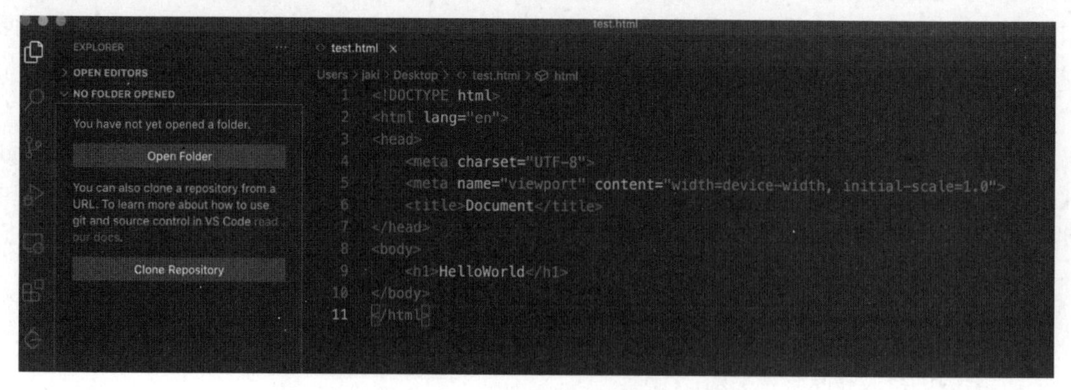

图 1-2　VS Code 的代码高亮与自动缩进功能

在VS Code中将代码编写完成后，可以直接运行，运行HTML的源文件时，VS Code会自动将其以浏览器的方式打开，选择VS Code工具栏中的Run→Run Without Debugging选项，如图1-3所示。

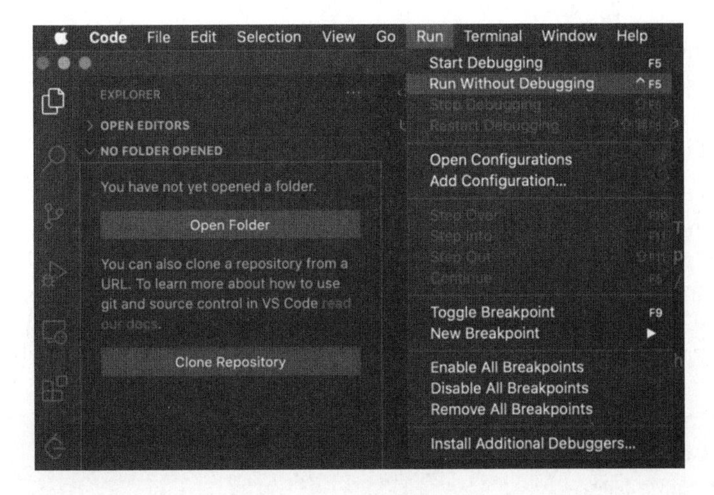

图 1-3　运行 HTML 文件

之后会弹出环境选择菜单，可以选择一款浏览器进行预览，如图1-4所示。建议安装Google Chrome浏览器，其有很多强大的插件可以帮助我们进行Web程序的调试。

图 1-4　使用浏览器进行预览

预览效果如图1-5所示。

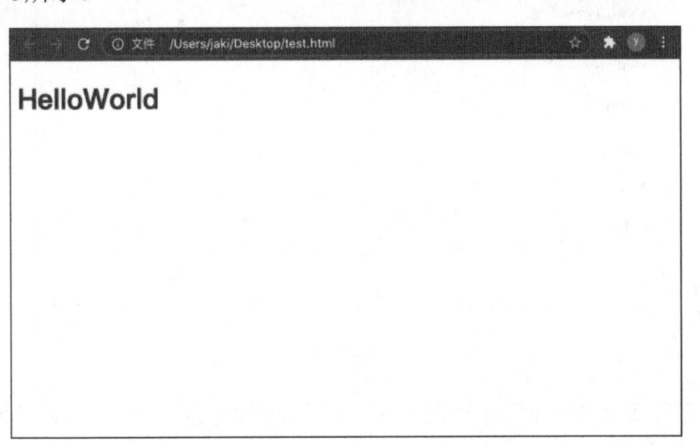

图 1-5　使用 HTML 实现的 HelloWorld 程序

1.2.2　HTML 中的基础标签

HTML中预定义的标签很多，本节通过几个基础标签的应用实例来向读者介绍标签在HTML中的简单用法。

HTML文档中的标题通常使用h标签来定义，根据标题的等级h标签又分为h1～h6共6个等级。使用VS Code编辑器创建一个名为base.html的文件，在其中编写如下代码：

【代码片段1-3 源码见附件代码/第1章/2.base.html】

```
<!DOCTYPE html>
<html lang="en">
<head>
    <meta charset="UTF-8">
    <meta name="viewport" content="width=device-width, initial-scale=1.0">
    <title>基础标签应用</title>
</head>
<body>
    <h1>1级标题</h1>
    <h2>2级标题</h2>
    <h3>3级标题</h3>
    <h4>4级标题</h4>
    <h5>5级标题</h5>
    <h6>6级标题</h6>
</body>
</html>
```

后面的大多示例，HTML文档的基本格式都是一样的，代码的不同之处主要在body标签内，后面的示例只会展示核心body中的代码。

运行上面的HTML文件，浏览器渲染效果如图1-6所示。可以发现，不同等级的标题文本字体的字号大小是不同的。

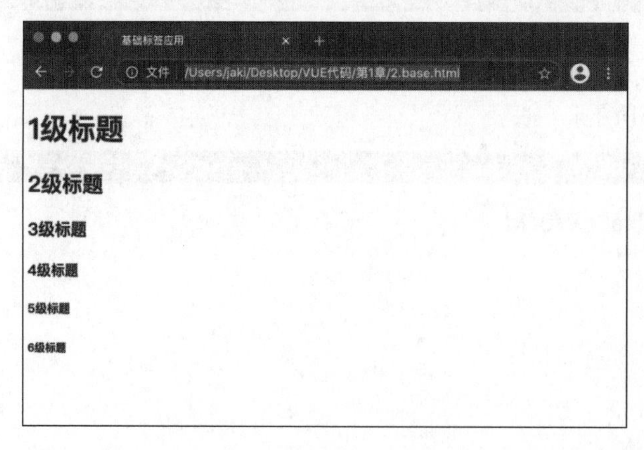

图 1-6　HTML 中的 h 标签

HTML文档的正文部分通常使用p标签定义，p标签的意义是段落，正文中的每个段落的文本都可以用p标签包裹，示例如下：

【代码片段1-4 源码见附件代码/第1章/2.base.html】

```
<p>这里是一个段落</p>
<p>这里是一个段落</p>
```

a标签用来定义超链接，a标签中的href属性可以指向一个新的文档路径，当用户单击超链接的时候，浏览器会跳转到超链接指向的新网页，示例如下：

【代码片段1-5　源码见附件代码/第1章/2.base.html】

```
<a href="https://www.baidu.com">跳转到百度</a>
```

在实际的应用开发中，很少使用a标签来处理网页的跳转逻辑，更多时候使用JavaScript/TypeScript来操作跳转逻辑。

HTML文档中也可以方便地显示图像，向base.html文件所在的目录中添加一幅图片素材（demo.png），使用img标签来定义图像，示例如下。

【代码片段1-6　源码见附件代码/第1章/2.base.html】

```
<div><img src="demo.png" alt="图片" width="400px"></div>
```

需要注意，之所以将img标签包裹在div标签中，是因为img标签是一个行内元素，如果想让图片单独另起一行展示，则需要使用div标签包裹，示例效果如图1-7所示。

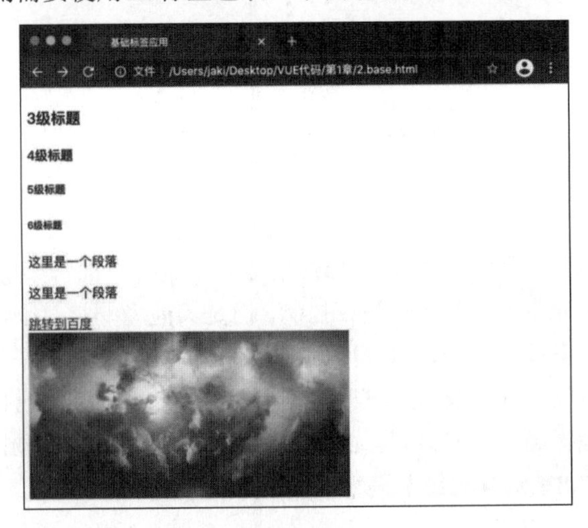

图 1-7　HTML 文档效果演示

HTML中的标签可以通过属性对其渲染或对交互行为进行控制，例如上面的a标签，href就是一种属性，其用来定义超链接的地址。在img标签中，src属性用于定义图片素材的地址，width属性用于定义图片渲染的宽度。标签中的属性使用如下格式设置：

```
tagName = "value"
```

tagName为属性的名字，不同的标签支持的属性也不同。通过设置属性可以方便控制HTML文档中元素的布局与渲染，例如对于h1标签来说，将其align属性设置为center后，其就会在文档中居中展示：

```
<h1 align = "center">1级标题</h1>
```

效果如图1-8所示。

HTML中还定义了一种非常特殊的标签——注释标签。编程工作除要进行代码的编写外，优雅地撰写注释也是非常重要的，注释的内容在代码中可见，但是对于浏览器来说是透明的，不会对渲染产生任何影响，示例如下：

```
<!-- 这里是注释的内容 -->
```

图 1-8 标题居中展示

注释都是写给开发人员看的，方面后续代码的维护和扩展。

1.3 CSS入门

通过1.2节的介绍，我们了解到HTML文档通过标签来进行页面框架的搭建和布局，虽然通过标签的一些属性也可以对元素展示的样式进行控制，但是其能力非常有限，我们在日常生活中看到的网页往往是五彩斑斓、多姿多彩的，这都要归功于CSS的强大能力。

CSS（Cascading Style Sheets，层叠样式表）的用处是定义如何展示HTML元素，通过CSS来控制网页元素的样式极大地提高了编码效率，在实际编程中，可以先将HTML文档的整体框架使用标签定义出来，之后使用CSS来对样式细节进行调整。

1.3.1 CSS 选择器入门

CSS代码的语法规则主要由两部分构成：选择器和声明语句。

声明语句用来定义样式，而选择器则用来指定要使用当前样式的HTML元素。在CSS中，基本的选择器有通用选择器、标签选择器、类选择器和id选择器。

1. 通用选择器

使用*号来定义通用选择器，通用选择器的意义是对所有元素生效。创建一个名为selector.html的文件，在其中编写如下示例代码：

【代码片段1-7 源码见附件代码/第1章/3.selector.html】

```
<!DOCTYPE html>
<html lang="en">
<head>
    <meta charset="UTF-8">
    <meta name="viewport" content="width=device-width, initial-scale=1.0">
    <title>CSS选择器</title>
    <style>
```

```
        * {
            font-size: 18px;
            font-weight: bold;
        }
    </style>
</head>
<body>
    <h1>这里是标题</h1>
    <p>这里是段落</p>
    <a>这里是超链接</a>
</body>
</html>
```

运行代码，浏览器渲染效果如图1-9所示。

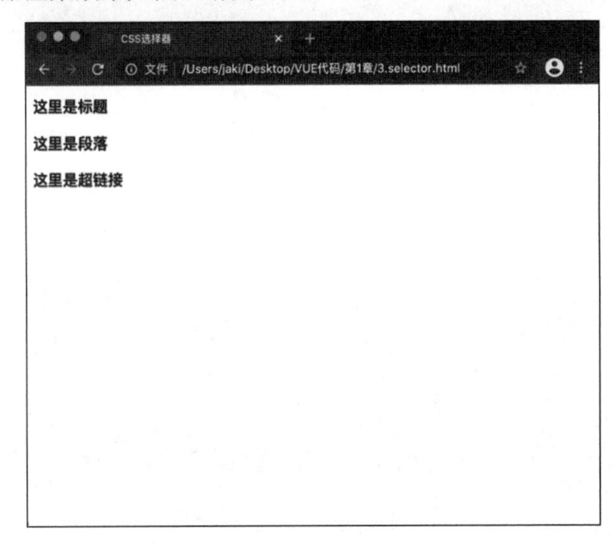

图 1-9　HTML 渲染效果

如以上代码所示，使用通用选择器将HTML文档中所有的元素选中，之后将其内所有的文本字体都设置为粗体18号。

2. 标签选择器

顾名思义，标签选择器可以通过标签名对此标签对应的所有元素的样式进行设置，示例代码如下：

【代码片段1-8】

```
p {
    color:red;
}
```

上面的代码将所有p标签内部的文本颜色设置为红色。

3. 类选择器

类选择器需要结合标签的class属性来使用，可以在标签中添加class属性来为其设置一个类名，类选择器会将所有设置对应类名的元素选中，类选择器的使用格式为“.className”。

4. id选择器

id选择器和类选择器类似，id选择器可以通过标签的id属性进行选择，其使用格式为“#idName”，示例如下：

【代码片段1-9 源码见附件代码/第1章/3.selector.html】

```
<!DOCTYPE html>
<html lang="en">
<head>
    <meta charset="UTF-8">
    <meta name="viewport" content="width=device-width, initial-scale=1.0">
    <title>CSS选择器</title>
    <style>
        * {
            font-size: 18px;
            font-weight: bold;
        }
        p {
            color:red;
        }
        .p2 {
            color: green;
        }
        #p3 {
            color:blue;
        }
    </style>
</head>
<body>
    <h1>这里是标题</h1>
    <p>这里是段落一</p>
    <p class="p2">这里是段落二</p>
    <p id="p3">这里是段落三</p>
    <a>这里是超链接</a>
</body>
</html>
```

运行上面的代码，可以看到“段落一”的文本被渲染成红色，“段落二”的文本被渲染成绿色，“段落三”的文本被渲染成蓝色。

除上面列举的4种基本的CSS选择器外，CSS选择器还支持组合和嵌套，例如要选中如下代码中的p标签：

```
<div><p>div中嵌套的p</p></div>
```

可以使用后代选择器如下：

```
div p {
  color: cyan;
}
```

对于要同时选中多种元素的场景，也可以将各种选择器组合，每种选择器间使用逗号分隔即可，例如：

```
.p2, #p3 {
    font-style: italic;
}
```

此外，CSS选择器还有属性选择器、伪类选择器等，有兴趣的读者可以在互联网上查到大量的相关资料进行学习。本小节只需要掌握基础的选择器的使用方法即可。

1.3.2 CSS 样式入门

掌握了CSS选择器的应用，要选中HTML文档中的任何元素都非常容易，在实际开发中最常用的选择器是类选择器，可以根据组件的不同样式将其定义为不同的类，通过类选择器来对组件进行样式定义。

CSS提供了非常丰富的样式供开发者进行配置，包括元素背景的样式、文本的样式、边框与边距的样式、渲染的位置等。本节将介绍一些常用样式的配置方法。

1. 元素的背景配置

在CSS中，与元素背景配置相关的属性都是以background开头的。使用CSS对元素的背景样式进行设置，可以实现相当复杂的元素渲染效果。常用的背景配置属性如表1-1所示。

表 1-1 常用的背景配置属性

属 性 名	意 义	可配置值
background-color	设置元素的背景颜色	这个属性可以接收任意合法的颜色值
background-image	设置元素的背景图片	图片素材的 url
background-repeat	设置背景图片的填充方式	repeat-x：水平方向上重复 repeat-y：垂直方向上重复 no-repeat：图片背景不进行重复平铺
background-position	设置图片背景的定位方式	可以设置为相关定位的枚举值，如 top、center 等，也可以设置为长度值

2. 元素的文本配置

元素的文本配置包括对齐方式配置、缩进配置、文字间隔配置等，下面的CSS代码将演示这些文本配置属性的使用方式。

HTML标签：

```
<div class="text">文本配置属性 HelloWorld</div>
```

CSS设置：

【代码片段1-10 源码见附件代码/第1章/3.selector.html】

```
.text {
    text-indent: 100px;
```

```
    text-align: right;
    word-spacing: 20px;
    letter-spacing: 10px;
    text-transform: uppercase;
    text-decoration: underline;
}
```

效果如图1-10所示。

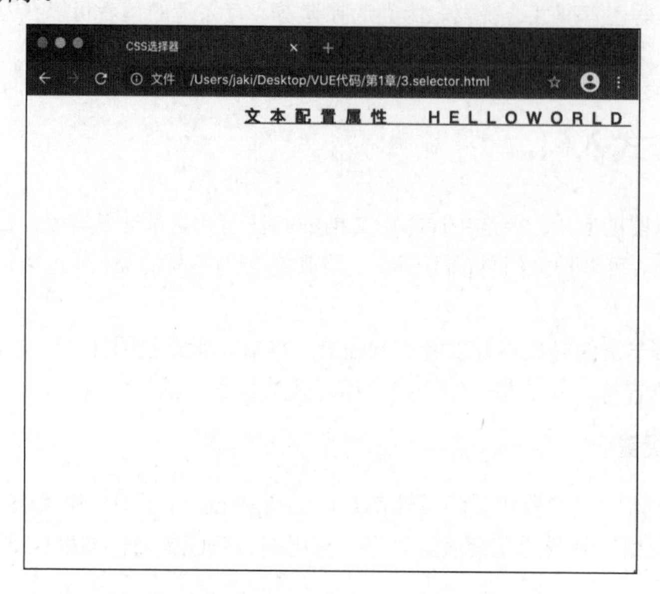

图 1-10 使用 CSS 对文本元素进行配置

3. 边框与边距配置

使用CSS可以对元素的边框进行设置，例如设置元素的边框样式、宽度、颜色等。示例代码如下。

HTML元素：

```
<div class="border">设置元素的边框</div>
```

CSS设置：

【代码片段1-11 源码见附件代码/第1章/3.selector.html】

```
.border {
    border-style: solid;
    border-width: 4px;
    border-color: red;
}
```

上面的示例代码中，border-style属性用于设置边框的样式，例如solid将其设置为实线；border-width属性用于设置边框的宽度；border-color属性用于设置边框的颜色。上面的代码运行后的效果如图1-11所示。

使用border开头的属性配置默认对元素的4个边框都进行设置，也可以单独对元素某个方向的边框进行设置，使用border-left、border-right、border-top、border-bottom开头的属性进行设置即可。

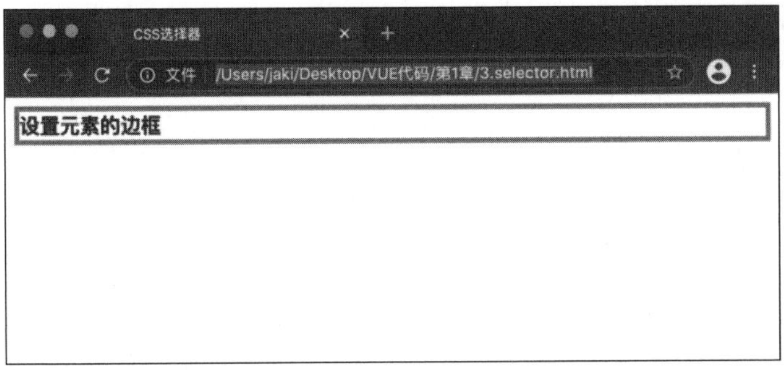

图 1-11 边框设置效果

元素定位是CSS非常重要的功能，我们看到的网页之所以多姿多彩，都要归功于CSS可以灵活地对元素进行定位。

在网页布局中，CSS盒模型是一个非常重要的概念，其通过内外边距来控制元素间的相对位置，盒模型结构如图1-12所示。

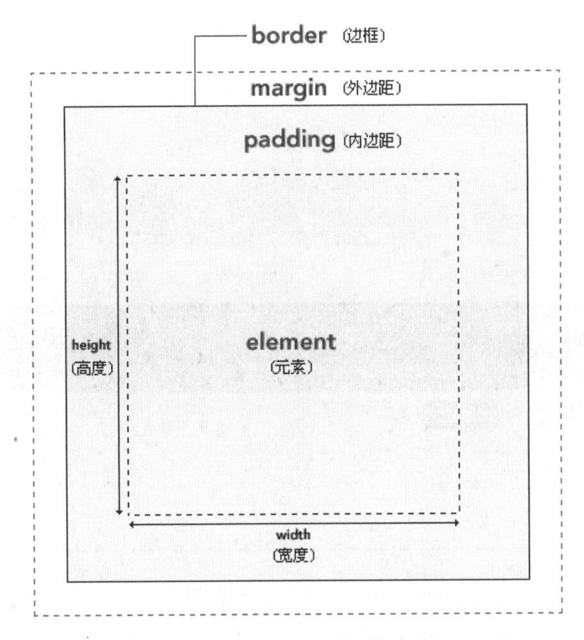

图 1-12 CSS 盒模型示意图

可以通过CSS的height和width属性控制元素的宽度和高度，padding相关的属性可以设置元素内边距，可以使用padding-left、padding-right、padding-top和padding-bottom控制4个方向上的内边距。margin相关的属性用来控制元素的外边距，同样地，使用margin-left、margin-right、margin-top和margin-bottom控制4个方向的外边距。通过margin和padding的设置可以灵活地控制元素间的相对位置。示例如下。

【代码片段1-12 源码见附件代码/第1章/3.selector.html】

HTML元素：

```
<span class="sp1">sp1</span>
<span class="sp2">sp2</span>
```

```
<span class="sp3">sp3</span>
<span class="sp4">sp4</span>
```

CSS设置：

```
.sp1 {
    background-color: red;
    color: white;
    padding-right: 30px;
}
.sp2 {
    background-color: blue;
    color: white;
    padding-left: 30px;
}
.sp3 {
    background-color: green;
    color: white;
    margin-left: 30px;
}
.sp4 {
    background-color: indigo;
    color: white;
    margin-right: 30px;
}
```

页面渲染效果如图1-13所示。

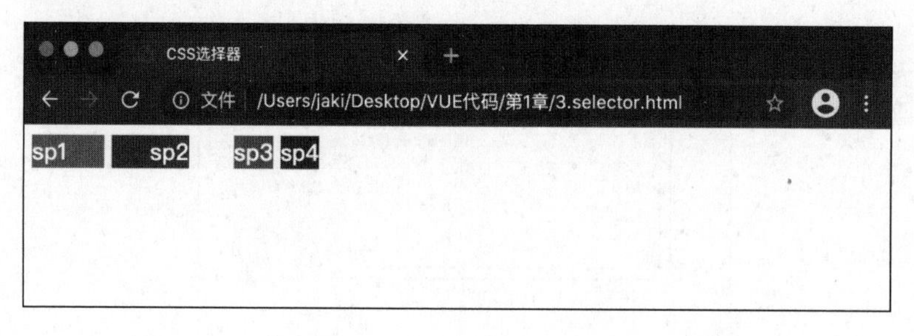

图 1-13　控制元素内外边距

需要注意，上面的元素之所以在一行展示，是因为span标签定义的元素默认为行内元素，不会自动换行布局。

关于元素的绝对定位与浮动相关内容，不作为读者需要了解的重点，在本书后续的练习案例中，逐步会使用这些技术为读者演示。

1.4　JavaScript入门

学习Vue开发技术，JavaScript和TypeScript是基础。本书的后续章节都需要你能熟练使用TypeScript才能进行。TypeScript本身又是基于JavaScript发展而来的，因此对JavaScript做基本的了解是很有必要的。JavaScript是一门面向对象的强大的前端脚本语言，如果要深入学习JavaScript，可能需要一本书的厚度来介绍。这并不是本书的重点，因此，如果你没有任何JavaScript基础，建议学习完本书的准备章节后，先系统地学习一下JavaScript语言基础，再继续学习本书后续的Vue章节。

本节将只介绍JavaScript最核心、最基础的一些概念。

1.4.1 我们为什么需要 JavaScript

如果将一个网页类比为一个人，HTML构建了其骨架，CSS为其着装打扮，而JavaScript则为其赋予灵魂。不夸张地说，JavaScript就是网页应用的灵魂。通过前面的学习，我们知道，HTML和CSS的主要作用是对网页的渲染进行布局和调整。要使得网页拥有强大的功能并且可以与用户进行复杂的交互，都需要使用JavaScript来完成。

首先，JavaScript能够动态改变HTML组件的内容。创建一个名为js.html的文件，在其中编写如下示例代码：

【代码片段1-13 源码见附件代码/第1章/4.js.html】

```
<!DOCTYPE html>
<html lang="en">
<head>
    <meta charset="UTF-8">
    <meta name="viewport" content="width=device-width, initial-scale=1.0">
    <title>Document</title>
    <script>
        var count = 0
        function clickFunc() {
            document.getElementById("h1").innerText = '${++count}'
        }
    </script>
</head>
<body>
    <div style="text-align: center;">
        <h1 id="h1" style="font-size: 40px;">数值:0</h1>
        <button style="font-size: 30px; background-color: burlywood;"
onclick="clickFunc()">单击</button>
    </div>
</body>
</html>
```

上面的代码中使用到了几个核心的知识点，在HTML标签中可以直接内嵌CSS样式表，为其设置style属性即可，内嵌的样式表要比外联的样式表优先级更高。button标签是HTML中定义按钮的标签，其中onclick属性可以设置一段JavaScript代码，当用户单击按钮组件会调用这段代码，如以上代码所示，当用户单击按钮时，我们让其执行了clickFunc函数。clickFunc函数定义在script标签中，其实现了简单的计数功能，document对象是当前的文档对象，调用其getElementById方法可以通过元素标签的id属性的值来获取对应的元素，调用innerText可以对元素标签内的文本进行设置。运行代码，可以看到网页上渲染了一个标题和按钮，通过单击按钮，标题上显示的数字会进行累加，如图1-14所示。

图 1-14 使用 JavaScript 实现计数器

使用JavaScript也方便对标签元素的属性进行设置和修改，例如在页面中添加一个图片元素，通过单击按钮来设置其显示和隐藏状态。

【代码片段1-14 源码见附件代码/第1章/4.js.html】

HTML代码：

```
<div id="img" style="visibility: visible;">
    <img src="demo.png" width="200px">
</div>
```

JavaScript代码：

```
<script>
    var count = 0
    function clickFunc() {
        document.getElementById("h1").innerText = '${++count}'
        document.getElementById("img").style.visibility = count % 2 == 0 ?
"visible" : "hidden"
    }
</script>
```

可以看到，使用JavaScript获取标签的属性非常简单，直接使用点语法即可。同理，我们也可以通过这种方式来灵活地控制网页上元素的样式，只需要修改元素的style属性即可。运行上面的代码，在网页中单击按钮，可以看到图片元素会交替显示与隐藏。

使用JavaScript很容易对HTML文档中的元素进行增删，有时一个非常简单的HTML文档能够实现非常复杂的页面，其实都是通过JavaScript来动态渲染的。

1.4.2 JavaScript 语法简介

JavaScript语言的语法非常简单，入门很容易，对于开发者来说上手也非常快。其语法不像某些强类型语言那样严格，语句格式和变量类型都非常灵活。当然，这种灵活有好处，也有局限性，后面会详细介绍。

1. 变量的定义

JavaScript使用var或let来定义变量。其使用var定义和let定义会使得变量的作用域不同。在定义变量时，无须关心变量的类型，示例如下：

【代码片段1-15 源码见附件代码/第1章/4.js.html】

```
<script>
    var a = 100             //定义变量a 其存储的值为数值100
    var b = "HelloWorld"  //定义变量b 其存储的值为字符串
    var c = {
        name:"abc"
    }                       //定义键值对变量 c
    var d = [1, 2, 3]     //定义列表变量d
    var e = false          //定义布尔变量e
</script>
```

在JavaScript中的注释规则与传统的C语言类似，我们一般使用“//”来定义注释。

2. 表达式

几乎在任何编程语言中都存在表达式，表达式由运算符与运算数构成。运算数可以是任意类型的数据，也可以是任意的变量，只要其能支持我们指定的运算即可。JavaScript支持很多常规的运算符，例如算数运算符+、−、*、/等，比较运算符<、>、<=、<=等，示例如下：

【代码片段1-16 源码见附件代码/第1章/4.js.html】

```
var m = 1 + 1                //算数运算
var n = 10 > 5               //比较运算
var o = false && false     //逻辑运算
var p = 1 << 1               //位运算
```

3. 函数的定义与调用

函数是程序的功能单元，JavaScript中定义函数的方式有两种，一种是使用function关键字进行定义，另一种是使用箭头函数的方式进行定义。无论使用哪种方式定义函数，其调用方式都是一样的，示例如下：

【代码片段1-17 源码见附件代码/第1章/4.js.html】

```
function func1(param) {
    console.log("执行了func1函数" + param);
}
var func2 = (param) => {
    console.log("执行了func2函数" + param);
}
func1("hello")
func2("world")
```

运行上面的代码，在VS Code开发工具的控制台可以看到输出的信息。console.log函数用来向控制台输出信息。

4. 条件分支语句

条件语句是JavaScript进行逻辑控制的重要语句，当程序需要根据条件是否成立来分别执行不同的逻辑时，就需要使用条件语句，JavaScript中的条件语句使用if和else关键词来实现，示例如下：

【代码片段1-18 源码见附件代码/第1章/4.js.html】

```
var i = 0
var j = 1
if (i > j) {
   console.log("i > j")
} else if (i == j) {
   console.log("i == j")
} else {
   console.log("i < j")
}
```

JavaScript中也支持使用switch和case关键字多分支语句，示例如下：

【代码片段1-19 源码见附件代码/第1章/4.js.html】

```
var u = 0
switch (u) {
   case 0:
      console.log("0")
      break
   case 1:
      console.log("1")
      break
   default:
      console.log("-")
}
```

5. 循环语句

循环语句用来重复执行某段代码逻辑，JavaScript中支持while型循环和for型循环，示例如下：

【代码片段1-20 源码见附件代码/第1章/4.js.html】

```
var v = 10
while (v > 0) {
   v -= 1
   console.log(v)
}
for(v = 0 ; v < 10; v ++) {
   console.log(v)
}
```

除此之外，JavaScript还有许多非常强大的语法与面向对象能力，我们在后面的章节中使用时会更加详细地介绍。

1.4.3 从 JavaScript 到 TypeScript

前面讲过，TypeScript是JavaScript的一种超集。所谓超集，是指TypeScript本身就包含JavaScript的所有功能，所有JavaScript的语法在TypeScript中依然适用。TypeScript是对JavaScript功能的一种增强。

在互联网时代初期，互联网应用大多非常简单，更多的是提供信息供用户阅读，可进行的用户交互并不多，此时的应用使用JavaScript语言来开发非常简单方便，JavaScript提供的功能也绰绰有余。随着互联网时代的发展，互联网应用的规模也越来越庞大，应用涉及的页面逐渐增多，用户交互逐渐复杂，这时JavaScript本身的灵活性反倒为开发者带来困扰，过度灵活会导致程序中的错误不易排查、模块化能力弱、重构困难等问题。TypeScript被发明的目的就是解决JavaScript的这些问题，它更适用于大型项目的开发。

关于TypeScript的用法，后面章节会详细介绍。本节简单对比一下TypeScript与JavaScript的主要区别。

（1）TypeScript提供了更多面向对象编程的特性。JavaScript本身也是面向对象语言，JavaScript的面向对象是基于原型实现的，本身并没有“类”和“接口”这类概念。总体来说，JavaScript的面向对象功能较弱，项目越大，其劣势就越明显。TypeScript中增加了类、模块、接口等功能，增强了JavaScript的面向对象能力。

（2）TypeScript为JavaScript提供了静态类型功能。JavaScript中的变量没有明确的类型，TypeScript则要求变量要有明确的类型。静态类型对于大型项目来说非常重要，很多编码错误在编译时即可通过静态检查发现。同时，TypeScript还提供了泛型、枚举、类型推论等高级功能。

（3）函数相关功能的增强。TypeScript中为函数提供了默认参数值，引入了装饰器、迭代器和生成器的语法特性，这些特性增强了编程语言的可用性，用更少的代码可以实现更复杂的功能。

对于TypeScript，你可能还有一点疑惑，大部分浏览器的引擎只支持JavaScript的语法，那么如何保证TypeScript编写的项目可以在所有主流浏览器上运行呢？这就需要通过编译器进行编译，编译器的作用是将TypeScript编译成通用的JavaScript代码，以保证在各种环境下的兼容性。

最后，对于为什么要使用TypeScript而不是JavaScript。这其实是分场景而言的，对于大型项目来说，不论从开发效率上、可维护性上还是代码质量上，TypeScript都具有明显的优势，是前端开发语言的未来与方向。

1.5 渐进式开发框架Vue

Vue的定义为渐进式的JavaScript框架，所谓渐进式，是指其被设计为可以自底向上逐层进行应用。我们可以只使用Vue框架中提供的某层的功能，也可以与其他第三方库整合使用。当然，Vue本身也提供了完整的工具链，使用其全套功能进行项目的构建非常简单。

在使用Vue之前，需要掌握基础的HTML、CSS和JavaScript/TypeScript技能，如果你对本章前面所介绍的内容都已经掌握，那么理解后面使用Vue的相关例子会非常容易。Vue的渐进式性质使其使用方式变得非常灵活，在使用时，我们可以使用其完整的框架，也可以只使用其部分功能。

1.5.1 第一个 Vue 应用

在学习和测试Vue的功能时，我们可以直接使用CDN的方式来进入Vue框架，本书将全部采用Vue 3.0.x的版本来编写示例。首先，使用VS Code开发工具创建一个名为Vue1.html的文件，在其中编写如下模板代码：

【代码片段1-21 源码见附件代码/第1章/5.Vue1.html】

```
<!DOCTYPE html>
<html lang="en">
<head>
    <meta charset="UTF-8">
    <meta name="viewport" content="width=device-width, initial-scale=1.0">
    <title>Vue3 Demo</title>
    <script src="https://unpkg.com/vue@next"></script>
</head>
<body>
</body>
</html>
```

其中，我们在head标签中加入了一个script标签，采用CDN的方式引入了Vue 3的新版本。以我们之前编写的计数器应用为例，尝试使用Vue的方式来实现它。首先在body标签中添加一个标题和按钮，示例如下：

【代码片段1-22 源码见附件代码/第1章/5.Vue1.html】

```
<div style="text-align: center;" id="Application">
    <h1>{{ count }}</h1>
    <button v-on:click="clickButton">单击</button>
</div>
```

上面使用到了一些特殊的语法，例如在h1标签内部使用了Vue的变量替换功能，{{ count }}是一种特殊语法，其会将当前Vue组件中定义的count变量的值替换过来，v-on:click属性用来进行组件的单击事件绑定，上面的代码将单击事件绑定到了clickButton函数上，这个函数也是定义在Vue组件中的，定义Vue组件非常简单，我们可以在body标签下添加一个script标签，在其中编写如下代码。

【代码片段1-23 源码见附件代码/第1章/5.Vue1.html】

```
<script>
    //定义一个Vue组件，名为App
    const App = {
        //定义组件中的数据
        data() {
            return {
                //目前只用到count数据
                count:0
            }
        },
        //定义组件中的函数
        methods: {
```

```
            //实现单击按钮的方法
            clickButton() {
                this.count = this.count + 1
            }
        }
    }
    //将Vue组件绑定到页面上id为Application的元素上
    Vue.createApp(App).mount("#Application")
</script>
```

首先，上面的示例代码中采用了内嵌JavaScript脚本的方式来实现逻辑，这里并不涉及TypeScript相关内容，TypeScript需要经过编译的过程才能转换成JavaScript代码使用，等后续我们学习了TypeScript的基本内容后，就可以结合Vue进行使用了。如以上代码所示，我们定义Vue组件时实际上是定义了一个JavaScript对象，其中data方法用来返回组件所需要的数据，methods属性用来定义组件所需要的方法函数。在浏览器中运行上面的代码，当单击页面中的按钮时，计数器会自动增加。可以看到，使用Vue实现的计数器应用要比使用JavaScript直接操作HTML元素方便得多，不需要获取指定的组件，也不需要修改组件中的文本内容，通过Vue这种绑定式的编程方式，只需要专注数据逻辑，当数据本身修改时，绑定这些数据的元素也会同步修改。

1.5.2 范例：一个简单的用户登录页面

本节尝试使用Vue来构建一个简单的登录页面。在练习之前，我们先来分析一下需要完成的工作有哪些。

（1）登录页面需要有标题，用来提示用户当前的登录状态。

（2）在未登录时，需要有两个输入框及登录按钮供用户输入账号和密码进行登录操作。

（3）在登录完成后，输入框要隐藏，需要提供按钮让用户登出。

只完成上面列出的3项功能，使用原生的JavaScript DOM操作会有些复杂，借助Vue的单双向绑定和条件渲染功能，完成这些需求则会非常容易。

首先创建一个名为loginDemo.html的文件，为其添加HTML通用的模板代码，并通过CND的方式引入Vue。之后，在其body标签中添加如下代码。

【代码片段1-24 源码见附件代码/第1章/6.loginDemo.html】

```
<div id="Application" style="text-align: center;">
    <h1>{{title}}</h1>
    <div v-if="noLogin">账号: <input v-model="userName" type="text" /></div>
    <div v-if="noLogin">密码: <input v-model="password" type="password" /></div>
    <div v-on:click="click" style="border-radius: 30px;width: 100px; margin: 20px
auto; color: white; background-color: blue;">{{buttonTitle}}</div>
</div>
```

上面的代码中，v-if是Vue提供的条件渲染功能，若其指定的变量为true，则渲染这个元素，否则不渲染。v-model用来进行双向绑定，当输入框中的文字变化时，其会将变化同步到绑定的变量上，同样，当我们对变量的值进行改变时，输入框中的文本也会对应变化。

实现JavaScript代码如下。

【代码片段1-25 源码见附件代码/第1章/6.loginDemo.html】

```
<script>
    const App = {
        data () {
            return {
                title:"欢迎您: 未登录",
                noLogin:true,
                userName:"",
                password:"",
                buttonTitle:"登录"
            }
        },
        methods: {
            click() {
                if (this.noLogin) {
                    this.login()
                } else {
                    this.logout()
                }
            },
            //登录
            login() {
                //判断账号和密码是否为空
                if (this.userName.length > 0 && this.password.length > 0) {
                    //登录提示后刷新页面
                    alert('userNmae:${this.userName} password:${this.password}')
                    this.noLogin = false
                    this.title = '欢迎您:${this.userName}'
                    this.buttonTitle = "注销"
                    this.userName = ""
                    this.password = ""
                } else {
                    alert("请输入账号密码")
                }
            },
            //登出
            logout() {
                //清空登录数据
                this.noLogin = true
                this.title = '欢迎您:未登录'
                this.buttonTitle = "登录"
            }
        }
    }
    Vue.createApp(App).mount("#Application")
</script>
```

运行上面的代码，未登录时效果如图1-15所示。当输入了账号和密码登录完成后，效果如图1-16所示。

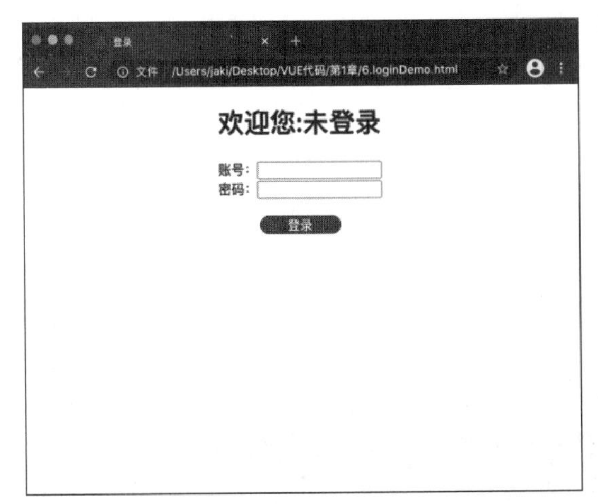

图 1-15　简易登录页面（1）

图 1-16　简易登录页面（2）

1.5.3　Vue 3 的新特性

如果你之前接触过前端开发，那么相信Vue框架对于你来说并不陌生。Vue 3的发布无疑是Vue框架的一次重大改进。一款优秀的前端开发框架的设计一定要遵循一定的设计原理，Vue 3的设计目标为：

（1）更小的尺寸和更快的速度。

（2）更加现代化的语法特性，加强TypeScript的支持。

（3）在API设计方面，增强统一性和一致性。

（4）提高前端工程的可维护性。

（5）支持更多、更强大的功能，提高开发者的效率。

上面列举了数种Vue 3的核心设计目标，相较于Vue 2版本，Vue 3有哪些重大的更新点呢？本节就来简单介绍一下。

首先，在Vue 2时代，最小化被压缩的Vue核心代码约为20KB，目前Vue 3的压缩版只有10KB，足足减少了一半。在前端开发中，依赖模块越小，意味着越少的流量和越快的速度，在这方面，Vue 3的确表现优异。

在Vue 3中，对虚拟DOM的设计也进行了优化，使得引擎可以更加快速地处理局部的页面元素修改，在一定程度上提升了代码的运行效率。同时，Vue 3也配套进行了更多编译时的优化，例如将插槽编译为函数等。

在代码语法层面，相比较于Vue 2，Vue 3有比较大的变化。其基本弃用了“类”风格的API，而推广采用“函数”风格的API，以便更好地对TypeScript进行支持。这种编程风格更有利于组件的逻辑复用，例如Vue 3组件中心引入的setup（组合式API）方法，可以让组件的逻辑更加聚合。

Vue 3中也添加了一些新的组件，比如Teleport组件（有助于开发者将逻辑关联的组件封装在一起），这些新增的组件提供了更加强大的功能便于开发者对代码逻辑的复用。

总之，在性能方面，Vue 3无疑完胜Vue 2，同时打包后的体积也会更小。在开发者编程方面，

Vue 3基本是向下兼容的，开发者无须过多的额外学习成本，并且Vue 3对功能方面的拓展对于开发者来说更加友好。

关于Vue 3更详细的介绍与新特性的使用方法，后面的章节会逐步向读者介绍。

1.5.4 我们为什么要使用 Vue 框架

在真正开始学习Vue之前，还有一个问题至关重要，就是我们为什么要学习它。

首先，做前端开发，你一定要使用一款框架，这就像生产产品的工厂有一套完整的流水线一样。在学习阶段，我们可以直接使用HTML、CSS和JavaScript开发一些简单的静态页面，但是要做大型的商业应用，要完成的代码量非常大，要编写的功能函数非常多，而且对于交互复杂的项目来说，如果不使用任何框架来开发的话，后期维护和拓展也会非常困难。

既然一定要使用框架，那么我们为什么要选择Vue呢？在互联网Web时代早期，前后端的界限还比较模糊，有一个名为jQuery的JavaScript框架非常流行，其内部封装了大量的JavaScript函数，可以帮助开发者操作DOM，并且提供了事件处理、动画和网络相关接口。当时的前端页面更多的是用来展示，因此使用jQuery框架足够应付所需要进行的逻辑交互操作。后来随着互联网的飞速发展，前端网站的页面越来越复杂，2009年就诞生了一款名为AngularJS的前端框架，此框架的核心是响应式与模块化，其使得前端页面的开发方式发生了变革，前端可以自行处理非常复杂的业务逻辑，前后端职责开始逐渐分离，前端从页面展示向单页面应用发展。

AngularJS虽然强大，但其缺点也十分明显，总结如下：

（1）学习曲线陡峭，入门难度高。

（2）灵活性很差，这意味着如果要使用AngularJS，就必须按照其规定的一套构造方式来开发应用，要完整地使用其一整套的功能。

（3）由于框架本身庞大，使得速度和性能略差。

（4）在代码层面上，某些API的设计复杂，使用麻烦。

只要AngularJS有上述问题，就一定会有新的前端框架来解决这些问题，Vue和React这两个框架就此诞生了。

Vue和React在当下前端项目开发中平分秋色，它们都是非常优秀的现代化前端框架。从设计上，它们有很多相似之处，比如相较于功能齐全的AngularJS，它们都是“骨架”类框架，即只包含最基础的核心功能，路由、状态管理等功能都是靠独立的插件来支持的。并且在逻辑上，Vue和React都是基于虚拟DOM树的，改变页面真实的DOM要比虚拟DOM的更改性能开销大很多，因此Vue和React的性能都非常优秀。Vue和React都采用组件化的方式进行编程，模块间通过接口进行连接，方便维护与拓展。

当然，Vue与React也有很多不同之处，Vue的模板编写采用的是类似HTML的方式，写起来与标准的HTML非常像，只是多了一些数据绑定或事件交互的方法，入手非常简单。而React则是采用JSX的方式编写模板的，虽然这种编写方式提供的功能更加强大一些，但是JavaScript混合XML的语言会使得代码看起来非常复杂，阅读起来也比较困难。Vue与React还有一个很大的区别在于组件状态管理，Vue的状态管理本身非常简单，局部的状态只要在data中进行定义，其默认就被赋予了响应性，在需要修改时直接对相应属性进行更改即可，对于全局的状态也有Vuex模块进行支持。

在React中，状态不能直接修改，需要使用setState方法进行更改，从这一点来看，Vue的状态管理更加简洁一些。

总之，如果你想尽快掌握前端开发的核心技能并能上手开发大型商业项目，Vue一定不会让你失望。

1.6 本章小结

本章是我们进入Vue 学习的准备章节，在学习Vue框架之前，首先能够熟练应用前端3剑客（HTML、CSS和JavaScript/TypeScript）。同时，我们对Vue的使用也有了初步的体验，相信你已经体会到了Vue在开发中带来的便利与高效。

通过本章的学习，请你尝试回答下面的问题，如果每道问题在你心中都有了清晰的答案，那么恭喜你过关成功，快快开始下一章的学习吧！

（1）在网页开发中，HTML、CSS和JavaScript分别起什么作用？

提示 可以从布局、样式和逻辑处理方面思考。

（2）TypeScript与JavaScript之间有什么关系？

提示 需要理解超集的概念。

（3）如何动态地改变网页元素的样式或内容，请你尝试在不使用Vue的情况下，手动实现本章1.5.2节的登录页面。

提示 尝试使用JavaScript的DOM操作来重写示例工程。

（4）数据绑定在Vue中如何使用，什么是单向绑定，什么是双向绑定？

提示 结合本章1.5.2节的示例进行分析。

（5）通过对Vue示例工程的体验，你认为使用Vue开发前端页面有哪些优势？

提示 可以从数据绑定、方法绑定条件和循环渲染以及Vue框架的渐进式性质本身进行思考。

第 2 章 TypeScript 基础

相比 JavaScript 而言，TypeScript 是一种相对年轻的语言。2013 年 6 月，微软发布了第一个 TypeScript 语言的正式版本。正是因为年轻，TypeScript 的设计思想中包含更多的现代编程思路和高级语言特性，使得已经非常流行的 JavaScript 语言焕发出了新的光彩。当前，使用 TypeScript 来构建的大型前端项目越来越多，其实不止前端项目，任何之前 JavaScript 可以应用的领域 TypeScript 都可以非常完美地胜任，并且在编程过程中，将提供给开发者更畅快的编程体验和更结构化、工程化的编程方式。

本章将介绍 TypeScript 的安装、使用以及 TypeScript 中最基础的语法部分。本章是纯编程语言部分的介绍，如果你已经对 TypeScript 有了熟练的应用，可以直接跳过这部分内容。

通过本章，你将学习到:

- TypeScript的安装和使用。
- 使用开发工具自动化构建TypeScript应用。
- TypeScript支持的类型。
- 枚举类型的应用。
- 函数的声明与定义。

2.1 重新认识TypeScript

老生常谈，TypeScript是JavaScript的超集，同时其可以通过编译产生纯JavaScript代码。因此，任何可以运行JavaScript的环境，都有TypeScript的用武之地。我们知道，JavaScript本身是一种解释型语言，其无须编译，开发者编写的代码就是要运行的代码。这类语言的好处是非常灵活，但缺少了编译器的编译检查，这类语言的稳定性和安全性也相对较差。TypeScript正是弥补了JavaScript这一劣势。

2.1.1　安装 TypeScript

TypeScript是需要经过编译才能运行的，我们安装TypeScript编译工具，首先需要确保已经安装了Node.js运行环境，在如下网址可以下载最新的Node.js软件：

```
http://nodejs.cn/
```

Node.js官网如图2-1所示。下载安装包后，按照普通软件的安装方式安装即可。

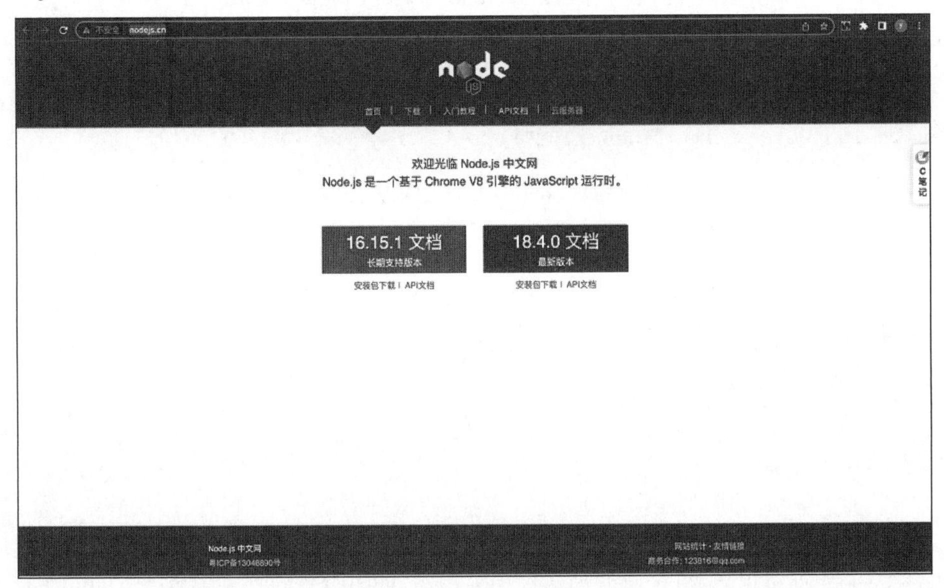

图 2-1　Node.js 官网

Node.js自带NPM（Node Package Manage）工具，NPM是Node.js的包管理器，使用其来安装JavaScript相关的库非常方便。打开终端，在其中输入如下指令来安装TypeScript工具：

```
npm install -g typescript
```

如果提示没有安装权限，那么可能需要在指令前添加sudo来使用管理员身份运行指令。上面的指令中，-g参数表示要进行全局安装，之后在任何目录下都可以直接使用TypeScript编译工具。

安装完成后，可以在终端输入如下指令来检查是否安装成功：

```
tsc -v
```

如果终端正确输出了TypeScript的版本号，则表示安装成功，如下所示：

```
Version 4.7.4
```

接着，我们就可以尝试TypeScript版本的HelloWorld程序了。

提示 目前的TypeScript编译工具链本身也是由TypeScript开发出来的。一旦编程语言编译器等工具的第一版被开发出来，我们就可以使用此编程语言来重构编译器代码，并使用第一代的编译器来编译出第二代的编译器。编程语言这种自迭代的更新逻辑非常有趣。

2.1.2 TypeScript 语言版本的 HelloWorld 程序

准备好了开发环境，相信你已经迫不及待地想要尝试一下TypeScript的使用了。我们先通过最原始的方式来使用TypeScript，这有助于你对TypeScript的工作流程进行理解。

可以使用任何文本编译器来创建一个名为1.HelloWorld.ts的源码文件，在其中输入如下代码：

【代码片段2-1　源码见附件代码/第2章/1.HelloWorld/1.HelloWorld.ts】

```
function getString(str) {
   return "Hello, " + str;
}
console.log(getString("TypeScript"));
```

代码本身没有太多逻辑，我们不做过多介绍。之后从终端进入源码文件所在的目录下，执行如下指令来进行TypeScript源码文件的编译：

```
tsc 1.HelloWorld.ts
```

编译成功后，你会发现目录中多了一个1.HelloWorld.js文件，这就是编译后的JavaScript目标代码，可以看到其中的代码如下：

```
function getString(str) {
   return "Hello, " + str;
}
console.log(getString("TypeScript"));
```

此JavaScript文件可以直接运行。例如执行如下指令，即可在终端看到输出的"Hello, TypeScript"：

```
node 1.HelloWorld.js
```

你或许有些奇怪，TypeScript源码和JavaScript目标代码看起来完全一样。的确如此，因为在TypeScript源码中，我们尚未使用TypeScript提供的特性。下面我们为getString函数增加返回值类型和参数类型，修改TypeScript源码如下：

```
function getString(str:String): String {
   return "Hello, " + str;
}
console.log(getString("TypeScript"));
```

上面的代码中，我们指定了getString函数中的参数为字符串类型，且此函数的返回值类型也是字符串类型。如果将此TypeScript代码直接当作JavaScript代码来执行，会遇到语法错误的问题，对其进行编译后，可以发现编译产物与之前1.HelloWorld.js文件中的代码一模一样，编译结果将这类TypeScript的类型信息去掉了。

或许你还是不理解，添加这些TypeScript的类型信息有什么用呢，编译的产物不还是普通的JavaScript代码，我们直接写JavaScript代码不是更加方便吗？对于简单的项目的确如此，但是想象一下，当项目变得庞大后，我们使用的JavaScript对象或函数都可能是其他模块提供的，如果没有明确的参数类型信息，使用者很可能不知道如何传参，也极有可能传递了错误的参数，为项目埋下隐患，并最终在生产环境中以故障的形式出现。你可以尝试一下，再次修改TypeScript的源码如下：

【代码片段2-2 源码见附件代码/第2章/1.HelloWorld/1.HelloWorld.ts】

```
function getString(str:String): String {
    return "Hello, " + str;
}
console.log(getString(1));
```

上面的代码在使用getString函数时，我们故意将参数设置成数值类型，编译此文件，可以看到控制台会输出如下异常信息：

```
    1.HelloWorld.ts:5:23 - error TS2345: Argument of type 'number' is not assignable
to parameter of type 'String'.
    5 console.log(getString(1));
    Found 1 error in 1.HelloWorld.ts:5
```

这种编译错误的提示非常清晰，很方便开发者查找错误原因，并且避免了错误在运行时才暴露的问题。对于大型项目开发来说，这真的是太重要了。

2.1.3 使用高级 IDE 工具

将TypeScript源码编译成JavaScript文件后，即可在浏览器或Node.js环境中运行。但是这对开发者来说还是有些不友好，在编写代码后，每次运行都需要手动执行编译指令不仅非常烦琐，而且也不利于开发过程中的断点与调试。因此，在实际编程中，使用一个强大的IDE工具是很有必要的。

Visual Studio Code简称VS Code，是微软于2015年推出的一个轻量但强大的代码编译器，通过插件的扩展，其支持众多编程语言的关键字高亮、代码提示以及编译运行等功能。后面将使用此编辑器来编写TypeScript代码。

在如下地址可以下载新版本的VS Code软件：

```
https://code.visualstudio.com/
```

下载完成后，直接进行安装即可。

要进行TypeScript代码的运行与调试，我们需要另外安装一个Node.js软件包，在终端执行如下指令来进行全局安装：

```
npm install -g ts-node@8.5.4
```

需要注意，安装的ts-node软件版本要设置为8.5.4，新版本的ts-node可能会对某些函数不支持。

准备工作完成后，可以尝试使用VS Code创建一个名为2.HelloWorld.ts的测试文件，编写代码如下：

【代码片段2-3 源码见附件代码/第2章/2.HelloWorld/2.HelloWorld.ts】

```
function getString(str:String): String {
    return "Hello, " + str;
}
let str:String = "TypeScript !!!";
console.log(getString(str));
```

代码本身和上一节几乎没什么变化，下面我们配置VS Code的自定义运行规则，选中VS Code

侧边栏上的调试与运行选项，其中会提示我们创建launch.json文件，单击此按钮即可快速创建，如图2-2所示。

注意在生成此文件时要选择Node.js环境。

将生成的launch.json文件修改如下：

```
{
  "version": "0.2.0",
  "configurations": [

      {
      "command": "ts-node ${file}",
        "name": "Launch Program",
        "request": "launch",
        "type": "node-terminal"
      }
  ]
}
```

此文件用来配置运行所需要执行的指令，这里我们无须深究，只需要了解即可。配置之后，在VS Code中运行当前项目中的TypeScript文件时会自动调用ts-node软件进行运行，可以尝试对2.HelloWorld.ts文件进行运行，从调试控制台可以看到所输出的Log信息，如图2-3所示。

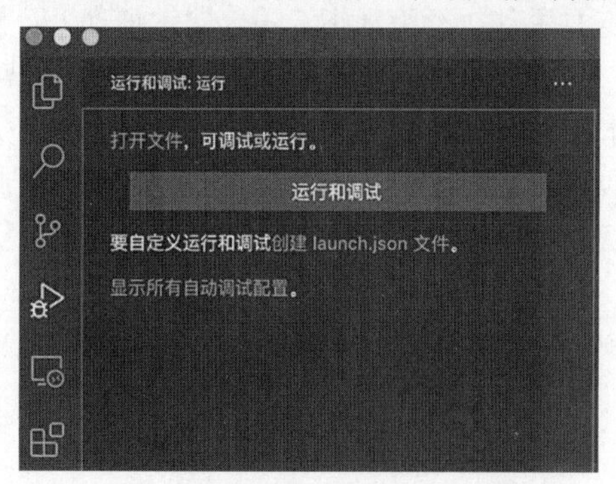

图 2-2　创建自定义运行与调试规则

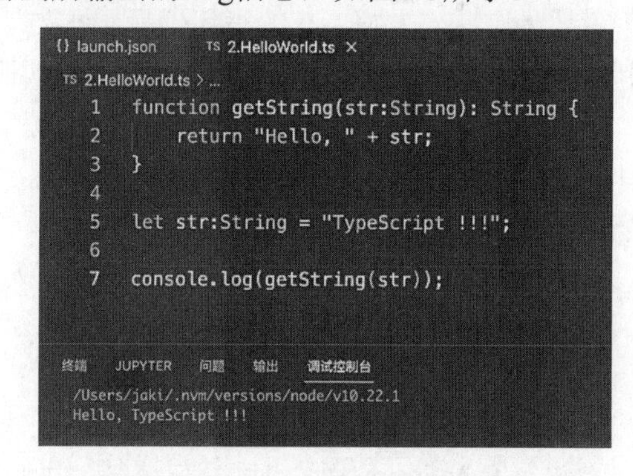

图 2-3　直接运行 TypeScript 源代码

在开发过程中，断点调试也是非常重要的一部分，在VS Code中，鼠标在需要断点的代码行左侧单击，即可添加一个调试断点，以Debug调试的方式进行运行，当程序执行到对应断点行时，即可中断，且可以在调试区看到当前堆栈中的变量数据，如图2-4所示。

图 2-4　对程序进行断点调试

2.2　TypeScript中的基本类型

为JavaScript增加静态类型的功能是TypeScript的重要特点之一。类型静态化对开发大型项目来说好处非常多，静态类型本身就使代码有更强的自解释能力，并且通过编译时的检查，程序的安全性和健壮性也更强。

JavaScript所有的数据类型在TypeScript中都支持静态化，此外还提供了实用的枚举类型。本节将对这些类型做基本的介绍。

2.2.1　布尔、数值与字符串

在软件设计中，布尔类型是非常重要的，大多逻辑语句的判断部分都是通过布尔值来实现的。在TypeScript中，布尔类型叫作boolean，其值只有true和false两种。

要指定一个变量的类型为布尔类型，直接在变量名后加冒号，冒号后面加boolean即可，示例如下。

【源码见附件代码/第2章/3.Boolean-Number-String/3.boolean-number-string.ts】

```
//定义一个布尔类型的变量，并将其赋值为true
var isSuccess: boolean = true;
```

需要注意，JavaScript中提供了一个名为Boolean的函数，例如下面的代码返回的值将不是boolean类型。

【源码见附件代码/第2章/3.Boolean-Number-String/3.boolean-number-string.ts】

```
//使用Boolean构造方法来创建一个包装布尔值的对象
var isComplete = new Boolean(1);
```

使用构造方法的方式调用Boolean函数将返回一个对象，对象中会包装一个布尔值，因此isComplete变量本质上是对象类型，不能将其声明为boolean类型，可以通过调用此对象的valueOf方法来获取内部包装的布尔值，示例如下。

【源码见附件代码/第2章/3.Boolean-Number-String/3.boolean-number-string.ts】

```
console.log(typeof isComplete);
console.log(typeof isComplete.valueOf(), isComplete.valueOf());
```

运行代码，控制台将输出如下：

```
object
boolean true
```

如果不使用构造方法，直接调用Boolean函数，则其返回的依然是boolean类型的数据，示例如下：

【源码见附件代码/第2章/3.Boolean-Number-String/3.boolean-number-string.ts】

```
//调用Boolean函数（非构造方法）来创建boolean类型的数据
```

```
var isPass: boolean = Boolean(0);
```

提示 与Boolean方法类似，JavaScript中也提供了String、Number等类型的构造方法，使用构造方法创建出来的都是对象类型，其本质是对基础类型数据进行包装，这在编写TypeScript代码时要额外注意。后面就不再赘述了。

在JavaScript中，所有数值都只有一种类型，即number。TypeScript中支持使用多种方式来定义数值。示例如下。

【代码片段2-4 源码见附件代码/第2章/3.Boolean-Number-String/3.boolean-number-string.ts】

```
//使用整数
var num1: number = 6;
//使用浮点数
var num2: number = 3.14;
//使用二进制表示
var num3: number = 0b1010;
//使用八进制表示
var num4: number = 0o71;
//使用十六进制表示
var num5: number = 0xff;
//表示无穷
var num5: number = Infinity;
//表示Not A Number
var num6: number = NaN;
```

其中Infinity和NaN是两个特殊的数值，Infinity用来表示无穷的概念，NaN用来描述非数字，例如要编写一个将字符串转换成数值的函数，如果调用方传入的字符串不能转换，就可以返回一个NaN值。

下面介绍本节的最后一块内容——字符串。字符串的类型为string，和JavaScript类似，在定义时可以使用双引号，也可以使用单引号，示例如下：

【源码见附件代码/第2章/3.Boolean-Number-String/3.boolean-number-string.ts】

```
var str1: string = 'Hello';
var str2: string = "World";
```

TypeScript中也支持使用模板字符串，即字符串插值，这极大地方便了开发者所需处理的字符串拼接工作，示例如下：

【源码见附件代码/第2章/3.Boolean-Number-String/3.boolean-number-string.ts】

```
//结果为: str1 is Hello, str2 is World
var str3: string = 'str1 is ${ str1 }, str2 is ${ str2 }';
```

在使用模板字符串时，也支持换行操作，下面的写法也是合法的：

```
//结果为
//str1 is Hello
//str2 is World
var str3: string = 'str1 is ${ str1 }
str2 is ${ str2 }';
```

2.2.2　特殊的空值类型

在JavaScript中有两个非常特殊的类型，分别是null类型和undefined类型。null类型对应的值只有一个，同样写作null。undefined类型对应的值也是只有一个，同样写作undefined。

很多时候，开发者对这两个类型的理解会造成混淆。虽然从行为上说，null和undefined有很多相似之处，但其应用场景和语义确实完全不同。

我们先来看undefined，这个值从命名上理解为未定义的。其表示的是一个变量最原始的状态，有如下几种场景。

1. 声明了而未定义

示例如下：

【源码见附件代码/第2章/4.null-undefined/4.null-undefined.ts】

```
var o1:string;
//将输出: undefined undefined
console.log(o1, typeof o1);
```

在进行TypeScript编译时，上面的代码并不会报错，通过输出可以看到，变量o1的类型为undefined。这里需要注意，无论我们将变量声明为什么类型，其如果未定义，则都是undefined类型，值也是undefined，undefined和null是所有类型的子类型。

2. 访问对象中不存在的属性

当访问了对象中不存在的属性时，也会返回undefined值，示例如下：

【源码见附件代码/第2章/4.null-undefined/4.null-undefined.ts】

```
var o2 = {};
//undefined
console.log(o2["prop"]);
```

3. 函数定义的形参未传递实参

当函数定义了参数但是调用时未传递参数时，其值也是undefined，示例如下：

【源码见附件代码/第2章/4.null-undefined/4.null-undefined.ts】

```
function method(prop) {
    console.log(prop);
}
method();
```

其实，上面的代码在TypeScript中已经无法编译通过了，TypeScript会检查函数的传参，对于未设置默认值的参数，如果也未传递实参，则会编译报错。

4. void表达式的值

undefined应用的最后一个场景是关于void表达式的，ECMAScript规定了void操作符对任何表达式求值的结果都是undefined，示例如下。

【源码见附件代码/第2章/4.null-undefined/4.null-undefined.ts】

```
//结果为undefined
var o3 = void "Hello";
```

综上所述，undefined的语义表达了某个变量或表达式的原始状态，即未人为操作过的状态，通常我们不会将undefined赋值给某个变量，或在函数中返回undefined，即使我们可以这么做。

和undefined相比，null更多想表达的是某个变量被人为置空，例如当某个对象数据不再被使用时，我们就可以将引用它的变量置为null，垃圾回收机制会自动对其占用的内存进行回收。

关于null，有一点需要额外注意，如果我们对null使用typeof来获取类型，其会得到object类型，这是JavaScript语言实现机制上所造成的误解，但需要知道，null值的真正类型是null类型。

最后，还需要介绍一个void类型，void类型是TypeScript中提供的一种特殊类型 ，其表示“没有任何类型”，当一个函数没有返回值时，可以将其返回值的类型定义为void，示例如下。

【源码见附件代码/第2章/4.null-undefined/4.null-undefined.ts】

```
function func1():void {}
```

只有undefined和null两个值可以赋值给void类型的变量。但是通常情况下，我们并不会声明一个void类型的变量来使用。

2.2.3 数组与元组

和JavaScript类似，TypeScript也方便操作一组元素。数组比数值、字符串这些类型要略微复杂一些，因为数组的类型是与其中所存放的元素类型有关的。声明数组的类型有两种方式，一种是采用“类型+中括号”来指定数组类型，另一种是通过“Array+泛型”来指定数组类型。

示例如下。

【源码见附件代码/第2章/5.array-tuple/5.array-tuple.ts】

```
var list1: number[] = [1, 2, 3];
```

number[]将指定变量的类型为数组类型，并且数组中的元素必须都是数值类型的。如果此时向数组中追加非数值类型的元素，则会编译报错。

同样也可以使用如下代码来声明数组的类型。

【源码见附件代码/第2章/5.array-tuple/5.array-tuple.ts】

```
var list2: Array<string> = ["a", "b", "c"]
```

关于泛型的使用，我们后续还会专门介绍，这里不做过多解释。

需要注意，变量一旦被指定了严格的数组类型，则数组中的元素类型也是严格的，无论是数组赋值还是向其内部插入元素，元素的类型都必须是正确的。如果一个数组中需要存放多种类型的元素，则我们可以使用联合类型或任意类型来指定，后面会详细介绍。

元组是TypeScript中增加的数据类型，JavaScript并不支持，但是元组本身并不是一个新的概念，在许多编程语言中都有元组类型。在TypeScript中，元组本身也是数组，只是其支持合并不同类型的对象，简单理解，就是我们可以将一组不同数据类型的数组组合到一个盒子里，类似于套餐的感觉。

一个简单的元组类型示例如下：

【源码见附件代码/第2章/5.array-tuple/5.array-tuple.ts】

```
var tuple1: [string, number] = ["XiaoMing", 25]
```

此元组的本意是用来记录用户的名字与年龄，名字一般为字符串类型，年龄则为数值类型。在使用元组时，我们可以按照和数组类似的方式来取值，示例如下：

【源码见附件代码/第2章/5.array-tuple/5.array-tuple.ts】

```
//name is XiaoMing, age is 25
console.log('name is ${tuple1[0]}, age is ${tuple1[1]}');
```

同样，在对元组变量进行赋值时，也支持对其中某个元素进行赋值，但是类型必须与所定义的一致，示例如下：

```
tuple1[0] = "DaShuai"
```

我们知道数组是可以通过调用push方法来追加元素的，元组的本质是数组，那么它也支持这样的操作，只是如果我们追加的元素超出了声明时所定义类型的个数，则后续的元素类型会被当作元组内所有支持的元素类型的联合类型。以上面的代码为例，我们定义的元组中元素的类型支持字符串和数值，则当向元组中添加第3个元素时，其可以是字符串类型，也可以是数值类型，这也是联合类型的核心作用，后面会详细介绍。例如下面的代码是合法的：

【代码片段2-5　源码见附件代码/第2章/5.array-tuple/5.array-tuple.ts】

```
var tuple1: [string, number] = ["XiaoMing", 25]
tuple1.push("TypeScript");
tuple1.push(1101);
```

但是需要注意，从代码语法设计上，元组应该被理解为不可任意增加元素的集合，上面的代码从TypeScript的设计层面来看是不应该被允许的。我们也应该尽量避免如此使用元组。

最后，JavaScript中数组的用法不在我们的讨论范围之内，JavaScript本身已经支持许多数组操作方法，包括拼接、分割、追加、删除等，如果读者尚有疑惑，可以自行查阅相关资料了解。

2.3　TypeScript中有关类型的高级内容

本节介绍一些高级的类型，包括枚举、Any类型、Never类型以及对象类型。

2.3.1　枚举类型

枚举类型是TypeScript对JavaScript标准数据类型的一个补充。当值域限定在一定范围内时，或者说当值域从有限个选项中进行选择时，使用枚举是非常合适的。例如某个操作的结果只有成功和失败两种，即可使用枚举来定义此操作结果的数据类型。又比如每周只有7天，每年只有12个月，在这类场景下，我们都可以使用枚举类型。

在TypeScript中，使用enum关键字来定义枚举。示例如下：

【源码见附件代码/第2章/6.enum/6.enum.ts】

```
enum Result {
    Success,        //表示成功
    Fail            //表示失败
}
```

如上面的代码所示，我们定义了一个名为Result的新类型，此类型本身是枚举类型，其中定义了两个枚举值，Success表示成功，Fail表示失败。默认情况下，我们定义的枚举都是数字枚举，并且首个枚举的值为0，后续依次递增。TypeScript也支持自定义数字枚举的枚举值，也支持定义字符串枚举，后面会介绍。Result枚举的使用示例如下：

【源码见附件代码/第2章/6.enum/6.enum.ts】

```
var res:Result = Result.Success;
//将输出：0
console.log(res);
```

我们也可以手动设置枚举的初始值，示例如下：

【源码见附件代码/第2章/6.enum/6.enum.ts】

```
enum Result {
    Success = 10,
    Fail
}
```

此时Success的值为10，Fail的值自动递增至11。当然，我们也可以对所有值都进行设置，示例如下：

【源码见附件代码/第2章/6.enum/6.enum.ts】

```
enum Result {
    Success = 10,
    Fail = 20
}
```

在使用时枚举可以直接使用枚举名，这样的好处是使代码的可读性变得很强，以上面的Result为例，如果操作结果返回一个数值，可能会使调用方对数值的意义感到疑惑，如果返回Result枚举值，则意义就非常明了了。

下面我们来看字符串枚举，字符串枚举是指枚举值会对应一个具体的字符串数据，示例如下：

【代码片段2-6 源码见附件代码/第2章/6.enum/6.enum.ts】

```
enum Direction {
    Up = "Up",
    Down = "Down",
    Left = "Left",
    Right = "Right"
}
var direction: Direction = Direction.Down;
```

```
//将输出:  Down
console.log(direction);
```

字符串枚举不仅使代码的可读性增强了，也会使运行时的输出信息更加可读。

理论上讲，枚举项的值有两种定义方式，一种是采用常量来定义，另一种是采用计算量来定义。在以下场景中，枚举值是以常量的方式定义的。

（1）枚举的首个枚举项没有初始化，其会被默认赋值为0，并且其后的枚举项的值会依次递增。示例如下：

【源码见附件代码/第2章/6.enum/6.enum.ts】

```
enum Rank {
   A,
   B,
   C
}
```

（2）当前枚举项没有初始化，并且其前一个枚举项是一个数字常量，则此枚举项的值在上一个枚举项的基础上加1。示例如下：

【源码见附件代码/第2章/6.enum/6.enum.ts】

```
enum Rank {
   A,
   B = 3,
   C //4
}
```

（3）当前枚举项进行了初始化，且初始化使用的是常量表达式，包括数字常量、字符串常量，其他常量定义枚举值，应用了+、-、~这类一元运算符的常量表达式以及应用了+、-、*、/、%、<<、>>、>>>、&、|、^的常量表达式。示例如下：

【源码见附件代码/第2章/6.enum/6.enum.ts】

```
enum Rank {
   A,
   B = 3,
   C = 1 * 3 + 8
}
```

对于常量定义的枚举，在TypeScript编译时，其会被编译成对应的常量值。除上述所列举的情况外，使用函数或表达式包含变量的枚举定义方式都被称为计算量定义方式。示例如下：

【源码见附件代码/第2章/6.enum/6.enum.ts】

```
enum Rank {
   A,
   B = 3,
   C = mut * 2
}
```

上面代码枚举中的C枚举项就是计算量定义的，编译时其会直接被编译成计算表达式，而不是常量。需要注意，此处所涉及的常量枚举和计算量枚举只会影响编译的结果，对于枚举值本身来说，这只会影响枚举值是在编译时确定还是在运行时确定，但是枚举的值一旦确定，就不会随其表达式中包含的变量的更改而更改。以上面的Rank枚举为例，下面的代码两次输出的值不变。

【源码见附件代码/第2章/6.enum/6.enum.ts】

```
//20
console.log(Rank.C);
mut = 30;
//20
console.log(Rank.C);
```

2.3.2 枚举的编译原理

JavaScript本身没有提供对枚举类型的支持，你是否思考过，TypeScript是使用什么数据结构来实现枚举的？我们先来看如下示例。

【源码见附件代码/第2章/6.enum/6.enum.ts】

```
enum Result {
    Success = 10,
    Fail = 20
}
//Success
console.log(Result[10]);
//Fail
console.log(Result[20])
//10
console.log(Result["Success"]);
//20
console.log(Result["Fail"]);
```

从输出信息可以看到，当我们把枚举当成一个对象来使用时，语法上完全没有问题，而且通过枚举名可以取到枚举值，通过枚举值也可以取到枚举名。其实被TypeScript编译后，枚举就是一个对象，我们也可以直接将枚举进行打印，示例如下：

```
//{10: 'Success', 20: 'Fail', Success: 10, Fail: 20}
console.log(Result);
```

要了解TypeScript的编译原理，最直接的方式是查看编译后的JavaScript文件，以上面的Result枚举为例，编译后的结果如下：

```
var Result;
(function (Result) {
    Result[Result["Success"] = 10] = "Success";
    Result[Result["Fail"] = 20] = "Fail";
})(Result || (Result = {}));
```

可以看到，编译后的JavaScript代码实际上是定义了一个名为Result的变量，变量存储的数据是一个对象，对象中将枚举的值与枚举字符串格式的名字进行了映射，同时也反向进行了映射。如果我们定义的枚举本身就是字符串枚举，则编译的结果就更加简单了，例如：

```
enum Direction {
    Up = "Up",
    Down = "Down",
    Left = "Left",
    Right = "Right"
}
```

编译后的结果为：

```
var Direction;
(function (Direction) {
    Direction["Up"] = "Up";
    Direction["Down"] = "Down";
    Direction["Left"] = "Left";
    Direction["Right"] = "Right";
})(Direction || (Direction = {}));
```

现在，回忆一下我们之前讲的常量定义枚举值与计算量定义枚举值会影响编译后的结果，是不是就更容易理解了？例如下面的枚举：

```
var mut = 10;
enum Rank {
    A = 1,
    B = 3 * 2,
    C = mut * 2
}
```

编译后的结果如下：

```
var mut = 10;
//常量
var Rank;
(function (Rank) {
    Rank[Rank["A"] = 1] = "A";
    Rank[Rank["B"] = 6] = "B";
    Rank[Rank["C"] = mut * 2] = "C";
})(Rank || (Rank = {}));
```

2.3.3　any、never 与 object 类型

在前面的章节中，我们介绍过void类型，any类型与之相反，其可以表示任意类型。虽然TypeScript中要求变量都有明确的类型，但是有的时候，我们确实需要一个变量既可以存储某个类型的数据，又可以存储其他类型的数据。甚至需要在运行时动态地改变变量的值的类型，例如一开始存储数值数据，之后存储字符串数据等。这时就可以使用any类型来标记变量。例如下面的代码是完全合法的：

【源码见附件代码/第2章/7.any-never/7.any-never.ts】

```
//先赋值为数值
var some:any = 1;
//后修改为字符串
some = "Hello";
```

any类型也有另一层意思，它相当于间接地告诉了TypeScript编译器不要检查当前变量的类型，也就是说，我们使用any类型的变量获取任何属性和调用任何方法都不会产生编译异常，示例如下：

【源码见附件代码/第2章/7.any-never/7.any-never.ts】

```
//获取任意属性
some.a;
//调用任意方法
some.getA();
```

当我们声明了一个变量，但是并未指定类型时，也可以认为其类型为any，示例如下：

【源码见附件代码/第2章/7.any-never/7.any-never.ts】

```
var some2;
some2 = 1;
some2 = "s";
```

因此，any本身是一把双刃剑，为编码带来灵活性的同时也降低了程序的安全性。通常，如果可以明确定义变量的类型，尽量不要使用any，any更多会应用在元素类型不定的数组上。

never类型通常用于总是会抛出异常的函数，或永远没有终结的函数的返回值。其语义上表示永远不会存在的值的类型。因此，逻辑上虽然可以声明一个never类型的变量，但是其无法赋任何值，例如下面的代码将产生编译异常：

```
var n:never;
n = 4;
```

一些可能会使用到never类型的场景如下：

【源码见附件代码/第2章/7.any-never/7.any-never.ts】

```
//永远没有终点的函数
function loop():never {
    while(true){
    }
}
//总是抛出异常的函数
function errorMsg(msg:string):never {
    throw Error(msg);
}
```

顾名思义，object类型为对象类型，即除number、string、boolean、symbol、null等基础类型外的类型。从表现来看，对象中可以封装属性和方法，我们会在后续章节中更加详细地介绍对象的类型，本节不再赘述。

2.3.4 关于类型断言

类型断言是指开发者强制指定某一变量的类型，当我们非常明确某个变量存储的数据是什么类型时，就可以使用类型断言来让编译器也这么认为。

有时候，某个变量可能一开始被声明为any，但当程序运行到某个时刻时，就可以明确知道其具体的类型，这时就可以使用类型断言来标记，从而告诉编译器按照特定的类型进行检查。示例如下：

【代码片段2-7　源码见附件代码/第2章/8.type-assert/8.type-assert.ts】

```
var some:any;
some = "Hello";
console.log((<string>some).length);
```

这种加括号的语法规则可以强制指定变量的类型，同时，还有另一种语法也可以用来强制指定变量的类型，使用as关键字，示例如下：

```
console.log((some as string).length);
```

无论使用加括号的方式还是as关键字的方式强制指定类型，本质上没有差别。类型断言除使用在any类型的变量上外，通常更多会在联合类型中使用（后续会介绍联合类型），但是此时需要注意，类型断言并不是类型转换，尝试将联合类型的变量断言成一个联合类型中不存在的类型时，是会报错的。示例如下：

【源码见附件代码/第2章/8.type-assert/8.type-assert.ts】

```
var some2:number | string;
some2 = "123";
//此时会报错，因为联合类型制定了some2变量只能是数值类型或字符串类型
var some3 = <boolean>some2;
```

2.4　函数的声明和定义

函数是程序中最小的功能单元，在实际开发中，函数的应用是重中之重。本节将介绍如何在TypeScript中约束函数的类型，以及TypeScript中对JavaScript的函数进行了哪些增强。

2.4.1　函数的类型

我们先来回忆一下，在JavaScript中，函数可以分为具名函数和匿名函数，都使用function关键字来声明，示例如下：

【源码见附件代码/第2章/9.func/9.func.ts】

```
//具名函数，通过名字func1来调用
function func1(x, y) {
    return x+ y;
}
//匿名函数，需要赋值给变量，使用func2变量名来调用
var func2 = function(x, y) {
    return x + y;
}
```

箭头函数也属于一种匿名函数，这里先不做过多介绍。

参数、函数体和返回值是一个函数的3要素，在TypeScript中，函数的参数和返回值都需要我们指定明确的类型（如果不指定参数，则默认为any类型，返回值会进行自动推断）。我们将上面示例的函数在写法上补充完整。

【源码见附件代码/第2章/9.func/9.func.ts】

```
function func1(x: number, y: number): number {
    return x+ y;
}
```

标明了参数类型和返回值类型的函数好处多多，首先从编译上就可以预防很多运行时异常的产生，比如传递了不合法的参数，返回值赋予了不同类型的变量等。从另一方面来看，这些类型信息本身也对函数的用法进行了解释，使函数具有更强的可读性。

现在，你可以思考一下，对于匿名函数，其是要赋值给变量的，那么此时这个变量应该是什么类型呢？其实一个函数的类型是由其参数和返回值共同确定的。示例如下：

【源码见附件代码/第2章/9.func/9.func.ts】

```
function func1(x: number, y: number): number {
    return x+ y;
}
var func3: (x:number, y: number) => number = func1;
```

上面的代码中，func1的类型为(x: number, y: number) => number，其中参数名x和y是可以任意指定的。这看起来有点复杂，其实函数的类型有明确的规则指定，理解起来并不复杂：只要参数个数一致，对应的每个参数类型一致，返回值类型一致的函数都是同一种类型。

在实际开发中，我们经常会遇到需要使用回调函数的场景，此时函数可以指定类型，相当于对回调函数的结构进行了约束，极大地方便了开发者的使用。还有一点需要注意，如果一个函数没有返回值，则其返回值类型需要指定为void，在声明函数类型时，void不能省略，示例如下：

【源码见附件代码/第2章/9.func/9.func.ts】

```
//无参无返回值的函数类型
var func4: () => void = function(){};
```

2.4.2 可选参数、默认参数和不定个数参数

我们知道，在JavaScript中声明函数时所定义的参数在调用时并不一定都要传递。但是在TypeScript中却有严格的规定，函数中所定义的参数都是必传的，否则会产生编译时异常。示例如下：

【源码见附件代码/第2章/9.func/9.func.ts】

```
function func1(x: number, y: number): number {
    return x+ y;
}
//只传了1个参数，会编译报错
func1(1);
```

在特殊场景下，有些函数的参数的确需要支持选填，这时就需要使用TypeScript中的一种特殊

语法，在函数参数的后面添加符号“?”，可以将此参数声明为可选参数，即表示函数在调用时支持此参数不传。示例如下：

【源码见附件代码/第2章/9.func/9.func.ts】

```
function func5(success:boolean, msg?:string) {
    if (!success) {
        console.log(msg);
    }
}
//编译正常
func5(true);
```

需要注意，由于JavaScript函数的实参与形参在匹配时是按顺序进行匹配的，因此可选参数必须定义在必填参数的后面。

如果可选参数没有被赋值，则其默认值为undefined，TypeScript中也支持为未赋值的参数提供默认值，示例如下：

【源码见附件代码/第2章/9.func/9.func.ts】

```
function func5(success:boolean, msg:string = "未定义的异常") {
    if (!success) {
        console.log(msg);
    }
}
//编译正常，将输出未定义的异常
func5(false);
```

带默认值的参数与可选参数一样，都允许在函数调用时省去对应位置参数的赋值。TypeScript对带默认值参数的实现原理也非常简单，只需要在编译后的函数体内判断对应的参数是否为undefined，如果是，则使用默认值对其进行赋值，上面的func5函数会被编译如下：

```
function func5(success, msg) {
    if (msg === void 0) { msg = "未定义的异常"; }
    if (!success) {
        console.log(msg);
    }
}
```

对于参数个数不定的情况，JavaScript中本身是支持定义这样的函数的，例如：

```
function func6() {
    console.log(arguments, typeof arguments);
}
//{ '0': 'a', '1': 'b', '2': 'c' } 'object'
func6("a", "b", "c");
```

需要注意，上面的代码可以直接作为JavaScript代码在Node.js环境中运行，如果当成TypeScript代码进行编译，则会报编译异常。在JavaScript中，一个函数在调用时传入的所有参数都会被包装到函数体内的arguments对象中，这一特性可以允许开发者在定义函数时并不限制参数的个数，在TypeScript中提供了剩余参数的语法规则，即除可以定义一部分形参外，也可以把多传的参数都归纳到一个预定义的数组形参中，从而细化约束参数的类型，示例如下：

【源码见附件代码/第2章/9.func/9.func.ts】

```
function func6(a:string, b:string, ...other:string[]) {
    console.log(a, b, other);
}
//a b ['c', 'd']
func6("a","b","c","d");
```

剩余参数的实现方式也很好理解，其利用的就是JavaScript中的arguments对象，在编译时，其将已经定义的形参剔除，剩下的放入数组。上面的函数func6编译结果如下：

```
function func6(a, b) {
    var other = [];
    for (var _i = 2; _i < arguments.length; _i++) {
        other[_i - 2] = arguments[_i];
    }
    console.log(a, b, other);
}
```

2.4.3 函数的重载

多态是面向对象编程中的重要特性。对于函数来说，多态是通过重载实现的。所谓重载，是指同样的函数名，由于传入的参数类型不同而执行不同的逻辑。这种特性在实际项目开发中非常有用。JavaScript中的函数本身没有重载的概念，但是我们可以动态地判断传入参数的类型来执行不同的逻辑，例如：

```
function func7(a) {
    if (typeof a === 'string') {
        console.log("执行参数为字符串的逻辑");
    }
    if (typeof a === 'number') {
        console.log("执行参数为数值的逻辑");
    }
    return a;
}
var res1 = func7("Hello");
var res2 = func7(6);
```

尽管上面的代码可以实现我们预定的逻辑，但是从TypeScript的语法检查来说并不那么友好。首先参数a的类型会被自动推断为any，函数func7的返回值也会被推断为any，这样就失去了编译检查的功能。事实上，函数func7的参数a只能是string类型或number类型，返回值类型也只能是string类型或number类型，当然我们可以使用联合类型来优化，示例如下：

【代码片段2-8　源码见附件代码/第2章/9.func/9.func.ts】

```
function func7(a:string | number):string | number {
    if (typeof a === 'string') {
        console.log("执行参数为字符串的逻辑");
    }
    if (typeof a === 'number') {
```

```
        console.log("执行参数为数值的逻辑");
    }
    return a;
}
```

这样尽管解决了部分问题，但还是不够完美，因为逻辑上如果输入的参数为string类型，则返回值也是string类型，如果输入的参数为number类型，则返回值也是number类型。此时就可以使用函数重载技术，优化代码如下：

【代码片段2-9　源码见附件代码/第2章/9.func/9.func.ts】

```
//声明两个重载函数
function func7(a:string):string;
function func7(a:number):number;
function func7(a:string | number):string | number {
    if (typeof a === 'string') {
        console.log("执行参数为字符串的逻辑");
    }
    if (typeof a === 'number') {
        console.log("执行参数为数值的逻辑");
    }
    return a;
}
//编译正常
var res1:string = func7("Hello");
//会报类型不匹配错误
var res2:string = func7(6);
```

需要注意，函数重载是编译时的特性，并不会影响编译完成后的JavaScript代码，声明了重载函数后，TypeScript编译器在对函数进行处理时会从前往后进行参数类型匹配，以匹配到的第一个重载函数来进行编译检查，因此在编写重载函数时，我们要尽量将定义类型相对精准地放在前面。

2.5　本章小结

本章正式进入了TypeScript的学习，我们先介绍了TypeScript的安装和使用，并且使用的TypeScript编译器本身也是使用TypeScript语言编写的。之后又介绍了如何使用高级的IDE工具来开发TypeScript的应用，高级的IDE工具可以提高开发效率，能够让开发者将精力更多地投入代码逻辑本身，而不是烦琐的编译流程。

本章作为TypeScript的基础章节，介绍了TypeScript中提供的类型支持功能，并介绍了枚举等特殊的数据类型。除此之外，也对TypeScript中声明和定义的函数做了介绍，函数对于程序编写来说是重中之重。这些内容虽然很简单，但却是开发复杂应用的基础。后面，我们将在此基础上介绍TypeScript中提供的更多高级特性，尤其是类和接口的相关知识，学习完这些后，就可以真正将TypeScript应用到程序开发中了。现在，一起来回顾一下本章介绍的内容，检验一下自己的学习成果。

（1）TypeScript为什么可以完全兼容JavaScript代码？

提示 TypeScript本身就是JavaScript的超集，TypeScript是需要编译后使用的，其编译的产物就是标准的JavaScript代码，因此TypeScript可以完全兼容JavaScript。但是，TypeScript更倾向让开发者使用静态类型的方式来编写代码，TypeScript编译器会提供很多对类型的推断与检查功能。

（2）TypeScript中的数值字面量有多少种表示方式？

提示 数值字面量可以使用十进制、十六进制、八进制和二进制的方式表示。

（3）TypeScript中的NaN与Infinity分别有怎样的意义？

提示 NaN描述的是非数值，即Not a Number。当我们想表达某个预期结果为数值的操作无法符合预期时，就可以使用NaN来表示。Infinity则描述的是一种无穷的概念。

（4）TypeScript中的undefined和null表达的意义一样吗？

提示 虽然很多时候，undefined和null都有空的意思，但是其应用的场景截然不同。undefined更多表示的是未定义的，即未人为进行操作的。对于变量来说，只声明而未赋值的变量就是未定义的。对于函数来说，未传实参的形参也是未定义的，无返回语句的函数的返回值也是未定义的。对于对象来说，访问不存在的属性的值也是未定义的。null则表示的是人为赋空，对于不再需要使用的对象，即可将引用它的变量手动赋值为null，系统会自动回收其所占用的资源。

（5）TypeScript中的数组和元组有什么异同？

提示 首先数组和元组都用来存放一组元素，数组要求其中的类型都相同（尽管可以设置为any来存储任何类型，但语义上元素类型都相同），元组则允许一组元素的类型不相同。

（6）TypeScript中枚举的本质是什么？

提示 枚举会被编译成对象，本质是TypeScript编译器将枚举中的枚举名与枚举值进行了双向映射。

（7）枚举适用于哪些编程场景？

提示 如果某个数据类型的值是有限的，且容易穷举出来，则适合定义成枚举，例如性别、星期等。

（8）在哪些场景下，我们可能会使用到类型断言？

提示　通常，合理的架构设计是不需要开发者手动进行类型断言的，但是类型断言依然非常有用，有些业务需求开发者在定义变量时无法精准地设置类型，在运行时才可以真正确定变量的类型，这时就可以使用类型断言来显式地告诉编译器如何对此变量进行编译检查。

（9）函数的类型由哪些因素决定？

提示　函数的类型由函数的参数个数、参数类型、返回值的类型决定。

（10）TypeScript中提供了函数重载的语法，有什么应用场景？

提示　函数重载是TypeScript中提供的一种编译时特性，当我们要实现一个函数，其逻辑与传入参数的类型相关时，就可以尝试定义一些重载函数，重载函数能够更好地表示参数类型与返回值类型的关联关系，增强TypeScript的编译检查能力。

第 3 章 TypeScript 中的面向对象编程

在前面的章节中，我们介绍了一些关于 TypeScript 类型和基础用法的内容。本章将更深入地对 TypeScript 进行介绍。JavaScript 是一门面向对象的编程语言，TypeScript 则对其面向对象能力进行了增强，增强的核心功能就是类和接口。这也是本章要学习的重点。

通过本章，你将学习到：

- 类和接口的应用。
- TypeScript的类型推断能力。
- 联合类型与交叉类型的应用。
- TypeScript的类型区分能力。
- 有关TypeScript类型的高级用法。

3.1 理解与应用“类”

类是面向对象编程中的重要概念。虽然JavaScript是一种面向对象语言，但其本身并没有提供对类的支持（在ES6标准中已经引入了class语法）。JavaScript采用了原型的方式实现对象构造、继承等功能。这对开发者来说并不友好，TypeScript扩展了JavaScript的面向对象能力，提供了类和接口的支持，使复杂逻辑代码的编写更加符合开发者的编程直觉。本节将介绍类和接口的相关内容。

3.1.1 类的定义与继承

在项目开发中，我们会使用到各种各样的对象，对象本质上就是包装了数据与逻辑函数的实例，对象中存储的数据通常称作属性，对象中包装的逻辑函数通常称作方法。例如当我们需要创建一个“人”对象时，可以这样做：

【代码片段3-1 源码见附件代码/第3章/1.classAndInterface/1.classAndInterface.ts】

```
var people = {
    name:"小王",
    sayHi() {
        console.log("你好，我是"+this.name);
    }
}
people.sayHi();
```

此时，people对象使用起来并没有任何问题，其内封装了name属性和sayHi方法。但是，这种直接定义对象的方式并不是编程的最佳实践，在程序中，我们需要很多people对象，每个对象的name属性都不同，更复杂一点，我们可能还会扩展每个people对象的功能，例如描述老师的people对象会有教学的行为，描述学生的people对象会有做作业的行为等。我们需要一种方式可以快速地构建出指定的对象，以及方便扩展对象的能力，这就需要使用到类。

类是对象的模板，从设计模式来说，类本身就是一种工厂模式。在TypeScript中，类使用关键字class定义。定义一个名为People的类，示例如下。

【代码片段3-2 源码见附件代码/第3章/1.classAndInterface/1.classAndInterface.ts】

```
class People {
    name:string; //名字属性，声明类型为string类型
    constructor(name:string) {
        this.name = name
    }
    sayHi() {
        console.log("你好，我是"+this.name);
    }
}
var p = new People("小王");
p.sayHi();
```

简单来说，类可以理解为对象的模板，使用类可以快速构建出所需的对象。在上面的代码中，People类中定义了一个字符串类型的属性name，定义了一个名为sayHi的方法，同时也实现了一个名为constructor的方法，此方法比较特殊，被称为构造方法，执行new People("小王")这样的代码即可调用此构造方法，顾名思义，构造方法的作用是用来构造对象。在类内部，方法中可以使用this关键字来获取调用此方法的对象实例本身。

介绍类，就不能不介绍继承。继承是面向对象编程中常见的特性。通过继承可以非常容易地扩展类的功能。继承技术可以将类按照抽象程度进行分层，例如People类模拟的是人类，人类又可以派生出许多细化的类，例如教师类、学生类。教师和学生自然都是人类，都有名字，都能够以sayHi打招呼，但是他们又有许多差异之处，例如教师有所教学科目的属性和教学行为，学生有做作业行为等。这些“类”之间的关系如图3-1所示。

同一个父类可以派生出许多子类，子类也可以作为其他类的父类继续派生子类。通过应用继承的这种特性，在编写类时，我们可以模拟现实生活中的场景来对类进行抽象，将复杂逻辑进行分层处理。

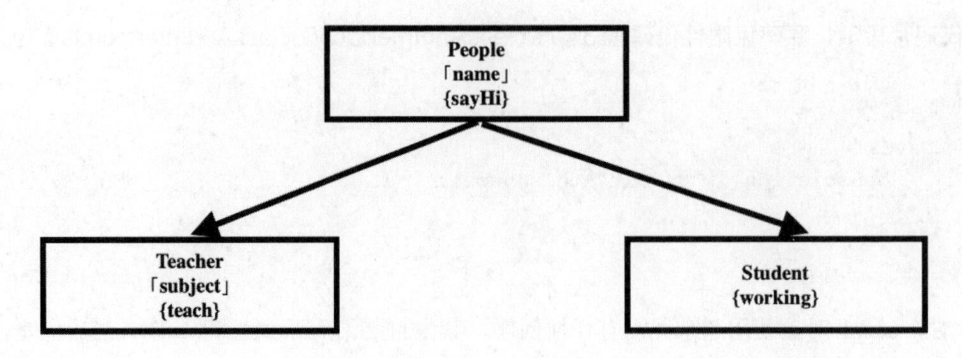

图 3-1 类之间的继承关系

以教师类和学生类为例，编写代码如下：

【代码片段3-3 源码见附件代码/第3章/1.classAndInterface/1.classAndInterface.ts】

```
class Teacher extends People {
    teach() {
        console.log(this.name + "进行教学");
    }
}
class Student extends People {
    working() {
        console.log(this.name + "完成作业");
    }
}
var t = new Teacher("李老师");
var s = new Student("张同学");
//李老师进行教学
t.teach();
//张同学完成作业
s.working();
```

extends关键字用来指定继承关系，子类继承父类后，会自动拥有父类的属性和方法（包括构造方法）。子类除可以定义独有的属性和方法外，也支持对从父类继承来的方法进行修改，示例如下：

【源码见附件代码/第3章/1.classAndInterface/1.classAndInterface.ts】

```
class Teacher extends People {
    subject:string
    constructor(name:string, subject:string){
        super(name)
        this.subject = subject
    }
    sayHi() {
        super.sayHi();
        console.log("同学们好");
    }
    teach() {
        console.log(this.name + "进行教学" + this.subject);
    }
```

```
}
var t = new Teacher("李老师","TypeScript");
//李老师进行教学TypeScript
t.teach();
//你好，我是李老师
//同学们好
t.sayHi();
```

子类可以直接重写父类中的方法，从而在子类中实现与父类不同的逻辑，如果子类只是为了拓展父类逻辑，而不是完全重写父类逻辑，则可以在重写的方法中使用super关键字来调用父类的方法。需要注意，对于构造方法来说，如果子类进行了重写，则其中一定要先使用super调用父类的构造方法。

你应该也发现了，通过继承，在组织类结构时可以将一些通用的逻辑代码定义在父类中，以增强代码的复用性。

3.1.2　类的访问权限控制

默认情况下，类中的属性和方法都是公开的，也就是说，我们在子类中访问父类的属性和方法是允许的，使用对象在类外部调用实例属性和方法也是允许的。在软件开发中，完全公开有时候是不符合开闭设计模式原则的，类内部使用的属性和方法应尽量保持封闭，不暴露到外界，以免外界有意或无意地修改导致类内部的工作异常。

TypeScript也提供了权限管理的相关语法。在定义类时，我们可以将一些属性和方法定义成私有的，这样在类外和子类中都不能访问它们。示例如下：

【源码见附件代码/第3章/1.classAndInterface/1.classAndInterface.ts】

```
//定义Animal类
class Animal {
    //定义了一个className属性，其类型为string类型，且是私有的
    private className:string ="Animal";
    //定义run方法，也是私有的
    private run() {
        console.log(this.className + " run...");
    }
}
//定义Dog类，继承自Animal类
class Dog extends Animal {
    shout() {
        //这里会编译出错，无法访问父类的className属性
        console.log(this.className + " shout...");
    }
}
var a = new Animal();
//下行代码会编译出错，无法访问私有属性和私有方法
a.run();
console.log(a.className);
```

如果有些属性方法只需要在类外不能访问，而内类和子类可以正常访问，则可以使用protected关键字进行声明，protected声明的属性和方法意为受保护的，示例如下：

【源码见附件代码/第3章/1.classAndInterface/1.classAndInterface.ts】

```
class Animal {
    protected className:string ="Animal";
    protected run() {
        console.log(this.className + " run...");
    }
}
class Dog extends Animal {
    shout() {
        console.log(this.className + " shout...");
    }
    run() {
        super.run()
    }
}
//子类可以正常使用
var d = new Dog();
//Animal run...
d.run();
//Animal shout...
d.shout();
//父类实例直接调用会编译异常
var a = new Animal();
//下行代码会编译出错，无法访问私有属性和私有方法
a.run();
console.log(a.className);
```

对于protected关键字来说，有一点需要注意。构造函数本身也可以使用protected关键字修饰，这意味着此构造函数不能在类外被调用，但是可以被子类调用。在实际应用中，当某些类的抽象程度较高时，我们不想让外界直接实例化出此类本身的实例，但是允许其子类被实例化，就可以使用protected关键字来控制构造函数的权限，示例如下：

【源码见附件代码/第3章/1.classAndInterface/1.classAndInterface.ts】

```
class Animal {
    protected className:string ="Animal";
    protected weight:string
    protected constructor(weight:string) {
        this.weight = weight
    }
    protected run() {
        console.log(this.className + " run...");
    }
}
class Dog extends Animal {
    constructor(weight:string) {
        super(weight)
```

```
    }
    shout() {
        console.log(this.className + " shout...");
    }
    run() {
        super.run()
    }
}
//编译错误，不能实例化
var a = Animal("700kg");
//子类可以正常使用
var d = new Dog("700kg");
```

3.1.3　只读属性与存取器

只读属性是指此属性只能取值，不能赋值。当然，此只读也只是在某些场景下的只读，属性声明时和在构造函数内部依然可以对属性进行赋值。在TypeScript中，使用readonly关键字来将属性设置为只读的。当类中定义的属性是自然常量或逻辑上不可更改的变量时，可以将其设置为只读的。示例如下：

【代码片段3-4　源码见附件代码/第3章/1.classAndInterface/1.classAndInterface.ts】

```
class Circle {
    radius:number
    readonly pi:number = 3.14
    constructor(radius:number) {
        this.radius = radius
    }
    area(): number {
        return this.pi * this.radius * this.radius;
    }
}
var c = new Circle(1)
console.log("面积: " + c.area());
```

上面的代码中，我们定义了一个描述图形圆的类，并且其中封装了一个计算圆面积的方法，我们知道圆面积的计算方式是：$S = \pi r^2$。其中r是圆的半径，π是圆周率常量。圆周率就是一个自然常量，逻辑上我们无须也不能对它进行更改，将其修饰为只读是比较合适的。

在构造函数中也允许对只读属性进行修改，通常，如果某个类在实例化时需要传入参数赋值给属性，且此属性为只读属性，则可以在类定义时省略此属性的声明和构造函数中的赋值，直接在构造函数中增加只读参数即可，示例如下：

【源码见附件代码/第3章/1.classAndInterface/1.classAndInterface.ts】

```
class Circle {
    readonly pi:number = 3.14
    constructor(readonly radius:number) {
    }
    area(): number {
```

```
        return this.pi * this.radius * this.radius;
    }
}
var c = new Circle(1)
console.log("面积: " + c.area());
```

提示 其实对任何增加了权限修饰符的构造函数参数来说，其都会自动生成一个对应访问权限的成员属性，public、protected、private和readonly有同样的效果。

在很多编程语言中都有属性存取器的概念，我们更习惯称其为Setter/Getter方法。在前面的例子中，我们对成员属性进行访问时，都是直接存值和取值。有时候，访问过程并非只是简单地存取，例如在上面的圆形类中，半径是不允许赋值为负数的，这时就可以使用存取器，使用特定的逻辑来对半径属性进行取值和赋值。修改代码如下：

【代码片段3-5 源码见附件代码/第3章/1.classAndInterface/1.classAndInterface.ts】

```
class Circle {
    readonly pi:number = 3.14
    private _radius:number
    constructor(radius:number) {
        this.radius = radius
    }
    set radius(radius:number) {
        console.log("调用了Setter方法");
        if (radius >= 0) {
            this._radius = radius;
        }
    }
    get radius(): number {
        console.log("调用了Getter方法");
        return this._radius;
    }
    area(): number {
        return this.pi * this.radius * this.radius;
    }
}
var c = new Circle(1)
console.log("面积: " + c.area());
```

如以上示例代码所示，使用radius就像使用普通属性一样，但是实际上调用了对应的方法，在方法中对私有属性进行了操作。这样相当于将类内部封装的私有属性与外界使用的公开属性进行了隔离，只有符合要求的数据才能被赋值到私有属性，同样在获取属性的值时也可以有逻辑保证一定返回合法的值。

提示 Getter方法和Setter方法是可以单独实现的，如果只实现了Getter方法，则效果类似于只读属性。

3.1.4　关于静态属性与抽象类

前面我们所讨论的属性都是实例属性，即只有当类实例化出对象时，这些属性才被创建并包装到对象内部。但并非所有属性都适合成为实例属性，有些属性是所有对象所共享的。比如前面示例代码中的“圆形类”，其中的圆周率不仅应该是常量，还应该是所有“圆对象”所共享的属性。此时更好的做法是将其声明成只读的静态属性。示例如下：

【代码片段3-6 源码见附件代码/第3章/1.classAndInterface/1.classAndInterface.ts】

```
class Circle {
    //static关键字将此属性修饰为静态属性
    static readonly pi:number = 3.14
    private radius:number
    constructor(radius:number) {
        this.radius = radius
    }
    area(): number {
        return Circle.pi * this.radius * this.radius;
    }
}
var c = new Circle(1)
console.log("面积: " + c.area());
```

在TypeScript中，使用static关键字来声明静态属性，本质上静态属性会被直接定义在“类”上，而不是类的实例上，同样在访问时，也是直接通过类名来访问。

类的作用是用来进行对象的实例化，但在逻辑上并非所有的类都需要实例化出对象。例如电商项目中会有各种各样的商品，商品都有价格，因此我们可以定义一个商品基类（基类也可以理解为最基础的类，其通常没有父类），但是此商品基类本身是没有实例化的意义的，因为商品都是具体的，具体的商品才有具体的价格。在这种场景下，我们就可以使用抽象类来定义这个商品基类。示例如下：

【代码片段3-7　源码见附件代码/第3章/1.classAndInterface/1.classAndInterface.ts】

```
abstract class Goods {
    abstract price():number
}
class Bread extends Goods {
    price(): number {
        return 5;
    }
}
var bread = new Bread();
//面包的价格是5元
console.log('面包的价格是'+bread.price()+"元");
```

在TypeScript中使用abstract关键字来定义抽象类，抽象类不能直接被实例化，否则会编译报错，只有继承自抽象类的具体类才能被实例化。在抽象类中，我们可以使用abstract关键字来定义抽象方法，抽象方法只提供声明，不提供实现，具体的实现需要由子类完成。

当然，抽象类中也可以定义非抽象的方法，这类方法是可以正常被子类继承并在实例中使用的，修改上面的代码如下：

【源码见附件代码/第3章/1.classAndInterface/1.classAndInterface.ts】

```
abstract class Goods {
    //定义抽象方法，表示货物的价格
    abstract price():number
    //logInfo是一个具体的方法，可以有实现，会被子类继承
    logInfo():void{
        console.log("价格: "+this.price()+"元");
    }
}
class Bread extends Goods {
    price(): number {
        return 5;
    }
}
var bread = new Bread();
//价格: 5元
bread.logInfo();
```

最后，还有一点需要注意，抽象类虽然不能被实例化，但是作为类型声明其还是很常用的，抽象类中对方法进行了声明，具体执行由子类完成，这种特点方便实现面向对象中的多态特性，示例如下：

【代码片段3-8 源码见附件代码/第3章/1.classAndInterface/1.classAndInterface.ts】

```
//定义Goods抽象类
abstract class Goods {
    abstract price():number
    logInfo():void{
        console.log("价格: "+this.price()+"元");
    }
}
//Bared类继承自Goods
class Bread extends Goods {
    price(): number {
        return 5;
    }
}
//Drink 类继承自Goods
class Drink extends Goods {
    price(): number {
        return 3;
    }
}
//这里定义的两个变量的类型都是Goods抽象类
var g1:Goods = new Bread();
var g2:Goods  = new Drink();
//价格: 5元
g1.logInfo();
```

```
//价格: 3元
g2.logInfo();
```

3.1.5　类的实现原理

虽然JavaScript是一门面向对象的编程语言，但其本身并没有直接对类进行支持。对象就是对象，其通过构造函数来创建，通过原型链来实现继承。对于开发者来说，这种没有类的对象体系不太符合编程习惯，因此TypeScript和ECMAScript 6中都引入了类的语法糖。我们可以在TypeScript中编写一个简单的类，观察其编译后的产物，示例如下：

【源码见附件代码/第3章/1.classAndInterface/1.classAndInterface.ts】

TypeScript代码：

```
class Base {
    property:string //实例属性
    static sProperty:string = "" //静态属性
    //构造方法
    constructor(pro) {
        this.property = pro
    }
    //实例方法
    method(params:string):void {
        console.log(params);
    }
}
```

编译后的JavaScript代码：

```
var Base = /** @class */ (function () {
    function Base(pro) {
        this.property = pro;
    }
    Base.prototype.method = function (params) {
        console.log(params);
    };
    Base.sProperty = "";
    return Base;
}());
```

可以看到，对于定义的类，TypeScript编译器其实做了下面3件事情：

（1）以类名作为名称定义一个构造函数，函数的实现即类中定义的constructor方法。

（2）类中封装的函数会被绑定到构造函数的prototype上，构造对象时，对象的__proto__属性会指向此prototype。

（3）静态属性会被绑定到构造函数对象本身。

如果有继承关系存在，则编译后的产物中会包含一个继承函数，用来进行父类中静态变量的继承和原型链的构建。示例如下：

TypeScript代码：

```
class Sub extends Base {
}
```

编译后的JavaScript代码：

```
//此函数用来将父类的属性复制到子类上，构建继承原型链
var __extends = (this && this.__extends) || (function () {
    var extendStatics = function (d, b) {
        extendStatics = Object.setPrototypeOf ||
            ({ __proto__: [] } instanceof Array && function (d, b) { d.__proto__ =
b; }) ||
            function (d, b) { for (var p in b) if
(Object.prototype.hasOwnProperty.call(b, p)) d[p] = b[p]; };
        return extendStatics(d, b);
    };
    return function (d, b) {
        if (typeof b !== "function" && b !== null)
            throw new TypeError("Class extends value " + String(b) + " is not a
constructor or null");
        extendStatics(d, b);
        function __() { this.constructor = d; }
        d.prototype = b === null ? Object.create(b) : (__.prototype = b.prototype,
new __());
    };
})();
//子类编译后的JavaScript代码
var Sub = /** @class */ (function (_super) {
    //原型链处理
    __extends(Sub, _super);
    //构造函数继承父类实现
    function Sub() {
        return _super !== null && _super.apply(this, arguments) || this;
    }
    return Sub;
}(Base));
```

提示 JavaScript实现继承类和继承的方式有很多种，只要其符合对应的面向对象特性即可。我们无须过多关注这里的实现，毕竟使用TypeScript的目的就是能够简单快捷地实现JavaScript中比较烦琐的面向对象逻辑。

3.2 接口的应用

接口也是TypeScript提供的核心语法之一，其用来描述对象或类的结构。乍看起来，接口和抽象类的作用有些相似，但从应用场景和语义上来说，它们是完全不同的。在日常生活中，接口应用的例子数不胜数，最常见的是电源插销和插座。插座可以理解为接口的定义，所有要使用交流电驱

动的电器都需要提供一个插销来适配插座，插销可以理解为电器对插座接口的一种实现。这种场景下，如果将插座定义成抽象类明显是不合适的，插销只是电器的一部分，并不是电器的类别，同样，电器除插销外，还有很多独立的模块也是遵循指定接口实现的，例如变压模块、电机模块等。在TypeScript中，我们可以为提供独立功能的模块定义接口，对象和类通过实现接口来为这些功能提供具体支持。

3.2.1　接口的定义

TypeScript中使用interface关键字来定义接口。下面的代码提供了一个简单的例子：

【代码片段3-9　源码见附件代码/第3章/1.classAndInterface/1.classAndInterface.ts】

```
interface Tips {
    label:string
}
function descLog(t:Tips) {
    console.log(t.label);
}
var circle:Tips = {
    label:"圆形"
};
var rectangle:Tips = {
    label:"矩形"
}
//圆形
descLog(circle);
//矩形
descLog(rectangle);
```

此例子中，Tips接口约定了一个字符串类型的label属性，对象cricle和rectangle都对此接口进行了实现，打印函数descLog要求参数必须为实现了Tips接口的对象。上面代码中的接口实现要求是很严格的，实现此接口的对象中只能定义label属性，未定义label属性或定义了其他属性都会产生异常，有时候一个对象需要实现多个接口，也需要拥有接口之外的特有属性，比如圆形有半径属性，矩形有宽高属性，这时我们可以为接口添加一个字符串索引签名，即指定额外的属性只要满足约定的类型即可，示例如下：

【源码见附件代码/第3章/1.classAndInterface/1.classAndInterface.ts】

```
interface Tips {
    label:string,
    [propName:string]: number | string
}
var circle:Tips = {
    label:"圆形",
    radius:3
};
var rectangle:Tips = {
    label:"矩形",
    width:100,
```

```
    height:100
}
```

修改后的Tips接口就灵活很多了，要求实现此接口的对象除label属性外，只要属性值的类型为数值或字符串即可，属性的个数和名称不再约束。接口也支持将某些属性定义为可选的，即允许对象不对其进行实现。示例如下：

【源码见附件代码/第3章/1.classAndInterface/1.classAndInterface.ts】

```
interface Tips {
    label:string,
    color?:string,
    [propName:string]: number | string | undefined
}
```

此时，color属性是可选的，你可能注意到，我们将字符串索引签名约定的类型修改为number、string和undefined的联合类型，这是因为如果实现此接口的对象不提供color属性的实现，则color属性的值为undefined的。

接口中定义的属性也支持添加readonly修饰，此时当前属性被声明为只读属性，只有对象创建时可以为此属性赋值，之后不再允许对其修改，示例如下：

【源码见附件代码/第3章/1.classAndInterface/1.classAndInterface.ts】

```
interface Tips {
    readonly label:string,
    color?:string,
    [propName:string]: number | string | undefined
}
```

3.2.2 使用接口约定函数和可索引类型

接口除可以约束对象的结构外，也可以约束函数。前面提过，函数的类型由参数个数、参数类型和返回值类型决定。接口对函数的约束其实也体现了这些核心点。示例如下：

【代码片段3-10 源码见附件代码/第3章/1.classAndInterface/1.classAndInterface.ts】

```
interface RectangleAreaMethod {
    (width: number, height: number): number
}
let func:RectangleAreaMethod = function(w: number, h: number) {
    return w * h;
}
let func2:(w:number, h:number)=>number = function(w: number, h: number) {
    return w * h;
}
```

如以上代码所示，func和func2变量所赋值的函数类型是一样的，作用也是一样的，使用接口可以使函数的类型看起来更加简洁。在定义函数接口时，参数的名称是任意的，并不需要与真正实现中的参数名一致。

函数本身也是对象，因此在函数接口中也可以定义额外的属性，此时实现此接口的函数即可直接作为函数进行调用，也可以像常规对象一样进行属性访问，示例如下：

【源码见附件代码/第3章/1.classAndInterface/1.classAndInterface.ts】

```
function f(w: number, h: number) {
   return w * h;
}
f.desc = "矩形面积计算函数";
let func:RectangleAreaMethod = f
//4
console.log(func(1,4))
// 矩形面积计算函数
console.log(f.desc);
```

你或许会想，接口是否可以对数组类型的对象进行约束，当然是可以的。数组也好，字典也好，其本质上都是可索引的类型，我们可以通过数组下标来索引到值，也可以通过字典key名来索引到值，例如：

```
let arr = ["a", "b", "c"];
let map = {
   "a":"A",
   "b":"B"
}
//b
console.log(arr[1]);
//A
console.log(map["a"]);
```

上面的代码中，数组与字典的唯一区别仅在于数组的key是递增的数值类型，字典的key是字符串类型。接口也可以对这类可索引类型进行约束，示例如下：

【代码片段3-11　源码见附件代码/第3章/1.classAndInterface/1.classAndInterface.ts】

```
//对数组类型进行接口约束
interface JArray {
   [index: number]: string
}
//对字典类型进行接口约束
interface JDictionary {
   [key: string]: string
}
let arr: JArray= ["a", "b", "c"];
let map: JDictionary = {
   "a":"A",
   "b":"B"
}
```

如果你想要可索引对象内的数据不能被修改，在接口中使用readonly即可，示例如下：

【源码见附件代码/第3章/1.classAndInterface/1.classAndInterface.ts】

```
interface JArray {
   readonly [index: number]: string
```

```
}
interface JDictionary {
    readonly [key: string]: string
}
let arr: JArray= ["a", "b", "c"];
let map: JDictionary = {
    "a":"A",
    "b":"B"
}
//尝试修改会产生编译错误
arr[0] = "1"
```

提示 我们通常将以键－值对方式存储的数据结构称为字典，就像我们日常生活中的字典一样，通过键来索引到具体的值。

3.2.3 使用接口来约束类

当接口和类组合在一起使用时，其描述的是一种契约关系。如果一个类定义了接口所声明的属性和方法，则表示此类对此接口进行了实现。类无须和接口声明完全一致，类只要提供接口声明的属性和方法即可，类本身也可以有自己定义的属性和方法，示例如下：

【代码片段3-12 源码见附件代码/第3章/1.classAndInterface/1.classAndInterface.ts】

```
//定义JLog接口
interface JLog {
    log():void
    desc:string
}
//ClassA 对JLog 接口进行了实现
class ClassA implements JLog {
    desc:string
    name:string
    constructor(des: string) {
        this.desc = des;
        this.name = 'ClassA 类'
    }
    log() {
        console.log(this.name + this.desc)
    }
}
//ClassB 对JLog 接口进行了实现
class ClassB implements JLog {
    desc:string
    name:string
    constructor(des: string) {
        this.desc = des;
        this.name = 'ClassB 类'
    }
    log() {
```

```
        console.log(this.name + this.desc)
    }
}
var clsa:JLog = new ClassA('AAAA');
var clsb:JLog = new ClassB('BBBB');
//ClassA 类AAAA
clsa.log();
//ClassB 类BBBB
clsb.log();
```

上面的代码中，JLog是一个接口，简单定义了一个“描述打印”契约，ClassA和ClassB两个类都对这个接口进行了实现，之后我们在使用这两个类的实例时，可以直接将其类型定义为JLog类型。需要注意，类在继承时使用的是extends关键字，实现接口使用的则是implements关键字。

我们也可以将类实现接口理解为通过接口为类赋予独立的功能模块，当然一个类也可以同时实现多个接口，例如改造前面的代码，使ClassA类不仅具有“描述打印”功能，还能拥有自加的功能，自加的实现逻辑就是将内部的desc描述文案进行拼接。

【源码见附件代码/第3章/1.classAndInterface/1.classAndInterface.ts】

```
interface JLog {
    log():void
    desc:string
}
//JAdd接口，为类约定add方法
interface JAdd {
    add(b: JAdd): JAdd
}
class ClassA implements JLog, JAdd {
    desc:string
    name:string
    constructor(des: string) {
        this.desc = des;
        this.name = 'ClassA :'
    }
    log() {
        console.log(this.name + this.desc)
    }
    add(B: ClassA): ClassA {
        return new ClassA(this.desc+B.desc);
    }
}
var a1 = new ClassA('A1');
var a2 = new ClassA('A2');
var a12 = a1.add(a2);
//ClassA :A1A2
a12.log();
```

注意，接口对类的约束实际上约束的是类的实例对象，并不是类本身（类的本质是一个构造函数），因此类中的构造函数、静态属性是不能被接口约束的。如果我们需要对类本身进行约束，则需要定义一个额外的接口，示例如下：

【代码片段3-13 源码见附件代码/第3章/1.classAndInterface/1.classAndInterface.ts】

```
//此接口约束类的构造方法
interface ClassBInterface {
    new (des: string): JLog
}
class ClassB implements JLog {
    desc:string
    name:string
    constructor(des: string) {
        this.desc = des;
        this.name = 'ClassB 类'
    }
    log() {
        console.log(this.name + this.desc)
    }
}
var CB:ClassBInterface = ClassB;
```

上面的代码中，变量CB声明，类型的ClassBInterface，ClassBInterface接口定义入参为字符串，返回值为实现了JLog接口的构造函数，ClassB类本质就是一个构造函数，完全复合此接口的约束，因此代码可以正常编译。这里可能有点绕，可以在后面的实际应用中慢慢体会。

3.2.4 接口的继承

我们知道，子类是可以通过继承来拥有父类的属性和方法的。通过继承这种语法特性，我们可以根据层次关系灵活地对类进行拆分，方便代码的组合和重用。接口也支持继承，一个接口继承自另一个接口可以理解为将父接口中声明的属性和方法复制到子接口中。接口的继承也是使用extends关键字，示例如下：

【代码片段3-14 源码见附件代码/第3章/1.classAndInterface/1.classAndInterface.ts】

```
//定义Shape接口，约定了计算面积的方法
interface Shape {
    area(): number
}
//定义CircleInterface 接口，继承了Shape接口，同时新增半径数据的约束
interface CircleInterface extends Shape {
    radius:number
}
var circleImp: CircleInterface = {
    radius:2,
    area(): number {
        return this.radius * this.radius * 3.14;
    }
}
//12.56
console.log(circleImp.area());
```

在类进行继承时，一个子类只能有一个父类，从语义上来讲，类是有严格的从属关系，就像

某个生物不可能既是动物又是植物一样。但是接口则不同，从语义上接口描述的更像是一种组合关系，一个接口可以继承多个接口，例如圆接口可以继承形状接口来拥有计算面积方法的声明，也可以继承颜色接口来拥有颜色属性的声明，示例如下：

【源码见附件代码/第3章/1.classAndInterface/1.classAndInterface.ts】

```
interface Shape {
    area(): number
}
interface ColorInterface {
    color:string
}
//CircleInterface 接口组合了Shape和ColorInterface 接口，同时也拓展了自己的功能
interface CircleInterface extends Shape, ColorInterface {
    radius:number
}
var circleImp: CircleInterface = {
    radius:2,
    color:'red',
    area(): number {
        return this.radius * this.radius * 3.14;
    }
}
```

这种多继承的语法特性使得接口的定义可以非常灵活。实际上，在对很多第三方的JavaScript库提供TypeScript支持时，都是对其中提供的功能函数或对象进行接口声明。

3.3　TypeScript中的类型推断与高级类型

严格来讲，TypeScript中的任何变量都有明确的类型，但并非所有变量在声明时都显式指定类型，这要归功于TypeScript的类型推断能力。除常规的类型外，在实际项目开发中，我们可能需要更加灵活地对类型进行联合、组装等操作，TypeScript也提供了方法对已有类型进行处理，从而创建出更加灵活的类型。

3.3.1　关于类型推断

类型推断是TypeScript非常实用的功能之一。在定义变量时，TypeScript要求变量有明确的类型，指定类型的代码虽然不烦琐，但依然为开发者带来了额外的工作量。幸运的是，大多数情况下，我们都不需要编写额外的类型指定代码，TypeScript会根据变量的赋值来自动推断其类型。示例如下：

```
var num = 3; //变量赋值为3，此时num变量被自动推断为number类型
function numFunc(n:number) {
    return n * n;
}
//编译正常
numFunc(num);
```

上面的代码中，num变量会自动被推断成number类型，除常规类型可以自动推断外，自定义类型也可以被自动推断，例如：

```
//p自动被推断为People类型
var p = new People('One');
console.log(p.name);
```

对于数组表达式，自动推断略微麻烦一些，其需要推断出最合适的通用类型，例如：

```
var l = [1, 'hello', false, null];
//l会被推断成(number | string | boolean | null)[]的联合类型数组
var l2:(number | string | boolean | null)[]  = l;
```

类型推断虽然好用，但并非适用所有场景，很多时候我们会使用接口来声明类型，自动推断功能则会推断为更具体的类型，示例如下：

【源码见附件代码/第3章/2.inferAndAdvance/2.inferAndAdvance.ts】

```
interface Color {
    color: string
}
class Blue implements Color {
    color = 'blue';
}
class Green implements Color {
    color = 'green';
}
//此时colors会被推断为(Blue | Green)[]，而不是我们预期的Color[]
var colors = [new Blue(), new Green()];
interface Color {
    color: string
}
class Blue implements Color {
    color = 'blue';
    base = true;
}
class Green implements Color {
    color = 'green';
    base = true;
}
class CustomColor implements Color {
    color: 'custom';
}
//此时colors会被推断为(Blue | Green)[]，而不是我们预期的Color[]
var colors = [new Blue(), new Green()];
//编译异常
colors.push(new CustomColor());
```

如以上代码所示，我们预期的是将colors变量推断为Color[]类型，以便后续可以继续扩展，但是自动推断功能将其推断为(Blue | Green)[]类型，此时就需要显式地设置colors变量的类型，例如：

```
var colors:Color[] = [new Blue(), new Green()];
```

3.3.2　联合类型与交叉类型

TypeScript中最常用的两种高级类型是联合类型和交叉类型。关于联合类型，之前提到过，当我们想定义的某个数据变量可以是多种类型时，就可以使用联合类型。在语法上，联合类型使用“|”符号来定义。示例如下：

【代码片段3-15 源码见附件代码/第3章/2.inferAndAdvance/2.inferAndAdvance.ts】

```
//定义函数，其中参数设置为联合类型
function cp(p:string | number): string | number {
    if (typeof p === 'number') {
        return p + p;
    } else {
        return p + p;
    }
}
//6
console.log(cp(3));
//HelloHello
console.log(cp('Hello'));
```

上面的代码中，cp函数的参数类型就是一个联合类型，其表示参数可以是字符串类型，也可以是数值类型，但只能是这两种类型中的某一个，同样cp函数的返回值也是这样的联合类型。在cp函数的实现中，你可能发现了一个比较奇怪的地方：其中分支语句的if部分与else部分的代码块完全一样，我们能否去掉这个判断逻辑呢？答案是不能，因为对于联合类型(string | number)来说，其不支持使用“+”运算符进行相加，尽管字符串类型和数值类型本身是支持的。使用typeof关键字对类型进行判断后，会触发TypeScript的类型区分功能，在if块内部，p参数会默认被断言成数值类型，同时在else块中会被断言成字符串类型。

> **提示**　尽管使用any来作为类型可以跳过编译时的类型检查，但却使代码失去了类型约束带来的安全性，在实际开发中，我们应尽量少使用any类型。

对于联合类型，如果不做类型区分的话，除非编译器能够明确地推断出具体的类型，否则只能访问所有子类型中共有的属性，示例如下：

【源码见附件代码/第3章/2.inferAndAdvance/2.inferAndAdvance.ts】

```
class A {
    name  = 'A'
    aProp = 'prop'
}
class B {
    name = 'B'
    bProp = 'prop'
}
function logAOrB(a: A | B) {
    //只能访问共有的name属性
```

```
    console.log(a.name);
}
```

交叉类型在语法上使用“&”符号定义。其与联合类型不同的是，交叉类型表示的是当前变量同时满足多个类型。通常我们在使用接口的时候，交叉类型较为常用，示例如下：

【代码片段3-16 源码见附件代码/第3章/2.inferAndAdvance/2.inferAndAdvance.ts】

```
interface Shape {
    area(): number
}
interface Color {
    color: string
}
class RedCircle implements Shape, Color {
    radius: number
    color = 'red'
    constructor(radius:number) {
        this.radius = radius;
    }
    area(): number {
        return this.radius * this.radius * 3.14;
    }
}
var c:Shape & Color = new RedCircle(2);
//red 12.56
console.log(c.color, c.area());
```

由于联合类型的这种特性，编译器无须进行类型推断，可以直接使用所有子类型的属性方法，，示例如下：

【源码见附件代码/第3章/2.inferAndAdvance/2.inferAndAdvance.ts】

```
function descColorShape(p: Shape & Color) {
    console.log(p.color, p.area());
}
```

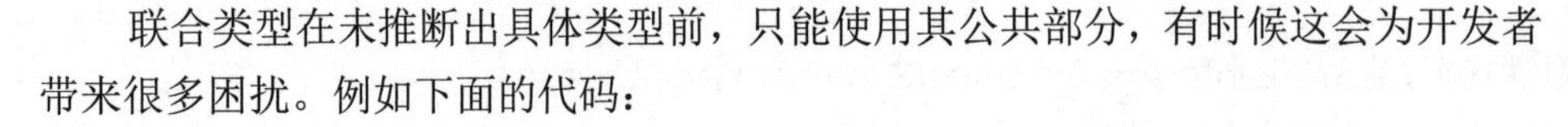

3.3.3 TypeScript 的类型区分能力

联合类型在未推断出具体类型前，只能使用其公共部分，有时候这会为开发者带来很多困扰。例如下面的代码：

```
class Color {
    color:string
    constructor(color:string) {
        this.color = color
    }
}
class Shape {
    size:number
    constructor(size:number) {
        this.size = size
```

```
    }
}
function getObj(type): Color | Shape {
    if (type == 0) {
        return new Color('red');
    } else {
        return new Shape(30);
    }
}
var obj1:Color | Shape = getObj(1);
//会编译异常，不能使用size
console.log(obj1.size);
obj1 = getObj(0);
//会编译异常，不能使用color
console.log(obj.color);
```

上面的代码中，虽然我们明确知道obj1对象的类型，但是TypeScript编译器无法推断，导致我们无法对正常的属性进行使用。当然，可以强制使用断言来告诉编译器类型，示例如下：

【源码见附件代码/第3章/2.inferAndAdvance/2.inferAndAdvance.ts】

```
var obj1:Color | Shape = getObj(1);
console.log((<Shape>obj1).size);
obj1 = getObj(0);
console.log((<Color>obj1).color);
```

但是这并不是一个好的做法，使用太多的断言会把本该由编译器完成的工作转嫁到开发人员身上，且会对未来代码的维护改动带来风险。TypeScript中提供了几种方法来帮助开发人员进行类型区分，一种方式是使用typeof和instanceof来辅助TypeScript编译器进行类型推断，示例如下：

【代码片段3-17　源码见附件代码/第3章/2.inferAndAdvance/2.inferAndAdvance.ts】

```
//基本数据类型使用typeof辅助类型推断
function stringOrNumber(p:string | number) {
    if (typeof p === 'string') {
        //此时编译器会将参数p推断为string类型
        console.log(p.length);
    } else {
        //此处则会被推断为number类型
        console.log(p / 2);
    }
}
//class类型使用instanceof辅助类型推断
function colorOrShape(p:Color | Shape) {
    if (p instanceof Color) {
        //此时编译器会将参数p推断为Color类型
        console.log(p.color);
    } else {
        //此处则会被推断为Shape类型
        console.log(p.size);
    }
}
```

另一种方式是自定义类型推断方法，示例如下：

【代码片段3-18 源码见附件代码/第3章/2.inferAndAdvance/2.inferAndAdvance.ts】

```
function isColor(p: Color | Shape): p is Color {
    return p["color"] != undefined;
}
function isShape(p: Color | Shape): p is Shape {
    return p["size"] != undefined;
}
function colorOrShape2(p:Color | Shape) {
    if (isColor(p)) {
        //此处会被推断为Color类型
        console.log(p.color);
    }
    if (isShape(p)) {
        //此处会被推断为Shape类型
        console.log(p.size);
    }
}
```

上面的代码中，isColor和isShape函数返回的是“类型谓词”，当函数返回true时，表示类型谓词成立，类型谓词的语法为p is Type，p需要和函数的参数名一致。

3.3.4 字面量类型与类型别名

字面量类型可以分为字符串字面量类型与数值字面量类型，字面量类型的作用与枚举十分类似，它允许我们指定一些固定的值来定义类型。示例如下：

【代码片段3-19 源码见附件代码/第3章/2.inferAndAdvance/2.inferAndAdvance.ts】

```
type Align = 'centerX' | 'centerY';
function descAlign(align:Align) {
    if (align == 'centerX') {
        console.log('水平居中');
    }
    if (align == 'centerY') {
        console.log('垂直居中');
    }
}
//水平居中
descAlign('centerX');
```

上面的代码中，定义了一个Align字符串字面量类型，其只有两种取值：centerX和centerY。如果对Align类型的变量赋值了非上述定义的其他字符串，则会产生编译异常。TypeScript也支持定义数值类型的字面量类型，示例如下：

【源码见附件代码/第3章/2.inferAndAdvance/2.inferAndAdvance.ts】

```
type Size = 44 | 68;
function createAvatar(size:Size) {
    if (size == 44) {
```

```
        console.log('创建44尺寸的头像');
    }
    if (size == 68) {
        console.log('创建68尺寸的头像');
    }
}
//创建68尺寸的头像
createAvatar(68);
```

实际上，type关键字也可以用来定义类型别名。由于联合类型和交叉类型的存在，极易产生很长的类型定义，这会使代码变得很长，很难读。type语法可以将一个类型映射成另一个名字，提高代码的简洁度和可读性，示例如下：

【代码片段3-20 源码见附件代码/第3章/2.inferAndAdvance/2.inferAndAdvance.ts】

```
//使用type来定义别名，其表示后面的联合类型
type BaseAny = number | string | boolean | null | undefined;
var base: BaseAny = 1
var base2: BaseAny = "2"
var base23: BaseAny = false
```

类型别名不会创建新的类型，只是为已有的类型定义了一个新的名字。

3.4 本章小结

本章介绍了TypeScript强大的面向对象编程功能，类和接口是面向对象中非常核心的一部分，TypeScript对类和接口从语法上进行了支持，相比JavaScript更加易用，代码编写上也更加简洁。本章也介绍了TypeScript中的高级类型，以及有关类型的高级用法。高级类型中，最常用的便是联合类型和交叉类型，开发中灵活地使用高级类型往往可以使我们的工作事半功倍。下一章将进入TypeScript进阶部分，介绍更多关于TypeScript的高级用法，其中不乏很多现代编程语言所具有的高级特性。在进入进阶部分之前，先来测试一下本章的学习效果吧！

（1）JavaScript中本身没有“类”的概念，那么TypeScript是如何对“类”进行支持的？

提示 “类”的本质是对象的模板，JavaScript中虽然没有直接提供“类”，但是却有构造函数及原型链体系。TypeScript中的类最终会被编译成构造函数。

（2）TypeScript中的接口和类有什么区别？

提示 可以从以下几个方面思考：

① 从代码来看，接口中只有声明，没有实现。类中既有声明，又有实现。

② 从功能来看，类用来构造实例对象。接口用来对常规对象、类及函数的结构进行约束。

③ 从语法来看，类使用class进行定义，接口使用interface进行定义。

④ 从继承行为来看，接口支持多继承，类只能单继承。

（3）类中的属性和方法的访问权限是怎么控制的？

提示 TypeScript中的访问权限分为公开的、受保护的和私有的。公开的可以在类内部、子类中以及类外部访问。受保护的只能在类内部和子类中访问。私有的只能在类内部访问。

（4）怎么理解联合类型？

提示 有时候，业务场景需要某个变量或函数的某个参数既可能是一种类型又可能是另一种类型时，我们就可以使用联合类型。联合类型会组合一组类型，并且表示结果是这些子类型中的一个。对于联合类型的变量，我们只能访问所有子类型所共有的部分，但是TypeScript提供了很强的类型推断能力，从而允许开发人员在使用时明确具体的类型。

（5）怎么理解交叉类型？

提示 和联合类型类似，交叉类型也会组合一组类型。不同的是，交叉类型表示的含义是既是某种类型又是另一种类型。因此，对于交叉类型的变量，我们可以使用其中任何子类型中的数据。

（6）类型别名是定义了新的类型吗？它有什么应用场景？

提示 顾名思义，类型别名只是对已有类型定义了一个新的名字，其没有产生新的类型。通常当已有的某个类型的字数过长或者表意不明时，我们可以为其定义一个别名。

第 4 章 TypeScript 编程进阶

除强大的静态类型支持能力外，TypeScript 语言中还引入了许多现代编程语言特性，比如支持泛型，支持“装饰器”和“混入”的功能语法，支持迭代器和生成器等。这些高级特性可以帮助开发者编写出样式更简洁、功能更强大、扩展性更强、安全性更高的代码。本章将介绍这些高级功能的用法。

通过本章，你将学习到：

- 泛型在编程中的应用。
- 迭代器的用法。
- 装饰器的应用。
- 命名空间与模块的应用。

4.1 使用泛型进行编程

在进行软件开发时，代码的重用性和扩展性是需要认真考虑设计的。有时候我们定义的数据类型不仅要满足当下的需求，还要能支持未来的需求。泛型是编写大型应用程序时常用的一种编程方式。本节将介绍如何在TypeScript中使用泛型。

4.1.1 泛型的简单使用

我们首先来体验一下泛型的使用。很多高级编程语言都支持泛型。简单理解，泛型允许我们在运行时决定具体的类型。举一个简单的例子，我们需要对程序中参与运算的数据进行记录，可以定义一个trace方法，例如：

```
function trace(data:number):number {
    console.log('进行记录 -',data);
```

```
    return data;
}
```

此方法传入一个数值类型的数据，进行记录后原封不动地返回，要记录数据时直接调用此方法即可，例如：

```
var a = 3;
var b = 4;
var c = trace(a) + trace(b);
```

这样实现看起来没什么问题，但是参与运算的数据类型可能有很多种，如果使用的是字符串类型的数据，上面的方法就不能使用了，例如下面的代码会产生编译异常：

```
var d = 'Hello';
//这里类型错误，会有编译异常产生
var e = trace(d).length;
```

要解决这个问题，有两种显而易见的方法：一是不断提供函数重载，将代码中所有使用到的类型都提供支持，但这明显是不太现实的；二是将trace函数的参数和返回值类型都改成any。使用any类型虽然可能在一定程度上解决问题，但这也使trace函数失去了一些描述信息：本意是将传入的参数原封不动地返回，参数类型和返回值类型也应该是相同的。使用了any后，参数类型和返回值类型便不再有任何关联。在这种场景下，就可以使用泛型。修改示例代码如下。

【代码片段4-1 源码见附件代码/第4章/1.super/super.ts】

```
//泛型函数
function trace<T>(data:T):T {
    console.log('进行记录 -',data);
    return data;
}
//数值
var a = 3;
var b = 4;
var c = trace(a) + trace(b);
//字符串
var d = 'Hello';
var e = trace(d).length;
```

现在，trace函数已经可以支持任何类型的数据了，并且执行后变量的类型信息不会丢失。

在TypeScript中，定义函数时，如果需要使用泛型，可以采用如下格式：

```
function methodName<Type>(p:pType):returnType
```

其中，函数名后面的尖括号中用来定义类型变量，此变量的名称是任意的。之后可以在函数的参数、返回值和函数体内使用此类型变量。如果我们在参数中使用了此类型变量，则函数在调用时会根据传入的参数类型来自动进行匹配，就如上面的示例代码所示，当传入的参数类型是字符串时，其返回值也会自动匹配为字符串类型。当然，在调用函数时，也可以手动设置此泛型的具体类型，示例如下：

【源码见附件代码/第4章/1.super/super.ts】

```
//数值
var a = 3;
var b = 4;
var c = trace<number>(a) + trace<number>(b);
//字符串
var d = 'Hello';
var e = trace<string>(d).length;
```

更多时候，我们会将泛型和数组结合使用，示例如下：

【代码片段4-2 源码见附件代码/第4章/1.super/super.ts】

```
//定义函数，其参数类型使用泛型来定义
function first<T>(array:T[]):T {
    if (array.length > 0) {
        return array[0];
    } else {
        throw '数组为空'
    }
}
var array = [1, 2, 3];
var array2 = ["1", "2", "3"];
var array3 = [];
//f自动被推断为number类型
var f = first(array);
//g自动被推断为string类型
var g = first(array2);
//运行到这里程序会抛出异常
first(array3);
```

其中，first函数是我们封装的一个提取数组中第一个元素的方法，如果数组为空，则直接抛出异常。在该函数中定义了一个泛型变量T，并指定了传入的参数是一个数组，数组中元素的类型是T类型，最后指定了返回值的类型也是T类型。

可以看到，当引入了泛型后，函数可以编写得非常灵活。泛型的应用场景不仅在函数中，类和接口中也都可以使用泛型。

4.1.2　在类和接口中使用泛型

只能在函数中使用泛型是不能令我们满意的，在编写类和接口的时候也会使用静态类型，同样，泛型也支持在类和接口中使用。

我们先来回忆一下类的使用，类作为对象的模板，可以定义属性与方法，我们可以定义一个容器类来创建容器实例，在容器中存放其他类型的数据以及提供操作数据的方法，例如：

```
class List {
    l:Array<any>
    constructor() {
        this.l = [];
    }
```

```
    add(obj) {
        this.l.push(obj);
    }
    remove():any {
        return this.l.pop();
    }
    mid():any {
        return this.l[Math.floor(this.l.length/2)];
    }
}
//创建容器
var list = new List();
//向容器中添加数据
list.add(1);
list.add(2);
list.add(3);
//获取中间位置的数据
console.log(list.mid());
//移除容器中的一条数据
console.log(list.remove());
```

在上面的例子中，List类里大量使用了any类型，这是因为在定义容器类时，我们无法预料使用方将使用容器来存放什么类型的数据。在开发过程中，当你发现某个场景需要大量使用any类型时，就应该考虑是否应该使用泛型来处理。

修改上述类的定义代码如下：

【代码片段4-3 源码见附件代码/第4章/1.super/super.ts】

```
class List<T> {
    l:Array<T>
    constructor() {
        this.l = [];
    }
    add(obj) {
        this.l.push(obj);
    }
    remove():T | undefined {
        return this.l.pop();
    }
    mid():T {
        return this.l[Math.floor(this.l.length/2)];
    }
}
```

类中使用泛型的语法规则是在类名的后面加尖括号，尖括号内是泛型变量，之后在类内部的任何地方都可以直接使用此泛型变量。在进行类实例的构造时，需要提供泛型的具体类型，例如：

```
var list = new List<number>();
```

之后，使用此对象调用实例方法时，返回值的类型会自动解析成number类型。

接口中也可以使用泛型，其语法规则和类相似，在对接口进行实现时，需要指定泛型的具体类型，实例代码如下：

【代码片段4-4 源码见附件代码/第4章/1.super/super.ts】

```
//定义一个计算面积的接口
interface Area<T> {
    area(o:T):number
}
//定义圆形和正方形类，实现此接口
class Circle implements Area<Circle> {
    radius: number
    constructor(radius:number) {
        this.radius = radius;
    }
    area(o: Circle): number {
        return o.radius * o.radius * 3.14;
    }
}
class Square implements Area<Square> {
    width: number
    constructor(width:number) {
        this.width = width;
    }
    area(o: Square): number {
        return o.width * o.width;
    }
}
//对定义的类进行实例化
var cc = new Circle(2);
var ss = new Square(2);
console.log(cc.area(cc));
console.log(ss.area(ss));
```

上面示例代码中的泛型接口可能看起来用处并不是很大，我们先着重关注其语法规则，更多的应用场景可以在后面的实操章节慢慢体会。

4.1.3 对泛型进行约束

引入泛型编程的目的是让程序设计更加灵活，有更强的兼容性和扩展性。但在工程开发中，并非越灵活的设计方式就越好，毕竟TypeScript引入静态类型功能的目的就是弥补JavaScript对类型的要求过于灵活带来的弊端。回忆一下，前面我们在定义trace泛型函数的时候，通过直接打印数据本身对数据进行记录，如果想要让数组提供要记录的描述信息，可以抛弃泛型，使用接口，示例如下：

【代码片段4-5 源码见附件代码/第4章/1.super/super.ts】

```
//定义接口，规范类型的描述信息
interface TraceInterface {
    getDesc():string
}
//定义追踪方法，参数使用接口进行约束
function traceV2(data:TraceInterface):TraceInterface {
```

```
    console.log('进行记录 -',data.getDesc());
    return data;
}
//定义CustomData 类实现TraceInterface 接口
class CustomData implements TraceInterface {
    getDesc(): string {
        return "自定义类实例";
    }
    customMethod() {
        console.log("自定义方法");
    }
}
var cusIns:CustomData = new CustomData();
var cusObj:TraceInterface = {
    getDesc:function(): string {
        return "自定义对象";
    }
}
traceV2(cusIns);
traceV2(cusObj);
```

目前代码看起来没什么问题，但是你可能忘记了trace方法的本意，其只是做记录，之后将原数据返回，使用了接口后，会丢失原数据的类型，例如下面的代码会产生编译错误，尽管我们知道它是正确的：

```
var cusIns:CustomData = new CustomData();
traceV2(cusIns).customMedhod();
```

因此，在享受泛型带来的灵活性的同时，也要对泛型进行一些约束，对于上面的场景来说，我们需要使用协议来约束泛型，修改代码如下：

【源码见附件代码/第4章/1.super/super.ts】

```
function traceV2<T extends TraceInterface>(data:T):T {
    console.log('进行记录 -',data.getDesc());
    return data;
}
```

在定义泛型时，可以在泛型变量名后使用extends加接口名的方式来对泛型进行约束，表示此处的泛型必须是实现了某个协议的类型，对于上面的例子，traceV2函数的参数不再适用于所有类型，其只能支持想实现TraceInterface协议的类型。

同理，泛型约束语法也适用于类的继承关系，可以约束对应的泛型类型必须是某个类或其子类。

4.2 迭代器与装饰器

迭代器和装饰器都是现代编程语言所具备的特性。通过迭代器可以使自定义的对象按照我们预期的方式来进行内部数据的遍历。装饰器则允许我们通过标注的方式来对类、方法或成员实例增加功能，这是一种元编程技术。本节将着重介绍迭代器与装饰器的用法。

4.2.1 关于迭代器

迭代通常指可遍历的特性。遍历是一种快速的循环取值方式，我们可以通过遍历来快速获取数组中的元素、字符串中的字符以及对象中的键或值。首先来看一个例子。

【源码见附件代码/第4章/1.super/super.ts】

```
var array = ['a', 'b', 'c', 'd'];
//将输出0, 1, 2, 3
for (let i in array) {
    console.log(i);
}
//将输出a, b, c, d
for (let i of array) {
    console.log(i);
}
```

需要注意，for-in结构与for-of结构都可以用来进行遍历，不同的是for-in会把对象的键遍历出来，for-of则会调用对象中的迭代器方法（稍后介绍）。可以将数组理解为键从0开始进行自动递增的对象结构。

如果你对上面的代码进行编译，会发现ES 6之前的JavaScript版本对于for-in结构是原生支持的，我们可以直接使用它来遍历对象中所有的属性名，例如：

```
var obj = {
    a:"A",
    b:"B",
    c:"C"
}
//将输出a, b, c
for (let i in obj) {
    console.log(i);
}
```

但如果直接使用for-of来遍历对象，则会编译报错，ES6之前JavaScript不支持使用迭代器，使用ES 6以上的JavaScript目标版本来编译，for-of结构遍历时会自动执行对象内部的迭代器方法，例如：

```
var obj = {
    a:"M",
    b:"N",
    c:"Q",
    [Symbol.iterator]:function() {
        let index = 0;
        let allKeys = Object.getOwnPropertyNames(this);
        let _this = this;
        return {
            next:function() {
                if (index < allKeys.length) {
                    let res = {
```

```
                    value: _this[allKeys[index]],
                    done: false
                };
                index ++;
                return res;
            } else {
                return {value:undefined, done:true};
            }
        }
    }
}
}
//将输出M,N,Q
for (let i of obj) {
    console.log(i);
}
```

我们再来看一下迭代器的构成，首先在定义对象的迭代器时，需要设置键名为[Symbol.iterator]，其值是一个函数，函数中需要返回一个对象，此对象包含一个名为next的函数属性，next函数是核心的迭代器函数，使用for-of进行遍历时会调用此next函数，next函数的返回值来决定迭代的终止条件，返回的对象结构为{value:any, done:boolean}，value为当前迭代的值，done用来标记是否迭代结束。

4.2.2 关于装饰器

装饰器是软件开发中的一种设计模式，在某些场景下，我们可以使用装饰器为类、方法、属性等添加额外的特性。相比于迭代器，装饰器要略微复杂一些。要使用装饰器，需要在编译时指定ES版本为ES 5，并且添加experimentalDecorators编译选项。

TypeScript中的装饰器支持类装饰器、方法装饰器、访问器装饰器、属性装饰器和参数装饰器。本节先来介绍类装饰器。

装饰器本身是一个函数，我们可以通过特殊的语法声明将其附加到类上。类装饰器会影响类的构造函数，简单来说，如果使用装饰器函数对类进行装饰，则类在定义后会首先执行装饰器函数，装饰器函数可以对构造函数进行修改，例如下面的代码。

【代码片段4-6 源码见附件代码/第4章/1.super/super.ts】

```
//定义装饰器函数
function classConstructorLog(constructor: Function) {
    console.log("装饰器被调用",constructor);
}
//使用装饰器对类进行修饰
@classConstructorLog
class MyObject {
    constructor() {
        console.log("My Object的构造函数");
    }
}
```

```
//将先调用classConstructorLog装饰器函数，再调用类的构造函数
var obj = new MyObject();
```

从语法来看，任意函数前加@符号，其会被声明为一个装饰器，对于类装饰器，装饰器函数中的参数即为要调用的构造函数。类装饰器也提供返回值，提供的返回值需要继承自原构造函数，可以用来为原构造函数增加新的功能，示例如下：

【代码片段4-7 源码见附件代码/第4章/1.super/super.ts】

```
//参数类型定义为构造函数，返回值定义为any
function classConstructorLog(constructor: new(...args:any[])=>any):any {
    console.log("装饰器被调用",constructor);
    //返回新的构造函数
    return class extends constructor {
        other = 'other'
    }
}
@classConstructorLog
class MyObject {
    data:string
    constructor() {
        this.data= 'data';
        console.log("My Object的构造函数");
    }
}
//将先调用classConstructorLog装饰器函数，再调用类的构造函数
var obj = new MyObject();
//{ data: 'data', other: 'other' }
console.log(obj);
```

对类的构造方法进行重载是类装饰器的主要应用之一。

方法装饰器用来修饰方法，和类装饰器类似，使用装饰器修饰的方法被定义后，会先调用装饰器函数，装饰器函数可以对方法的属性描述符对象进行修改，作为方法装饰器函数，其需要3个参数，分别为当前类原型对象、当前调用的方法名和当前方法属性的描述对象，示例如下：

【代码片段4-8 源码见附件代码/第4章/1.super/super.ts】

```
//target为类的原型对象
//propertyKey为当前调用方法名
//desc为当前方法属性的描述对象（可枚举、可配置、可修改等）
function helloWorld(target:any, propertyKey:string, desc: PropertyDescriptor) {
    console.log("helloWorld");
    console.log(target, propertyKey, desc);
}
class People {
    @helloWorld
    sayHi() {
        console.log("Hi");
    }
}
var p = new People();
p.sayHi();
```

其中，PropertyDescriptor对象非常重要，我们可以用其来修改对应方法属性的可写性、可配置性和可枚举型。PropertyDescriptor是TypeScript中定义的一个接口，代码如下：

```
interface PropertyDescriptor {
    configurable?: boolean;
    enumerable?: boolean;
    value?: any;
    writable?: boolean;
    get?(): any;
    set?(v: any): void;
}
```

例如，如果要将类中的某个方法设置为不可修改，只需要将此描述对象的writable设置为false即可。

访问器装饰器的用法与方法装饰器类似，对应的装饰器函数的参数意义也一致，这是因为访问器本身其实也是一种方法，示例如下：

【代码片段4-9 源码见附件代码/第4章/1.super/super.ts】

```
function logFunction(target:any, propertyKey:string, desc: PropertyDescriptor) {
    console.log("logFunction");
    console.log(target, propertyKey, desc);
}
class Rect {
    private _width:number = 0
    @logFunction
    set width(w:number) {
        this._width = w;
    }
}
```

在上面的代码中，定义了名为width的set访问器方法，定义后会调用logFunction装饰器函数。

类中定义的属性也可以使用装饰器进行修饰，其调用的时机也是属性在定义后被调用，和方法装饰器不同的是，作为属性装饰器函数，其中只有两个参数，即原型对象和属性名，示例如下：

【代码片段4-10 源码见附件代码/第4章/1.super/super.ts】

```
function propertyFunction(target:any, propertyKey:string) {
    console.log("propertyFunction");
    console.log(target, propertyKey);
}
class Rect {
    @propertyFunction
    name = 'Rect';
}
```

最后，介绍一下参数装饰器。顾名思义，参数装饰器是用来修饰构造函数或方法的参数，作为参数装饰器函数，其需要有三个参数，分别对应类的原型对象、函数名和对应参数在函数中的下标，示例如下：

【代码片段4-11　源码见附件代码/第4章/1.super/super.ts】

```
function paramFunction(target:any, propertyKey:string, index:number) {
    console.log("paramFunction");
    console.log(target, propertyKey, index);
}
class Rect {
    log(@paramFunction des:string) {
    }
}
```

从这些单独的应用场景来看，装饰器的逻辑很简单，但装饰器也支持进行组合使用，4.2.3节进行介绍。

4.2.3　装饰器的组合与装饰器工厂

无论是类装饰器、方法装饰器、访问器和属性装饰器还是参数装饰器，对于同一个被修饰的目标，都支持组合多个装饰器从而附加多种功能。示例如下：

【代码片段4-12　源码见附件代码/第4章/1.super/super.ts】

```
function propertyFunction(target:any, propertyKey:string) {
    console.log("propertyFunction");
    console.log(target, propertyKey);
}
function propertyFunction2(target:any, propertyKey:string) {
    console.log("propertyFunction2");
    console.log(target, propertyKey);
}
class Rect {
    @propertyFunction2
    @propertyFunction
    name = 'Rect';
}
```

上面的代码以属性装饰器为例，Rect类的name属性同时被propertyFunction和propertyFunction2两个装饰器修饰，在类定义时，会先调用propertyFunction装饰器方法，再调用propertyFunction2装饰器方法。简单来说，当一组装饰器同时修饰同一个目标时，调用的顺序为以修饰目标为基准，由近及远地调用各个装饰器函数。

你或许发现了，按照现在示例代码的逻辑，装饰器函数本身是比较静态的，功能一旦确定就无法灵活地根据场景进行变动，例如前面写过一个设置方法可修改的装饰器，通常需要通过一个参数来控制装饰器是将方法的属性描述符中的可写性设置为可修改或不可修改，这时就可以使用装饰器工厂。

所谓装饰器工厂，其本质也是一个函数，只是此函数返回一个作为装饰器的函数。示例如下：

【代码片段4-13　源码见附件代码/第4章/1.super/super.ts】

```
function writable(canWrite) {
    return function(target:any, propertyKey:string, desc: PropertyDescriptor) {
```

```
        console.log('将${propertyKey}方法的可写性设置为: ${canWrite}');
        desc.writable = canWrite;
    }
}
class People {
    @writable(true)
    sayHi() {
        console.log("Hi");
    }
    @writable(false)
    sayHello() {
        console.log("Hello");
    }
}
var p = new People();
p.sayHi = function() {};
p.sayHello = function() {};
//只有sayHi方法可以修改成功
p.sayHi();
p.sayHello();
```

上面的代码中，可以将writable理解为一个装饰器工厂，在使用的时候，装饰器工厂和装饰器函数的用法类似，只是其需要在末尾添加一对小括号进行调用，也可以根据需要来传入参数，在示例中，可以通过参数来控制要修饰的方法的可写性。

4.3 命名空间与模块

现代高级编程语言都需要实现模块化编程的功能。可以想象，随着软件项目越来越大，不进行模块化划分的编程方式将变得不可维护与扩展。模块化本质上是将相关的功能封装到单独的文件中，在TypeScript中，可以使用命名空间和模块相关功能来实现模块化开发。

4.3.1 命名空间的应用

命名空间并非是TypeScript独创的概念，在需要面向对象的编程语言中都有命名空间相关的语法。简单来说，命名空间可以理解为一种内部模块，其可以将相关的数据、方法、类或接口等封装到一起，并且可以隐藏部分模块内部的实现，提供更加简洁的接口供模块外部使用。

我们通过一个具体的例子来介绍，假设需要实现一个数学计算工具，先只提供加法运算、减法运算和计算圆面积的功能，定义两个函数如下。

【源码见附件代码/第4章/1.super/super.ts】

```
//相加功能的函数
function add(a:number, b:number):number {
    return a + b;
}
```

```
//相减功能的函数
function sub(a:number, b:number):number {
    return a - b;
}
//圆周率
var PI = 3.14;
//计算圆面积的函数
function circleArea(radius:number):number {
    return PI * radius * radius;
}
```

虽然直接定义这两个方法看起来没什么问题，但是会带来一些风险：

（1）全局的函数名可能在其他地方也有定义，导致最终的计算行为异常。
（2）不具有封装性和代码可读性，并且可维护性低。
（3）所有数据都直接暴露，如对于变量PI，外界并不需要直接使用。

使用命名空间可以很好地解决以上3个问题，命名空间使用namespce关键字定义，示例如下：

【源码见附件代码/第4章/1.super/super.ts】

```
namespace MathTool {
    export function add(a:number, b:number):number {
        return a + b;
    }
    export function sub(a:number, b:number):number {
        return a - b;
    }
    var PI = 3.14;
    export function circleArea(radius:number):number {
        return PI * radius * radius;
    }
}
//12.56
console.log(MathTool.circleArea(2));
```

上面的代码中，MathTool就是一个命名空间，其内部可以定义接口、函数、类、变量等数据结构，默认这些数据的权限都是私有的，即命名空间内部可用，如果要暴露到外部使用，则需要使用export导出，对于导出的数据结构，在外部使用时使用命名空间名字加点的方式进行调用。同一个命名空间也支持在不同的文件中重复定义，在使用时它们就像定义在同一个文件中一样，非常方便。

如果在一个文件中大量使用命名空间中的某一数据结构，每次调用时都需要使用命名空间名字作为前缀会有些烦琐，TypeScript也支持使用别名，例如：

```
import CircleArea = MathTool.circleArea
console.log(CircleArea(2));
```

需要注意，此处的import和模块的导入无关，其只是为指定的命名空间中的circleArea方法起了一个别名。

4.3.2 使用模块

ES 6标准为JavaScript引入了模块的概念，TypeScript中的模块也沿用相同的用法。我们编写的任意TypeScript源码文件都可以理解为一个模块，通过导出语句来将模块内的数据结构导出到外部，在外部使用时，则使用导入语句导入即可。例如，新建一个名为myModule.ts的文件，在其中编写如下测试代码。

【源码见附件代码/第4章/1.super/myModule.ts】

```
//myModule.ts
function myModuleLog() {
    console.log("myModuleLog");
}
export {myModuleLog};
```

这里我们定义了一个名为myModuleLog的函数，并使用export进行了导出，在其他TypeScript文件中，如果要使用myModuleLog函数，代码如下。

```
import { myModuleLog } from "./myModule";
myModuleLog();
```

在模块中使用export关键字时，也支持将导出的目标进行重命名，例如：

```
export {myModuleLog as Log};
```

以上面的代码为例，在进行导入时，需要将要导入的函数名字对应修改为Log。模块内可以导出多个目标，例如：

```
function myModuleLog() {
    console.log("myModuleLog");
}
var PI = 3.14;
export {myModuleLog as Log, PI};
```

如果不想在模块的末尾一次性导出所有目标，也可以在定义时直接进行导出，例如：

```
export function myModuleLog() {
    console.log("myModuleLog");
};
export var PI = 3.14;
```

在对模块中提供的功能进行导入时，也可以对导入的目标进行重命名，例如：

```
import { myModuleLog as Log,PI } from "./myModule";
```

如果需要一次性导入模块中所提供的所有功能，可以将其统一导入一个新定义的对象，例如：

```
import * as Modlue from "./myModule";
Modlue.myModuleLog();
```

4.4　本章小结

至此，我们对TypeScript语言常用的语法都做了介绍，和JavaScript相比，TypeScript提供了更加安全的编程方式以及更加强大的编程手段。这也是我们在做大型项目时优先使用TypeScript的理由之一。

第5章将正式进入Vue开发框架的学习，相信使用TypeScript+Vue的编程工具组合会使你感受到更加畅快的前端编程体验。

在进入新章节的学习前，先来检验一下本章的学习成果吧！

（1）如何理解泛型，泛型编程有什么优势？

提示　支持泛型是TypeScript语言的一大特点，泛型允许为“类型”定义变量，用变量来代替具体的类型，在使用时，通过指定类型或类型推断来明确变量具体代表的类型。语言有了对泛型的支持，对语言本身的灵活性和动态性是一种提升，同时也利于写出更加易扩展的代码。

（2）TypeScript中的装饰器分为哪几种？

提示　类装饰器、方法装饰器、访问器装饰器、属性装饰器、参数装饰器。

（3）什么场景下需要使用到装饰器工厂？

提示　有时候同样功能的装饰器需要根据参数来做部分逻辑调整，这时需要我们动态地生成装饰器函数，就可以使用装饰器工厂了。

第 5 章 Vue 中的模板

模板是 Vue 框架中的重要组成部分，Vue 采用了基于 HTML 的模板语法，因此对于大多数开发者来说上手非常容易。在 Vue 的分层设计思想中，模板属于视图层，有了模板功能，开发者方便将项目组件化，也方便封装定制化的通用组件。在编写组件时，模板的作用是让开发者将重心放在页面布局渲染上，而无须关心数据逻辑。同样，在 Vue 组件内部编写数据逻辑代码时，也无须关心视图的渲染。本章将着重学习 Vue 框架的模板部分，在代码演示方面，我们将采用 CDN 的方式引入 Vue 框架，并使用单 HTML 文件来编写演示代码，这可以省去编译构建的过程，方便我们将学习的重心聚焦在 Vue 框架本身，因此本章的大部分内容与 TypeScript 没有太大的关系，在后续学习使用 Vue 脚手架后，再来将 Vue 与 TypeScript 结合使用。现在就奔向我们在 Vue 学习之路上的第一个目标吧：游刃有余地使用模板。

通过本章，你将学习到：

- 基础模板的使用语法。
- 模板中参数的使用。
- Vue指令相关用法。
- 使用缩写指令。
- 灵活使用条件语句与循环语句。

5.1 模板基础

模板最直接的用途是帮助我们通过数据来驱动视图的渲染。在本书的准备章节中，我们已经体验过，对于普通的HTML文档，若要在数据变化时对其进行页面的更新，则需要通过JavaScript的DOM操作来获取指定的元素，再对其属性或内部文本做修改，操作起来十分烦琐且容易出错。如果使用了Vue的模板语法，则事情会变得非常简单，我们只需要将要变化的值定义成变量，之后将变量插入HTML文档指定的位置即可，当数据发生变化时，使用到此变量的所有组件都会同步更新，同时在编译时，Vue会对代码进行优化，尽量使用最少的DOM操作来更新页面，这样就使用到了Vue模板中的插值技术。学习模板，我们先从学习插值开始。

5.1.1　模板插值

首先，创建一个名为tempText.html的文件，在其中编写HTML文档的常规代码。之后在body标签中添加一个元素供我们测试使用，代码如下：

```
<div style="text-align: center;">
    <h1>这里是模板的内容: 1次单击</h1>
    <button>按钮</button>
</div>
```

如果在浏览器中运行上面的HTML代码，会看到网页中渲染出一个标题和一个按钮，但是单击按钮并没有任何效果（到目前为止，我们并没有写逻辑代码）。现在，让我们为这个网页增加一些动态功能，很简单：单击按钮，改变数值。引入Vue框架，并通过Vue组件来实现计数器功能，完整的示例代码如下。

【代码片段5-1　源码见附件代码/第5章/1.tempText.html】

```
<!DOCTYPE html>
<html lang="en">
<head>
    <meta charset="UTF-8">
    <meta name="viewport" content="width=device-width, initial-scale=1.0">
    <title>模板插值</title>
    <script src="https://unpkg.com/vue@next"></script>
</head>
<body>
    <div id="Application" style="text-align: center;">
        <h1>这里是模板的内容:{{count}}次单击</h1>
        <button v-on:click="clickButton">按钮</button>
    </div>
    <script>
        //定义一个Vue组件，名为App
        const App = {
            //定义组件中的数据
            data() {
                return {
                    //目前只用到count数据
                    count:0
                }
            },
            //定义组件中的函数
            methods: {
                //实现单击按钮的方法
                clickButton() {
                    this.count = this.count + 1
```

```
                }
            }
        }
        //将Vue组件绑定到页面上id为Application的元素上
        Vue.createApp(App).mount("#Application")
    </script>
</body>
</html>
```

在浏览器中运行上面的代码，单击页面中的按钮。可以看到页面中标题的文本也在不断变化。如以上代码所示，在HTML的标签中使用“{{}}”可以进行变量插值，这是Vue中最基础的一种模板语法，其可以将当前组件中定义的变量的值插入指定位置，并且这种插值会默认实现绑定的效果，即当我们修改了变量的值时，其可以同步反馈到页面的渲染上。

一些情况下，有些组件的渲染是由变量控制的，但是我们想让它一旦渲染后就不能够再被修改，这时可以使用模板中的v-once指令，被这个指令设置的组件在进行变量插值时只会插值一次，示例如下。

【源码见附件代码/第5章/1.tempText.html】

```
<h1 v-once>这里是模板的内容:{{count}}次单击</h1>
```

在浏览器中再次实验，可以发现网页中指定的插值位置被替换成了文本“0”后，无论我们再怎么单击按钮，标题也不会改变。

还有一点需要注意，如果要插值的文本为一段HTML代码，则直接使用双括号就不太好使了，双括号会将其内的变量解析成纯文本。例如，定义Vue组件App中的数据如下。

【源码见附件代码/第5章/1.tempText.html】

```
data() {
    return {
        count:0,
        countHTML:"<span style='color:red;'>0</span>"
    }
}
```

如果使用双括号插值的方式将HTML代码插入，最终会将其以文本的方式渲染出来，代码如下：

```
<h1 v-once>这里是模板的内容:{{countHTML}}次单击</h1>
```

运行效果如图5-1所示。

这里是模板的内容:<span style='color:red;'>0</span>次点击

图 5-1　使用双括号进行 HTML 插值

这种效果明显不符合预期，对于HTML代码插值，我们需要使用v-html指令来完成，示例如下。

【源码见附件代码/第5章/1.tempText.html】

```
<h1 v-once>这里是模板的内容:<span v-html="countHTML"></span>次单击</h1>
```

v-html指令可以指定一个Vue变量数据，其会通过HTML解析的方式将原始HTML替换到其指定的标签位置，如以上代码运行后效果如图5-2所示。

这里是模板的内容:0次单击

图 5-2　使用 v-html 进行 HTML 插值

前面介绍了如何在标签内部进行内容的插值，我们知道，标签除其内部的内容外，本身的属性设置也是非常重要的，例如我们可能需要动态改变标签的style属性，从而实现元素渲染样式的修改。在Vue中，我们可以使用属性插值的方式做到标签属性与变量的绑定。

对于标签属性的插值，Vue中不再使用双括号的方式，而是使用v-bind指令，示例代码如下：

```
<h1 v-bind:id="id1">这里是模板的内容:{{count}}次单击</h1>
```

定义一个简单的CSS样式如下：

```
#h1 {
   color: red;
}
```

再添加一个名为id1的Vue组件属性，示例如下。

【源码见附件代码/第5章/1.tempText.html】

```
data() {
   return {
      count:0,
      countHTML:"<span style='color:red;'>0</span>",
      id1:"h1"
   }
}
```

运行代码，可以看到已经将id属性动态地绑定到了指定的标签中，当Vue组件中id1属性的值发生变化时，其也会动态地反映到h1标签上，我们可以通过这种动态绑定的方式灵活地更改标签的样式表。v-bind指令同样适用于其他HTML属性，只需要在其中使用冒号加属性名的方式指定即可。

其实，无论是双括号方式的标签内容插值还是v-bind方式的标签属性插值，除可以直接使用变量插值外，也可以使用基本的JavaScript表达式，例如：

```
<h1 v-bind:id="id1">这里是模板的内容:{{count + 10}}次单击</h1>
```

上面的代码运行后，页面上渲染的数值是count属性增加10之后的结果。有一点需要注意，如果所有插值的地方都使用表达式，则只能使用单个表达式，否则会发生异常。

5.1.2　模板指令

本质上，Vue中的模板指令也是HTML标签属性，其通常由前缀“v-”开头，例如我们前面使用的v-bind、v-once等都是指令。

大部分指令都可以直接设置为JavaScript变量或单个的JavaScript表达式，我们首先创建一个名为directives.html的测试文件，在其中编写HTML的通用代码后引入Vue框架，之后在body标签中添加如下代码：

【代码片段5-2 源码见附件代码/第5章/2.directives.html】

```
<div id="Application">
    <!-- 这里使用了条件渲染 -->
    <h1 v-if="show">标题</h1>
</div>
<script>
    const App = {
        data() {
            return {
                show:false //控制h1标签是否渲染
            }
        }
    }
    Vue.createApp(App).mount("#Application")
</script>
```

如以上代码所示，其中v-if就是一个简单的选择渲染指令，其设置为布尔值true时，当前标签元素才会被渲染。

某些特殊的Vue指令也可以指定参数，例如v-bind和v-on指令，对于可以添加参数的指令，参数和指令使用冒号进行分割，例如：

```
v-bind:style
V-on:click
```

指令的参数本身也可以是动态的，例如我们通过可以通过区分id选择器和类选择器来定义不同的组件样式，之后动态地切换组件的属性，示例如下。

CSS样式：

```
#h1 {
    color:red;
}
.h1 {
    color:blue
}
```

HTML标签定义如下：

```
<h1 v-bind:[prop]="name" v-if="show">标题</h1>
```

在Vue组件中定义属性数据如下。

【源码见附件代码/第5章/2.directives.html】

```
const App = {
    data() {
        return {
            show:true,
```

```
            prop:"class",
            name:"h1"
        }
    }
}
```

在浏览器中运行上面的代码，可以看到h1标签被正确地绑定了class属性。

在参数后面，还可以为Vue中的指令增加修饰符，修饰符会为Vue指令增加额外的功能，以一个常见的应用场景为例，在网页中，如果有可以输入信息的输入框，通常我们不希望用户在首尾输入空格符，通过Vue的指令修饰符，很容易实现自动去除首尾空格符的功能，示例代码如下：

```
<input v-model.trim="content">
```

如以上代码所示，使用v-model指令将输入框的文本与content属性进行绑定，如果用户在输入框中输入的文本首尾有空格符，当输入框失去焦点时，Vue会自动帮我们去掉这些首尾空格符。

你应该已经体会到了Vue指令的灵活与强大之处。最后介绍Vue中常用的两个缩写，在Vue应用开发中，v-bind和v-on两个指令的使用非常频繁，对于这两个指令，Vue为开发者提供了更加高效的缩写方式，对于v-bind指令，可以将其v-bind前缀省略，直接使用冒号加属性名的方式进行绑定，例如v-bind:id ="id"可以缩写为如下形式：

```
:id="id"
```

对于v-on类的事件绑定指令，可以将前缀v-on:使用@符替代，例如v-on:click="myFunc"指令可以缩写成如下形式：

```
@click="myFunc"
```

在后面的学习中你会体验到，有了这两个缩写功能，将会大大提高我们应用Vue的编写效率。

5.2　条件渲染

条件渲染是Vue控制HTML页面渲染的方式之一。很多时候，我们都需要通过条件渲染的方式来控制HTML元素的显示和隐藏。在Vue中，要实现条件渲染，可以使用v-if相关的指令，也可以使用v-show相关的指令。本节将细致地探讨这两种指令的使用。

5.2.1　使用 v-if 指令进行条件渲染

v-if指令在之前的测试代码中简单地使用过了，简单来讲，其可以有条件地选择是否渲染一个HTML元素，v-if指令可以设置为一个JavaScript变量或表达式，当变量或表达式为真值时，其指定的元素才会被渲染。为了方便代码测试，可以新建一个为condition.html的测试文件，在其中编写代码。

简单的条件渲染示例如下：

```
<h1 v-if="show">标题</h1>
```

在上面的代码中，只有当show变量的值为真时当前标题元素才会被渲染，Vue模板中的条件渲染v-if指令类似于JavaScript编程语言中的if语句，我们都知道在JavaScript中，if关键字可以和else关键字结合使用组成if-else块，在Vue模板中也可以使用类似的条件渲染逻辑，v-if指令可以和v-else指令结合使用，示例如下。

【源码见附件代码/第5章/3.confition.html】

```
<h1 v-if="show">标题</h1>
<p v-else>如果不显示标题就显示段落</p>
```

运行代码可以看到，标题元素与段落元素是互斥出现的，如果根据条件渲染出了标题元素，则不会再渲染出段落元素，如果没有渲染标题元素，则会渲染出段落元素。需要注意，在将v-if与v-else结合使用时，设置了v-else指令的元素必须紧跟在v-if或v-else-if指令指定的元素后面，否则其不会被识别到，例如下面的代码，运行后的效果将如图5-3所示。

【源码见附件代码/第5章/3.confition.html】

```
<h1 v-if="show">标题</h1>
<h1>Hello</h1>
<p v-else>如果不显示标题就显示段落</p>
```

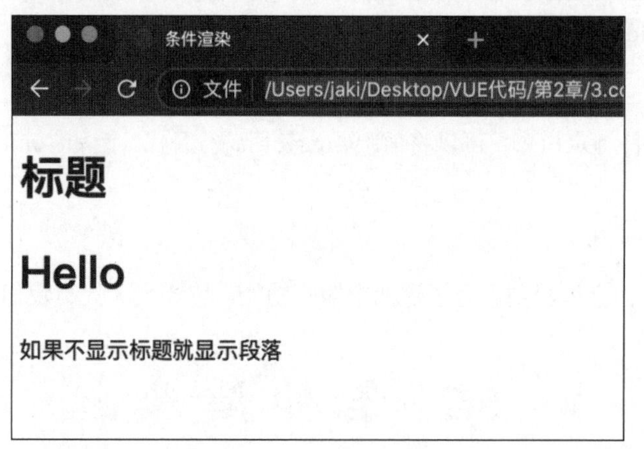

图 5-3　条件渲染示例

其实，如果你在VS Code中编写了上面的代码并进行运行，VS Code开发工具的控制台上也会打印出相关异常信息提示v-else指令使用错误，如图5-4所示。

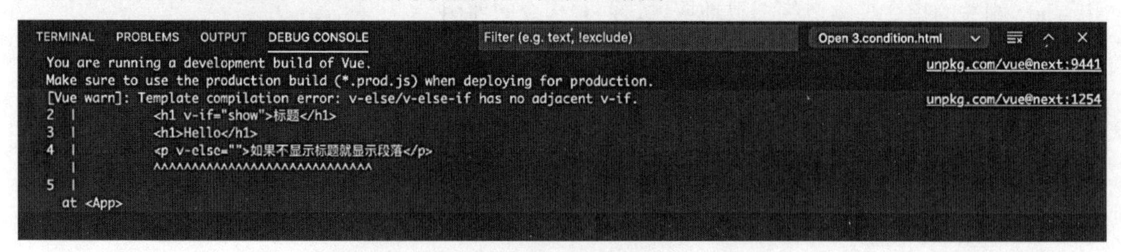

图 5-4　VS Code 控制台打印出的异常提示

在v-if与v-else之间，我们还可以插入任意v-else-if来实现多分支渲染逻辑。在实际应用中，多分支渲染逻辑也很常用，例如根据学生的分数对成绩进行分档，就可以使用多分支逻辑，示例如下。

【源码见附件代码/第5章/3.confition.html】

```
<h1 v-if="mark == 100">满分</h1>
<h1 v-else-if="mark > 60">及格</h1>
<h1 v-else>不及格</h1>
```

v-if指令的使用必须添加到一个HTML元素上，如果我们需要使用条件同时控制多个标签元素的渲染，有两种方式可以实现。

（1）使用div标签对要控制的元素进行包装，示例如下：

```
<div v-if="show">
    <p>内容</p>
    <p>内容</p>
    <p>内容</p>
</div>
```

（2）使用template标签对元素进行分组，示例如下：

```
<template v-if="show">
    <p>内容</p>
    <p>内容</p>
    <p>内容</p>
</template>
```

通常，我们更推荐使用template分组的方式来控制一组元素的条件渲染逻辑，因为在HTML渲染元素时，使用div包装组件后，div元素本身会被渲染出来，而使用template分组的组件渲染后并不会渲染template标签本身。我们可以通过Chrome浏览器来验证这种特性，在Chrome浏览器中按F12键可以打开开发者工具窗口，也可以通过单击菜单栏中的“更多工具”→“开发者工具”来打开此窗口，如图5-5所示。

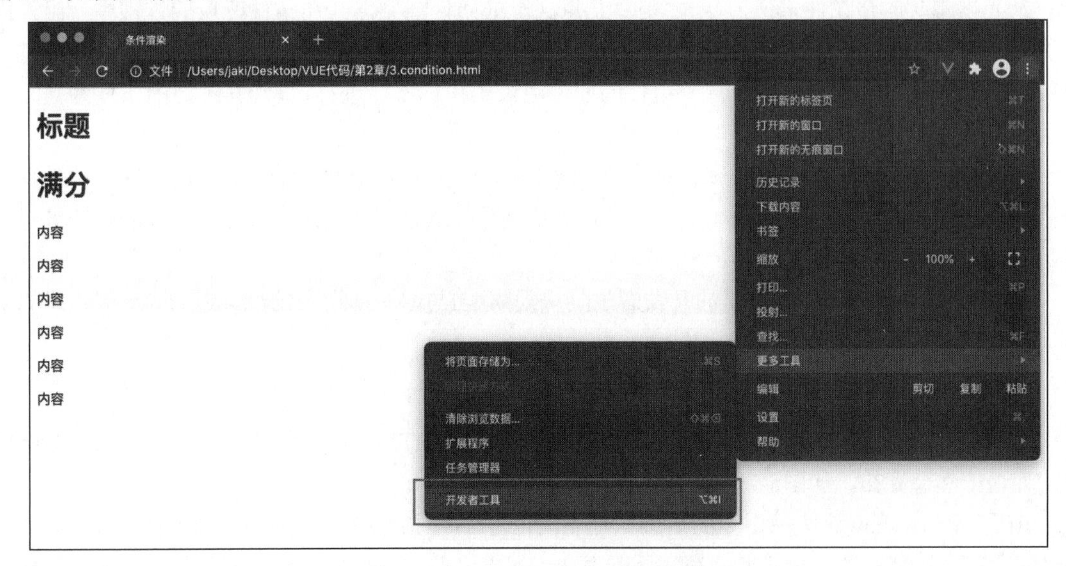

图 5-5　打开 Chrome 的开发者工具

在开发中工具窗口的Elememnts栏目中，可以看到使用div和使用template标签对元素组合包装进行条件渲染的异同，如图5-6所示。

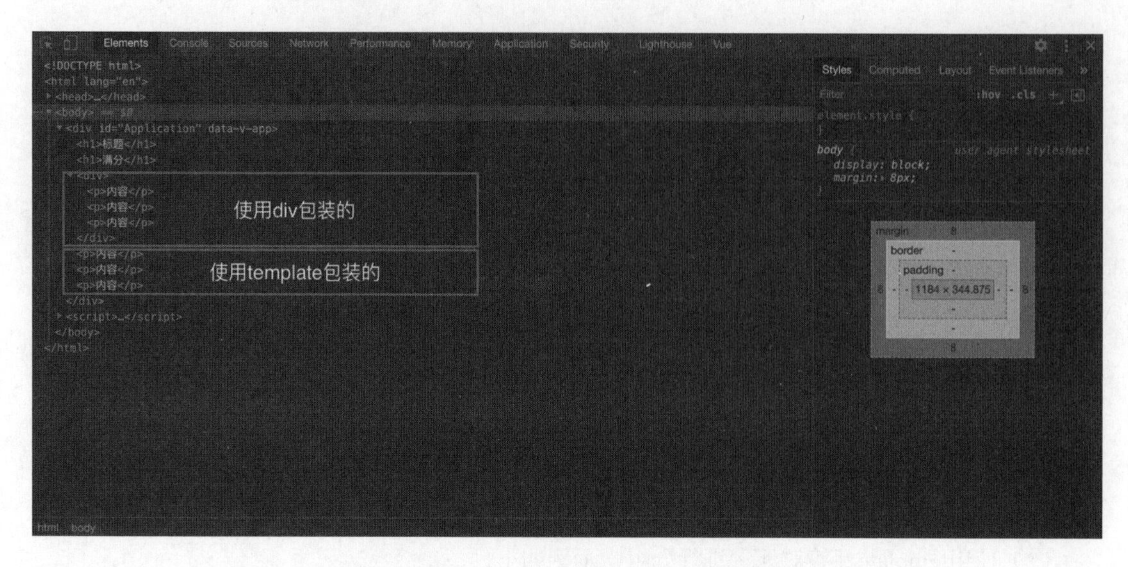

图 5-6　使用 Chrom 开发者工具分析渲染情况

5.2.2　使用 v-show 指令进行条件渲染

v-show指令的基本用法与v-if类似，其也是通过设置条件的值的真假来决定元素的渲染情况的。示例如下：

```
<h1 v-show="show">v-show标题在这里</h1>
```

与v-if不同的是，v-show并不支持template模板，同样其也不可以和v-else结合使用。

虽然v-if与v-show的用法非常相似，但是它们的渲染逻辑天差地别。

从元素本身的存在性来说，v-if才是真正意义上的条件渲染，其在条件变换的过程中，组件内部的事件监听器都会正常执行，子组件也会正常被销毁或重建。同时，v-if采取懒加载的方式进行渲染，如果初始条件为假，则关于这个组件的任何渲染工作都不会进行，直到其绑定的条件为真时，才会真正开始渲染此元素。

v-show指令的渲染逻辑只是一种视觉上的条件渲染，实际上无论v-show指令设置的条件是真还是假，当前元素都会被渲染，v-show指令只是简单地通过切换元素CSS样式中的display属性来实现展示效果。

我们可以通过Chrome浏览器的开发者工具来观察v-if与v-show指令的渲染逻辑，示例代码如下：

```
<h1 v-if="show">v-if标题在这里</h1>
<h1 v-show="show">v-show标题在这里</h1>
```

当条件为假时，可以看到，v-if指定的元素不会出现在HTML文档的DOM结构中，而v-show指定的元素依然会存在，如图5-7所示。

由于v-if与v-show这两种指令的渲染原理不同，通常v-if指令有更高的切换性能消耗，而v-show指令有更高的初始渲染性能消耗。在实际开发中，如果组件的渲染条件会比较频繁地切换，则建议使用v-show指令来控制，如果组件的渲染条件在初始指定后就很少变化，则建议使用v-if指令控制。

```
Elements  Console  Sources  Network  Performance  Memory  Application  Security  Lighthouse  Vue
<!DOCTYPE html>
<html lang="en">
▶ <head>…</head>
▼ <body>
  ▼ <div id="Application" data-v-app>
      <p>如果不显示标题就显示段落</p>
      <h1>满分</h1>
      <!--v-if-->
      <!--v-if-->
      <!--v-if--> == $0
      <h1 style="display: none;">v-show标题在这里</h1>
    </div>
  ▶ <script>…</script>
  </body>
</html>
```

图 5-7　v-if 与 v-show 的区别

5.3　循 环 渲 染

在网页中，列表是很常见的一种组件。在列表中，每一行元素都有相似的UI（User Interface，用户界面），只是其填充的数据有所不同，使用Vue中的循环渲染指令，我们可以轻松地构建出列表视图。

5.3.1　v-for 指令的使用方法

在Vue中，v-for指令可以将一个数组中的数据渲染为列表视图。v-for指令需要设置为一种特殊的语法，其格式如下：

```
Item in list
```

在上面的格式中，in为语法关键字，其也可以替换为of。

在v-for指令中，item是一个临时变量，其为列表中被迭代出的元素名，list是列表变量本身。我们可以新建一个名为for.html的测试文件，在其body标签中编写如下核心代码。

【代码片段5-3　源码见附件代码/第5章/4.for.html】

```
<body>
    <div id="Application">
        <!-- 使用循环指令来渲染标签 -->
        <div v-for="item in list">
            {{item}}
        </div>
    </div>
    <script>
        const App = {
            data() {
                return {
                    list:[1,2,3,4,5]
                }
```

```
            }
        }
        Vue.createApp(App).mount("#Application")
    </script>
</body>
```

运行代码，可以看到网页中正常渲染出了5个div组件，如图5-8所示。

图 5-8 循环渲染效果图

更多时候，我们需要渲染的数据都是对象数据，使用对象来对列表元素进行填充，例如定义联系人对象列表如下：

【源码见附件代码/第5章/4.for.html】

```
list:[
    {
        name: "珲少",
        num: "151xxxxxxxx"
    },
    {
        name: "Jaki",
        num: "151xxxxxxxx"
    },
    {
        name: "Lucy",
        num: "151xxxxxxxx"
    },
    {
        name: "Monki",
        num: "151xxxxxxxx"
    },
    {
        name: "Bei",
        num: "151xxxxxxxx"
    }
]
```

修改要渲染的HTML标签结构如下：

【源码见附件代码/第5章/4.for.html】

```
<div id="Application">
    <ul>
```

```
        <li v-for="item in list">
            <div>{{item.name}}</div>
            <div>{{item.num}}</div>
        </li>
    </ul>
</div>
```

运行代码，效果如图5-9所示。

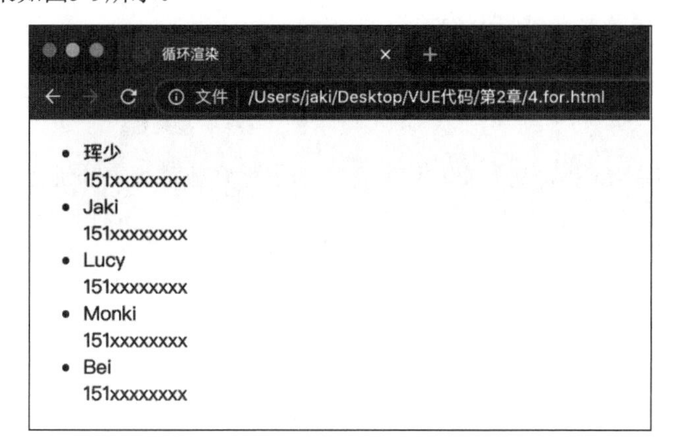

图 5-9　使用对象数据进行循环渲染

在v-for指令中，也可以获取到当前遍历项的索引，示例如下：

```
<ul>
    <li v-for="(item,index) in list">
        <div>{{index + "." + item.name}}</div>
        <div>{{item.num}}</div>
    </li>
</ul>
```

需要注意，index索引的取值是从0开始的。

在上面的示例代码中，v-for指令遍历的为列表，实际上也可以对一个JavaScript对象进行v-for遍历。在JavaScript中，列表本身也是一种特殊的对象，我们使用v-for对对象进行遍历时，指令中的第1个参数为遍历的对象中的属性的值，第2个参数为遍历的对象中的属性的名字，第3个参数为遍历的索引。首先，定义对象如下：

```
preson: {
    name: "珲少",
    age: "00",
    num: "151xxxxxxxx",
    emali: "xxxx@xx.com"
}
```

使用有序列表来承载preson对象的数据，代码如下：

```
<ol>
    <li v-for="(value,key,index) in preson">
        {{key}}:{{value}}
    </li>
</ol>
```

运行代码，效果如图5-10所示。

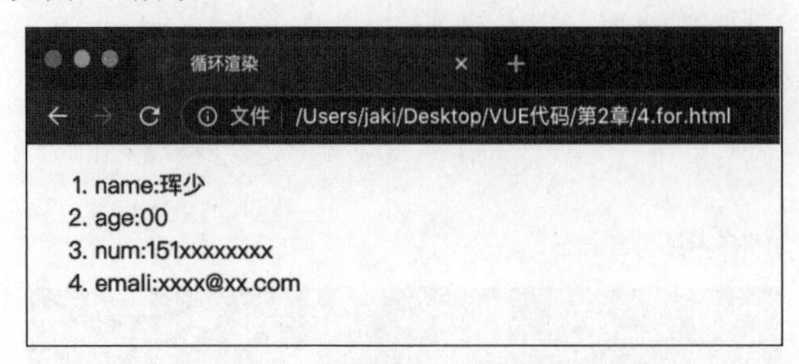

图 5-10 将对象数据渲染到页面

需要注意，在使用v-for指令进行循环渲染时，为了更好地对列表项进行重用，可以将其key属性绑定为一个唯一值的，代码如下：

```
<ol>
    <li v-for="(value,key,index) in preson" :key="index">
        {{key}}:{{value}}
    </li>
</ol>
```

5.3.2 v-for 指令的高级用法

当使用v-for对列表进行循环渲染后，实际上就实现了对这个数据对象的绑定，当我们调用下面这些函数对列表数据对象进行更新时，视图也会对应地更新：

```
push()              //向列表尾部追加一个元素
pop()               //删除列表尾部的一个元素
unshift()           //向列表头部插入一个元素
shift()             //删除列表头部的一个元素
splice()            //对列表进行分割操作
sort()              //对列表进行排序操作
reverse()           //对列表进行逆序操作
```

首先在页面上添加一个按钮来演示列表逆序操作：

```
<button @click="click">
    逆序
</button>
```

定义Vue函数如下：

```
methods: {
    click() {
        this.list.reverse()
    }
}
```

运行代码，可以看到当单击页面上的按钮时，列表元素的渲染顺序会进行正逆切换。当我们对整个列表都进行替换时，直接将列表变量重新赋值即可。

在实际开发中，原始的列表数据往往并不适合直接渲染到页面，v-for指令支持在渲染前对数据进行额外的处理，修改标签如下：

```
<ul>
    <li v-for="(item,index) in handle(list)">
        <div>{{index + "." + item.name}}</div>
        <div>{{item.num}}</div>
    </li>
</ul>
```

上面的代码中，handle为定义的处理函数，在进行渲染前，会通过这个函数对列表数据进行处理，例如可以使用过滤器来进行列表数据的过滤渲染，实现handle函数如下：

```
handle(l) {
    return l.filter(obj => obj.name != "珲少")
}
```

当需要同时循环渲染多个元素时，与v-if指令类似，最常用的方式是使用template标签进行包装，例如：

```
<template v-for="(item,index) in handle(list)">
    <div>{{index + "." + item.name}}</div>
    <div>{{item.num}}</div>
</template>
```

5.4　范例：待办任务列表

通过本章的学习，下面尝试实现一个简单的待办任务列表应用，其可以展示当前未完成的任务项，也支持添加新的任务以及删除已经完成的任务。

5.4.1　使用 HTML 搭建应用框架结构

使用VS Code开发工具新建一个名为todoList.html的文件，在其中编写如下HTML代码：

【代码片段5-4　源码见附件代码/第5章/5.todolist.html】

```
<!DOCTYPE html>
<html lang="en">
<head>
    <meta charset="UTF-8">
    <meta http-equiv="X-UA-Compatible" content="IE=edge">
    <meta name="viewport" content="width=device-width, initial-scale=1.0">
    <title>待办任务列表</title>
    <script src="https://unpkg.com/vue@next"></script>
</head>
<body>
    <div id="Application">
        <!-- 输入框元素，用来新建待办任务 -->
```

```
        <form @submit.prevent="addTask">
            <span>新建任务</span>
            <input
            v-model="taskText"
            placeholder="请输入任务..."
            />
            <button>添加</button>
        </form>
        <!-- 有序列表，使用v-for来构建 -->
        <ol>
            <li v-for="(item, index) in todos">
                {{item}}
                <button @click="remove(index)">
                    删除任务
                </button>
                <hr/>
            </li>
        </ol>
    </div>
</body>
</html>
```

上面的HTML代码主要在页面上定义了两块内容，表单输入框用来新建任务，有序列表用来显示当前待办的任务。运行代码，浏览器中展示的页面效果如图5-11所示。

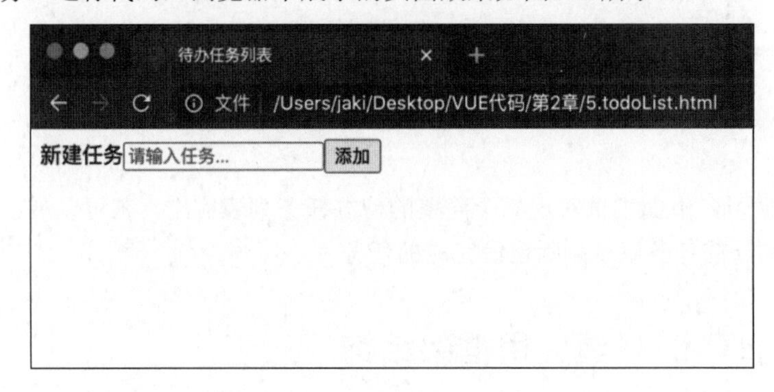

图 5-11　待办任务应用页面布局

目前，页面中只展示了一个表单输入框，要将待办的任务添加进来，还需要实现JavaScript代码逻辑。

5.4.2　实现待办任务列表逻辑

在5.4.1节编写的代码的基础上，我们来实现JavaScript的相关逻辑。示例代码如下：

【代码片段5-5　源码见附件代码/第5章/5.todolist.html】

```
<script>
    const App = {
        data() {
            return {
```

```
            //待办任务列表数据
            todos:[],
            //当前输入的待办任务
            taskText: ""
        }
    },
    methods: {
        //添加一条待办任务
        addTask() {
            //判断输入框是否为空
            if (this.taskText.length == 0) {
                alert("请输入任务")
                return
            }
            this.todos.push(this.taskText)
            this.taskText = ""
        },
        //删除一条待办任务
        remove(index) {
            this.todos.splice(index, 1)
        }
    }
}
Vue.createApp(App).mount("#Application")
</script>
```

再次运行代码，尝试在输入框中输入一些待办任务进行添加，之后可以看到，列表中已经能够将添加的任务按照添加顺序展示出来。当我们单击每一条待办任务旁边的“删除任务”按钮时，可以将当前栏目删除，如图5-12所示。

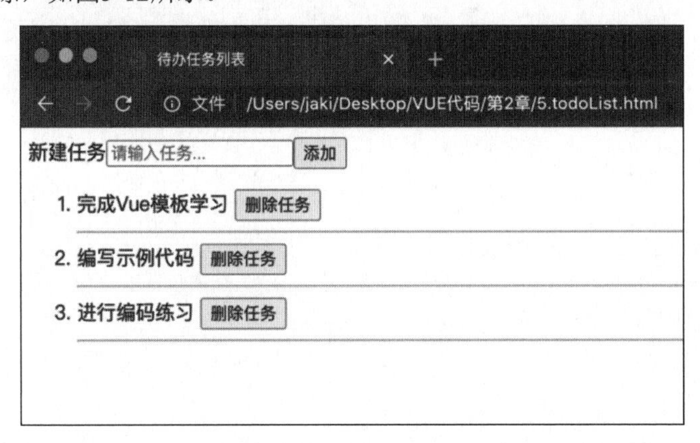

图 5-12　待办任务应用效果

可以看到，通过Vue，我们只使用了不到30行的核心代码就完成了待办任务列表的逻辑开发。Vue在实际开发中带来的效率提升可见一斑。目前，我们的应用页面还非常简陋，并且每次刷新页面后，已经添加的待办任务也会消失。如果你有兴趣，可以尝试添加一些CSS样式表来使应用的页面更加漂亮一些，通过使用前端的一些数据持久化功能，我们也可以对待办任务数据进行持久化的本地存储。

5.5 本章小结

本章基于Vue的模板语法介绍了Vue框架中非常重要的模板插值、模板指令等技术，详细介绍了如何使用Vue进行组件的条件渲染和循环渲染。本章的内容是Vue框架中最核心的内容之一，仅使用这些技术，已经可以让我们的前端网页开发效率得到很大的提升。下面这些知识点你是否已经掌握了呢？挑战一下吧！

（1）Vue是如何实现组件与数据间的绑定的？

提示 从模板语法来分析，简述v-bind和v-model的用法与异同。

（2）在Vue中有v-if与v-show两种条件渲染指令，它们分别怎么使用，有何异同？

提示 v-if与v-show在渲染方式上有着本质的差别，从此处分析其适合的应用场景。

（3）Vue中的模板插值应该如何使用，其是否可直接插入HTML文本？

提示 需要熟练掌握v-html指令的应用。

第 6 章
Vue 组件的属性和方法

在定义 Vue 组件时，属性和方法是最重要的两部分。属性和方法也是面向对象编程的核心内容。我们创建组件时，需要实现其内部的 data 方法，这个方法会返回一个对象，此对象中定义的数据会存储在组件实例中，并通过响应式的更新原理来驱动页面渲染。

方法定义在 Vue 组件的 methods 选项中，其与属性一样，可以在组件中访问到。本章将介绍 Vue 组件中属性与方法的相关基础知识，以及计算属性和侦听器的应用。

通过本章，你将学习到：

- 属性的基础知识。
- 方法的基础知识。
- 计算属性的应用。
- 侦听器的应用。
- 如何进行函数的限流。
- 表单的数据绑定技术。
- 使用Vue进行样式绑定。

6.1 属性与方法基础

前面的章节在编写Vue组件时，组件的数据都放在了data选项中，Vue组件的data选项是一个函数，组件在被创建时会调用此函数来构建响应式的数据系统。首先创建一个名为dataMethod.html的文件来编写本节的示例代码。

6.1.1 属性基础

在Vue组件中定义的属性数据，可以直接使用组件进行调用，这是因为Vue在组织数据时，任何定义的属性都会暴露在组件中。实际上，这些属性数据是存储在组件的$data对象中的，示例如下：

【代码片段6-1 源码见附件代码/第6章/1.dataMethod.html】

```
//定义组件
const App = {
    data() {
        return {
            count:0,
        }
    }
}
//创建组件并获取组件实例
let instance = Vue.createApp(App).mount("#Application")
//可以获取到组件中的data数据
console.log(instance.count)
//可以获取到组件中的data数据
console.log(instance.$data.count)
```

运行上面的代码，通过控制台的打印可以看出使用组件实例直接获取属性与使用$data方式获取属性的结果是一样的，本质上它们访问的数据也是同一块数据，无论使用哪种方式对数据进行了修改，两种方式获取到的值都会改变，示例如下:

【源码见附件代码/第6章/1.dataMethod.html】

```
//修改属性
instance.count = 5
//下面获取到的count的值为5
console.log(instance.count)
console.log(instance.$data.count)
```

需要注意，在实际开发中，也可以动态地向组件实例中添加属性，但是这种方式添加的属性不能被响应式系统跟踪，其变化无法同步到页面元素。

6.1.2 方法基础

组件的方法被定义在methods选项中，在实现组件的方法时，可以放心地在其中使用this关键字，Vue自动将其绑定到当前组件实例本身。例如，添加一个add方法如下：

```
methods: {
    add() {
        this.count ++
    }
}
```

可以将其绑定到HTML元素上，也可以直接使用组件实例来调用此方法，实例如下:

```
//0
console.log(instance.count)
instance.add()
//1
console.log(instance.count)
```

6.2　计算属性和侦听器

大多数情况下，我们都可以将Vue组件中定义的属性数据直接渲染到HTML元素上，但是有些场景下，属性中的数据并不适合直接渲染，需要我们进行处理后再进行渲染操作，在Vue中，通常使用计算属性或侦听器来实现这种逻辑。

6.2.1　计算属性

在前面章节的示例代码中，我们定义的属性都是存储属性，顾名思义，存储属性的值是我们直接定义好的，当前属性只是起到了存储这些值的作用，在Vue中，与之相对的还有计算属性，计算属性并不是用来存储数据的，而是通过一些计算逻辑来实时地维护当前属性的值。以6.1节的代码为基础，假设需要在组件中定义一个type属性，当组件的count属性不大于10时，type属性的值为“小”，否则type属性的值为“大”。示例如下：

【代码片段6-2　源码见附件代码/第6章/1.dataMethod.html】

```
//定义组件
const App = {
    data() {
        return {
            count:0,
        }
    },
    //computed选项定义计算属性
    computed: {
        type() {
            return this.count > 10 ? "大" : "小"
        }
    },
    methods: {
    add() {
        this.count ++
    }
  }
}
//创建组件并获取组件实例
let instance = Vue.createApp(App).mount("#Application")
```

```
//像访问普通属性一样访问计算属性
console.log(instance.type)
```

如以上代码所示，计算属性定义在Vue组件的conputed选项中，在使用时，可以像访问普通属性一样访问它，通常计算属性最终的值都是由存储属性通过逻辑运算计算得来的，计算属性强大的地方在于，当会影响其值的存储属性发生变化时，计算属性也会同步进行更新，如果有元素绑定了计算属性，其也会同步进行更新。例如，编写HTML代码如下：

```
<div id="Application">
    <div>{{type}}</div>
    <button @click="add">Add</button>
</div>
```

运行代码，单击页面上的按钮，当组件count的值超过10时，页面上对应的文案会更新成“大”。

6.2.2 使用计算属或函数

从效果来看，使用计算属性可以达到的部分效果也可以使用函数来实现。对于6.2.1节示例的场景，改写代码如下：

【源码见附件代码/第6章/1.dataMethod.html】

HTML元素：

```
<div id="Application">
    <div>{{typeFunc()}}</div>
    <button @click="add">Add</button>
</div>
```

Vue组件定义：

```
const App = {
    data() {
        return {
            count:0,
        }
    },
    computed: {
        type() {
            return this.count > 10 ? "大" : "小"
        }
    },
    methods: {
        add() {
            this.count ++
        },
        typeFunc() { //此函数的作用与计算属性type类似
            return this.count > 10 ? "大" : "小"
        }
    }
}
```

从代码的运行行为来看，使用函数与使用计算属性的结果完全一致。然而事实上，计算属性是基于其所依赖的存储属性的值的变化而重新计算的，计算完成后，其结果会被缓存，下次访问计算属性时，只要其所依赖的属性没有变化，其内的逻辑代码就不会重复执行。而函数则不同，每次访问其都是重新执行函数内的逻辑代码得到的结果。因此，在实际应用中，我们可以根据是否需要缓存这一标准来选择使用计算属性或函数。

6.2.3　计算属性的赋值

存储属性的主要作用是数据的存取，我们可以使用赋值运算来进行属性值的修改。通常，计算属性只用来取值，不会用来存值，因此计算属性默认提供的是取值的方法，我们称之为get方法，但是这并不代表计算属性不支持赋值，计算属性也可以通过赋值进行存数据操作，存数据的方法需要手动实现，我们通常称之为set方法。

例如，修改6.2.2节的代码中的type计算属性如下：

【源码见附件代码/第6章/1.dataMethod.html】

```
computed: {
    type: {
        //实现计算属性的get方法，用来取值
        get() {
            return this.count > 10 ? "大" : "小"
        },
        //实现计算属性的set方法，用来设置值
        set(newValue) {
            if (newValue == "大") {
                this.count = 11
            } else {
                this.count = 0
            }
        }
    }
}
```

可以直接使用组件实例进行计算属性type的赋值，赋值时会调用我们定义的set方法，从而实现对存储属性count的修改，示例如下：

【源码见附件代码/第6章/1.dataMethod.html】

```
let instance = Vue.createApp(App).mount("#Application")
//初始值为0
console.log(instance.count)
//初始状态为“小”
console.log(instance.type)
//对计算属性进行修改
instance.type = "大"
//打印结果为11
console.log(instance.count)
```

如以上代码所示，在实际使用中，计算属性对使用方是透明的，我们无须关心某个属性是不

是计算属性，按照普通属性的方式对其进行使用即可，但是要额外注意，如果一个计算属性只实现了get方法而没有实现set方法，则在使用时，只能进行取值操作而不能进行赋值操作。在Vue中，这类只实现了get方法的计算属性也被称为只读属性，如果我们对一个只读属性进行了赋值操作，就会有异常产生，相应地，控制台会输出如下异常信息：

```
[Vue warn]: Write operation failed: computed property "type" is readonly.
```

6.2.4 属性侦听器

属性侦听是Vue非常强大的功能。使用属性侦听器方便监听某个属性的变化以完成复杂的业务逻辑。相信大部分使用互联网的人都使用过搜索引擎，以百度搜索引擎为例，当我们向搜索框中写入关键字后，网页上会自动关联出一些推荐词供用户选择，如图6-1所示，这种场景就非常适合使用监听器来实现。

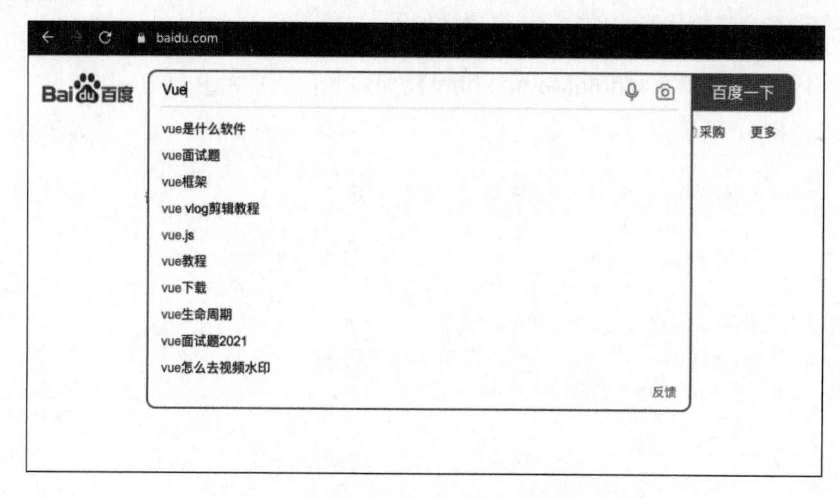

图 6-1 搜索引擎的推荐词功能

在定义Vue组件时，可以通过watch选项来定义属性侦听器，首先创建一个名为watch.html的文件，在其中编写如下测试代码：

【代码片段6-3 源码见附件代码/第6章/2.watch.html】

```
<!DOCTYPE html>
<html lang="en">
<head>
    <meta charset="UTF-8">
    <meta http-equiv="X-UA-Compatible" content="IE=edge">
    <meta name="viewport" content="width=device-width, initial-scale=1.0">
    <title>属性侦听器</title>
    <!-- 注意：资源的CDN地址可能会有变化，请读者注意 -->
    <script src="https://unpkg.com/vue@3/dist/vue.global.js"></script>
</head>
<body>
    <div id="Application">
        <!-- 输入框元素，双向绑定searchText属性 -->
        <input v-model="searchText"/>
```

```
    </div>
    <script>
        const App = {
            data() {
                return {
                    searchText:"" //输入框的绑定数据
                }
            },
            watch: {
                //属性监听器，当searchText变化时会被调用
                searchText(oldValue, newValue) {
                    if (newValue.length > 10) {
                        alert("文本太长了")
                    }
                }
            }
        }
        Vue.createApp(App).mount("#Application")
    </script>
</body>
</html>
```

运行上面的代码，尝试在页面的输入框中输入一些字符，可以看到当输入框中的字符串超过10个时，就会有警告框弹出提示输入文本过长，如图6-2所示。

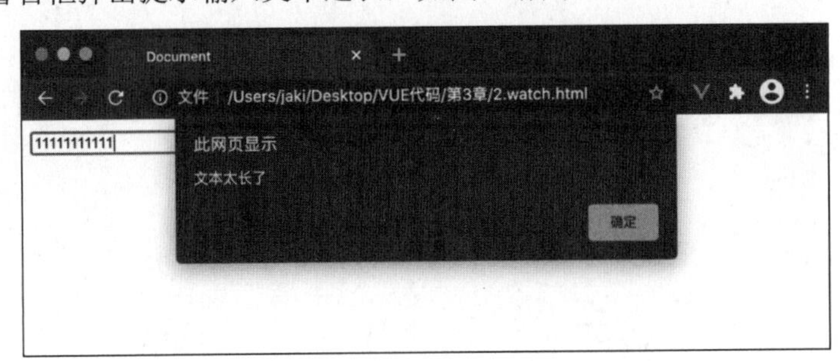

图6-2　属性侦听器应用示例

从一些特性来看，属性侦听器和计算属性有类似的应用场景，使用计算属性的set方法也可以实现与上面示例代码类似的功能。

6.3　进行函数限流

在工程开发中，限流是一个非常重要的概念。我们在实际开发中也经常会遇到需要进行限流的场景，例如当用户单击网页上的某个按钮后会从后端服务器进行数据的请求，在数据请求回来之前，用户额外地单击不仅无效，而且浪费。或者，网页中某个按钮会导致页面更新，我们需要限制用户对其频繁地进行操作。这时就可以使用限流函数，常见的限流方案是根据时间间隔进行限流，即在指定的时间间隔内不允许重复执行同一函数。

本节将讨论如何在前端开发中使用限流函数。

6.3.1 手动实现一个简易的限流函数

我们先来尝试手动实现一个基于时间间隔的限流函数，要实现这样一个功能：页面中有一个按钮，单击按钮后通过打印方法在控制台输出当前的时间，要求这个按钮的两次事件触发间隔不能小于2秒。

新建一个名为throttle.html的测试文件，分析我们需要实现的功能，很直接的思路是使用一个变量来控制按钮事件是否可触发，在触发按钮事件时对此变量进行修改，并使用setTimeout函数来控制2秒后将变量的值还原。使用这个思路来实现限流函数非常简单，示例如下：

【代码片段6-4 源码见附件代码/第6章/3.throttle.html】

```
<!DOCTYPE html>
<html lang="en">
<head>
    <meta charset="UTF-8">
    <meta http-equiv="X-UA-Compatible" content="IE=edge">
    <meta name="viewport" content="width=device-width, initial-scale=1.0">
    <title>限流函数</title>
    <!-- 注意：资源的CDN地址可能会有变化，请读者注意 -->
    <script src="https://unpkg.com/vue@3/dist/vue.global.js"></script>
</head>
<body>
    <div id="Application">
        <button @click="click">按钮</button>
    </div>
    <script>
        const App = {
            data() {
                return {
                    throttle:false  //限流变量，标记当前是否触发限流
                }
            },
            methods: {
                click() { //测试函数
                    if (!this.throttle) {
                        console.log(Date())
                    } else {
                        return
                    }
                    this.throttle = true
                    setTimeout(() => { //延时2秒后恢复限流变量的值
                        this.throttle = false
                    }, 2000);
                }
            }
        }
        Vue.createApp(App).mount("#Application")
    </script>
```

```
</body>
</html>
```

运行上面的代码，快速单击页面上的按钮，从VS Code的控制台可以看到，无论按钮被单击了多少次，打印方法都按照每2秒最多执行1次的频率进行限流。其实，在上述示例代码中，限流本身是一种通用的逻辑，打印时间才是业务逻辑，因此可以将限流的逻辑封装成单独的工具方法，修改核心JavaScript代码如下：

【代码片段6-5 源码见附件代码/第6章/3.throttle.html】

```
var throttle = false                            //限流变量
function throttleTool(callback, timeout) {      //包装的限流函数
    if (!throttle) {                            //如果未被限流,则直接执行包装的回调函数
        callback()
    } else {                                    //如果被限流，则直接返回，什么都不做
        return
    }
    throttle = true                             //修改限流变量
    setTimeout(() => {                          //延时指定时间后恢复限流变量
        throttle = false
    }, timeout)
}
const App = {
    methods: {
        click() {
            throttleTool(()=>{
                console.log(Date())
            }, 2000)
        }
    }
}
Vue.createApp(App).mount("#Application")
```

再次运行代码，程序依然可以正确运行。现在我们已经有了一个限流工具，可以为任意函数增加限流功能，并且可以任意设置限流的时间间隔。

6.3.2　使用 Lodash 库进行函数限流

目前我们已经了解了限流函数的实现逻辑，在6.3.1节中，也手动实现了一个简单的限流工具，尽管其能够满足当前的需求，细细分析，其还有许多需要优化的地方。在实际开发中，每个业务函数所需要的限流间隔都不同，而且需要各自独立地限流，我们自己编写的限流工具就无法满足了，但是得益于JavaScript生态的繁荣，有许多第三方工具库都提供了函数限流功能，它们强大且易用，Lodash库就是其中之一。

Lodash是一款高性能的JavaScript实用工具库，其提供了大量的数组、对象、字符串等边界的操作方法，使开发者可以更加简单地使用JavaScript来编程。

Lodash库中提供了debounce函数来进行方法的调用限流（防抖），要使用它，首先需要引入Lodash库，代码如下：

```
<script src="https://unpkg.com/lodash@4.17.20/lodash.min.js"></script>
```

以6.3.1节编写的代码为例，修改代码如下：

```
const App = {
    methods: {
        click: _.debounce(function(){
            console.log(Date())
        }, 2000)
    }
}
```

运行代码，体验一下Lodash限流函数的功能。

提示 防抖和限流的意义并不完全一样，其核心目的都是防止频繁地操作造成用户体验降低。

6.4 表单数据的双向绑定

双向绑定是Vue中处理用户交互的一种方式，文本输入框、多行文本输入区域、单选框与多选框等都可以进行数据的双向绑定。新建一个名为input.html的文件用来编写本节的测试代码。

6.4.1 文本输入框

文本输入框的数据绑定我们之前使用过，使用Vue的v-model指令直接设置即可，非常简单，示例如下。

【代码片段6-6 源码见附件代码/第6章/4.input.html】

```
<!DOCTYPE html>
<html lang="en">
<head>
    <meta charset="UTF-8">
    <meta http-equiv="X-UA-Compatible" content="IE=edge">
    <meta name="viewport" content="width=device-width, initial-scale=1.0">
    <title>表单输入</title>
    <!-- 注意：资源的CDN地址可能会有变化，请读者注意 -->
    <script src="https://unpkg.com/vue@3/dist/vue.global.js"></script>
</head>
<body>
    <div id="Application">
         <!-- 将输入框中的内容进行双向绑定 -->
        <input v-model="textField"/>
        <p>文本输入框内容：{{textField}}</p>
    </div>
    <script>
        const App = {
```

```
            data() {
               return {
                  textField:"" //输入框的内容
               }
            }
         }
         Vue.createApp(App).mount("#Application")
      </script>
   </body>
   </html>
```

运行代码，当输入框中输入的文本发生变化的时候，我们可以看到段落中的文本也会同步产生变化。

6.4.2　多行文本输入区域

多行文本可以使用textarea标签来实现，textarea方便定义一块区域用来显示和输入多行文本，文本支持换行，并且可以设置最多可以输入多少文本。textarea的数据绑定方式与input一样，示例代码如下。

【源码见附件代码/第6章/4.input.html】

```
<textarea v-model="textarea"></textarea>
<p style="white-space: pre-line;">多行文本内容:{{textarea}}</p>
```

上面的代码中，为p标签设置white-space样式是为了使其可以正常展示多行文本中的换行，运行效果如图6-3所示。

需要注意，textarea元素只能通过v-model指令的方式来进行内容的设置，不能直接在标签内插入文本，例如下面的代码是错误的：

```
<textarea v-model="textarea">{{text}}</textarea>
```

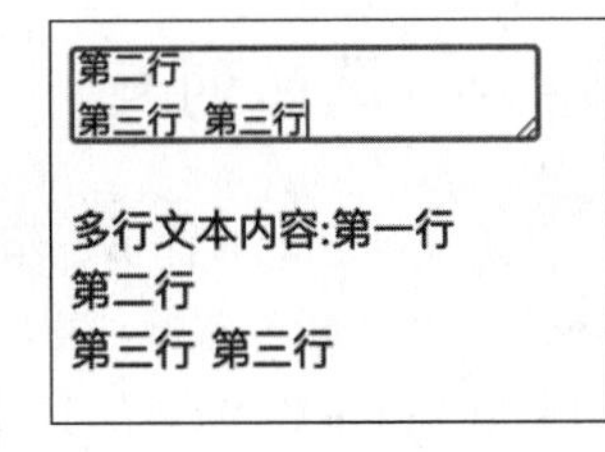

图 6-3　输入多行文本

6.4.3　复选框与单选框

复选框为网页提供多项选择的功能，当将HTML中的input标签的类型设置为checkbox时，其就会以复选框的样式进行渲染。复选框通常成组出现，每个选项的状态只有两种：选中或未选中，如果只有一个复选框，在使用v-model指令进行数据绑定时，直接将其绑定为布尔值即可，示例如下。

【源码见附件代码/第6章/4.input.html】

```
<input type="checkbox" v-model="checkbox"/>
<p>{{checkbox}}</p>
```

运行上面的代码，当复选框的选中状态发生变化时，对应的属性checkbox的值也会切换。更多时候复选框都是成组出现的，这时可以为每个复选框元素设置一个特殊的值，通过数组属性的绑定来获取每个复选框是否被选中，如果被选中，则数组中会存在其所关联的值，如果没有被选中，则数组中其关联的值也会被删除，示例如下。

【源码见附件代码/第6章/4.input.html】

```
<input type="checkbox" value="足球" v-model="checkList"/>足球
<input type="checkbox" value="篮球" v-model="checkList"/>篮球
<input type="checkbox" value="排球" v-model="checkList"/>排球
<p>{{checkList}}</p>
```

运行代码，效果如图6-4所示。

单选框的数据绑定逻辑与复选框类似，对每个单选框元素都可以设置一个特殊的值，并将同为一组的单选框绑定到同一个属性中，同一组中的某个单选框被选中时，对应绑定的变量值也会替换为当前选中的单选框的值，示例如下。

【源码见附件代码/第6章/4.input.html】

```
<input type="radio" value="男" v-model="sex"/>男
<input type="radio" value="女" v-model="sex"/>女
<p>{{sex}}</p>
```

运行代码，效果如图6-5所示。

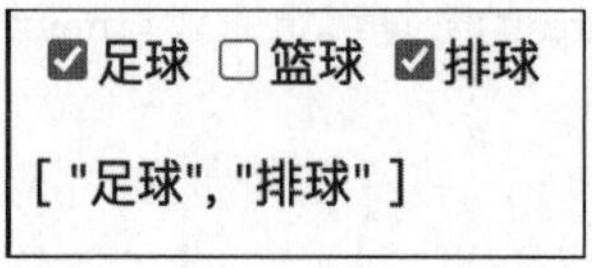

☑足球 ☐篮球 ☑排球

["足球", "排球"]

图 6-4　进行复选框数据绑定

○男 ◉女

女

图 6-5　进行单选框数据绑定

6.4.4　选择列表

选择列表能够提供一组选项供用户选择，其可以支持单选，也可以支持多选。HTML中使用select标签来定义选择列表。如果是单选的选择列表，可以将其直接绑定到Vue组件的一个属性上，如果是支持多选的选择列表，则可以将其绑定到数组属性上。单选的选择列表示例代码如下。

【源码见附件代码/第6章/4.input.html】

```
<select v-model="select">
    <option>男</option>
    <option>女</option>
</select>
<p>{{select}}</p>
```

在select标签内部，option标签用来定义一个选项，若要使选择列表支持多选操作，则只需要为其添加multiple属性即可，示例如下。

【源码见附件代码/第6章/4.input.html】

```
<select v-model="selectList" multiple>
    <option>足球</option>
    <option>篮球</option>
    <option>排球</option>
</select>
<p>{{selectList}}</p>
```

之后，在页面中选择时，按command（control）键即可进行多选，效果如图6-6所示。

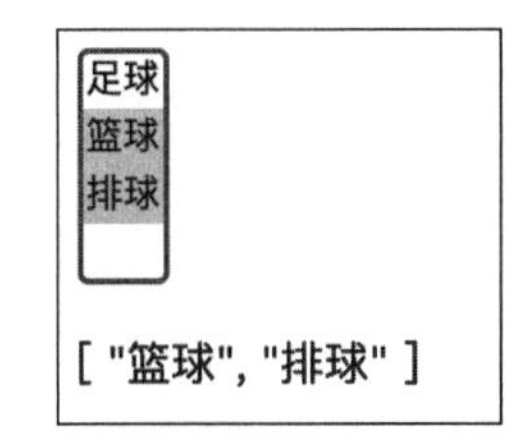

图 6-6　进行选择列表数据绑定

6.4.5　两个常用的修饰符

在对表单进行数据绑定时，我们可以使用修饰符来控制绑定指令的一些行为。比较常用的修饰符有lazy和trim。

lazy修饰符的作用类似于属性的懒加载。当使用v-model指令对文本输入框进行绑定时，每当输入框中的文本发生变化时，其都会同步修改对应属性的值。在某些业务场景下，并不需要实时关注输入框中文案的变化，只需要在用户输入完成后进行数据逻辑的处理，就可以使用lazy修饰符，示例如下。

【源码见附件代码/第6章/4.input.html】

```
<input v-model.lazy="textField"/>
<p>文本输入框内容:{{textField}}</p>
```

运行上面的代码，只有当用户完成输入即输入框失去焦点后，段落中才会同步输入框中最终的文本数据。

trim修饰符的作用是将绑定的文本数据的首尾空格去掉，在很多应用场景中，用户输入的文案都是要提交到服务端进行处理的，trim修饰符处理首尾空格的特性可以为开发者提供很大方便，示例如下。

【源码见附件代码/第6章/4.input.html】

```
<input v-model.trim="textField"/>
<p>文本输入框内容:{{textField}}</p>
```

6.5　样 式 绑 定

我们可以通过HTML元素的class属性、id属性或直接使用标签名来进行CSS样式的绑定，其中，最为常用的是使用class的方式进行样式绑定。在Vue中，对class属性的数据绑定做了特殊的增强，方便通过布尔变量控制其设置的样式是否被选用。

6.5.1　为 HTML 标签绑定 class 属性

v-bind指令虽然可以直接对class属性进行数据绑定，但如果将绑定的值设置为一个对象，其就会产生一种新的语法规则，设置的对象中可以指定对应的class样式是否被选用。首先创建一个名为class.html的测试文件，在其中编写如下示例代码。

【代码片段6-7　源码见附件代码/第6章/5.class.html】

```
<!DOCTYPE html>
<html lang="en">
```

```
<head>
    <meta charset="UTF-8">
    <meta http-equiv="X-UA-Compatible" content="IE=edge">
    <meta name="viewport" content="width=device-width, initial-scale=1.0">
    <title>Class绑定</title>
    <!-- 注意：资源的CDN地址可能会有变化，请读者注意 -->
    <script src="https://unpkg.com/vue@3/dist/vue.global.js"></script>
    <style>
        .red {
            color:red
        }
        .blue {
            color:blue
        }
    </style>
</head>
<body>
    <div id="Application">
        <div :class="{blue:isBlue,red:isRed}">
            示例文案
        </div>
    </div>
    <script>
        const App = {
            data() {
              return {
                  isBlue:true,
                  isRed:false,
              }
            }
        }
        Vue.createApp(App).mount("#Application")
    </script>
</body>
</html>
```

如以上代码所示，其中div元素的class属性的值会根据isBlue和isRed属性的值而改变，当只有isBlue属性的值为true时，div元素的class属性为blue，同理，当只有isRed属性的值为true时，div元素的class属性为red。需要注意，class属性可绑定的值并不会冲突，如果设置的对象中有多个属性的值都是true，则都会被添加到class属性中。

在实际开发中，并不一定要用内联的方式为class绑定控制对象，也可以直接将其设置为一个Vue组件中的数据对象，修改代码如下。

【源码见附件代码/第6章/5.class.html】

HTML元素：

```
<div :class="style">
    示例文案
</div>
```

Vue组件：

```
const App = {
    data() {
       return {
           style:{
               blue:true,
               red:false
           }
       }
    }
}
```

修改后代码的运行效果与之前完全一样，更多时候可以将样式对象作为计算属性进行返回，使用这种方式进行组件样式的控制非常高效。

Vue还支持使用数组对象来控制class属性，示例如下。

【源码见附件代码/第6章/5.class.html】

HTML元素：

```
<div :class="[redClass, fontClass]">
   示例文案
</div>
```

Vue组件：

```
const App = {
    data() {
       return {
           redClass:"red",
           fontClass:"font"
       }
    }
}
```

6.5.2 绑定内联样式

内联样式是指直接通过HTML元素的style属性来设置样式，style属性可以通过JavaScript对象来设置样式，可以直接在其内部使用Vue属性，示例代码如下。

【源码见附件代码/第6章/5.class.html】

HTML元素：

```
<div :style="{color:textColor,fontSize:textFont}">
   示例文案
</div>
```

Vue组件：

```
const App = {
    data() {
```

```
            return {
                textColor:'green',
                textFont:'50px'
            }
        }
    }
```

需要注意，内联设置的CSS与外部定义的CSS有一点区别，外部定义的CSS属性在命名时，多采用“-”符号进行连接（如font-size），而内联的CSS中属性的命名采用的是驼峰命名法，如fontSize。

内联style同样支持直接绑定对象属性，直接绑定对象在实际开发中更加常用，使用计算属性来承载样式对象可以十分方便地进行动态样式更新。

6.6 范例：用户注册页面

本节尝试完成一个功能完整的用户注册页面，并通过一些简单的CSS样式来使页面布局得漂亮一些。

6.6.1 搭建用户注册页面

我们计划搭建一个用户注册页面，页面由标题、一些信息输入框、偏好设置和确认按钮这几个部分组成。首先，创建一个名为register.html的测试文件，按照常规的开发习惯，先来搭建HTML框架结构，编写代码如下。

【代码片段6-8 源码见附件代码/第6章/6.register.html】

```
<div class="container" id="Application">
    <div class="container">
        <div class="subTitle">加入我们，一起创造美好世界</div>
        <h1 class="title">创建你的账号</h1>
        <div v-for="(item, index) in fields" class="inputContainer">
            <div class="field">{{item.title}} <span v-if="item.required"
style="color: red;">*</span></div>
            <input class="input" :type="item.type" />
            <div class="tip" v-if="index == 2">请确认密码程度需要大于6位</div>
        </div>
        <div class="subContainer">
            <div class="setting">偏好设置</div>
            <input class="checkbox" type="checkbox" /><label class="label">接收更
新邮件</label>
        </div>
        <button class="btn">创建账号</button>
    </div>
</div>
```

上面的代码提供了主页面所需要的所有元素，并且为元素指定了class属性，同时也集成了一些Vue的逻辑，例如循环渲染和条件渲染。下面定义Vue组件，示例代码如下。

【代码片段6-9 源码见附件代码/第6章/6.register.html】

```
const App = {
    data() {
        return {
            fields:[
                {
                    title:"用户名",
                    required:true,
                    type:"text"
                },{
                    title:"邮箱地址",
                    required:false,
                    type:"text"
                },{
                    title:"密码",
                    required:true,
                    type:"password"
                }
            ],
        }
    }
}
Vue.createApp(App).mount("#Application")
```

上面的代码定义了Vue组件中与页面布局相关的一些属性，到目前为止，还没有处理与用户交互相关的逻辑，先将页面元素的CSS样式补齐，示例代码如下。

【源码见附件代码/第6章/6.register.html】

```
<style>
    .container {
        margin:0 auto;
        margin-top: 70px;
        text-align: center;
        width: 300px;
    }
    .subTitle {
        color:gray;
        font-size: 14px;
    }
    .title {
        font-size: 45px;
    }
    .input {
        width: 90%;
    }
    .inputContainer {
        text-align: left;
        margin-bottom: 20px;
    }
    .subContainer {
```

```
        text-align: left;
    }
    .field {
        font-size: 14px;
    }
    .input {
        border-radius: 6px;
        height: 25px;
        margin-top: 10px;
        border-color: silver;
        border-style: solid;
        background-color: cornsilk;
    }
    .tip {
        margin-top: 5px;
        font-size: 12px;
        color: gray;
    }
    .setting {
        font-size: 9px;
        color: black;
    }
    .label {
        font-size: 12px;
        margin-left: 5px;
        height: 20px;
        vertical-align:middle;
    }
    .checkbox {
        height: 20px;
        vertical-align:middle;
    }
    .btn {
        border-radius: 10px;
        height: 40px;
        width: 300px;
        margin-top: 30px;
        background-color: deepskyblue;
        border-color: blue;
        color: white;
    }
</style>
```

运行代码，页面效果如图6-7所示。

在注册页面中，元素的UI效果也预示了其部分功能，例如在输入框上方有些标了红星，其表示此项是必填项，即用户不填写将无法完成注册操作。对于密码输入框，也将其类型设置为password，当用户在输入文本时，此项会被自动加密。6.6.2节将重点对页面的用户交互逻辑进行处理。

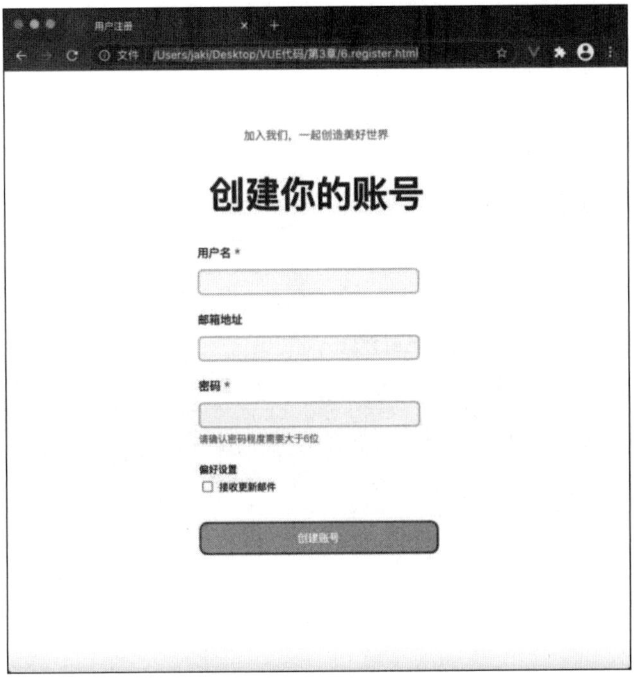

图 6-7　简洁的用户注册页面

6.6.2　实现注册页面的用户交互

以我们编写好的注册页面为基础，本小节来为其添加用户交互逻辑。在用户单击“创建账号”按钮时，我们需要获取用户输入的用户名、密码、邮箱和偏好设置，其中的用户名和密码是必填项，并且密码的长度需要大于6位，对于用户输入的邮箱，也可以使用正则表达式来对其进行校验，只有格式正确的邮箱才允许被注册。

由于页面中的3个文本输入框是通过循环动态渲染的，因此在对其进行绑定时，也需要采用动态的方式进行绑定。首先在HTML元素中将需要绑定的变量设置好，示例如下。

【源码见附件代码/第6章/6.register.html】

```
<div class="container" id="Application">
    <div class="container">
        <div class="subTitle">加入我们，一起创造美好世界</div>
        <h1 class="title">创建你的账号</h1>
        <div v-for="(item, index) in fields" class="inputContainer">
            <div class="field">{{item.title}} <span v-if="item.required" style="color: red;">*</span></div>
            <input v-model="item.model" class="input" :type="item.type" />
            <div class="tip" v-if="index == 2">请确认密码长度大于6位</div>
        </div>
        <div class="subContainer">
            <div class="setting">偏好设置</div>
            <input v-model="receiveMsg" class="checkbox" type="checkbox" /><label class="label">接收更新邮件</label>
        </div>
```

```
        <button @click="createAccount" class="btn">创建账号</button>
    </div>
</div>
```

完善Vue组件如下：

【代码片段6-10 源码见附件代码/第6章/6.register.html】

```
const App = {
    data() {
        return {
            fields:[ //绑定到输入框的数据
                {
                    title:"用户名",required:true,type:"text",
                    model:""
                },{
                    title:"邮箱地址",required:false,type:"text",
                    model:""
                },{
                    title:"密码",required:true,type:"password",
                    model:""
                }
            ],
            receiveMsg:false
        }
    },
    computed:{  //计算属性
        name: {
            get() {
                return this.fields[0].model
            },
            set(value){
                this.fields[0].model = value
            }
        },
        email: {
            get() {
                return this.fields[1].model
            },
            set(value){
                this.fields[1].model = value
            }
        },
        password: {
            get() {
                return this.fields[2].model
            },
            set(value){
                this.fields[2].model = value
            }
        }
    },
```

```
        methods:{
            emailCheck() { //邮箱有效性校验
                var verify = /^\w[-\w.+]*@([A-Za-z0-9][-A-Za-z0-9]+\.)+[A-Za-z]{2,14}/;
                if (!verify.test(this.email)) {
                    return false
                } else {
                    return true
                }
            },
            createAccount() { //账号有效性校验
                if (this.name.length == 0) {
                    alert("请输入用户名")
                    return
                } else if (this.password.length <= 6) {
                    alert("密码设置需要大于6位字符")
                    return
                } else if (this.email.length > 0 && !this.emailCheck(this.email)) {
                    alert("请输入正确的邮箱")
                    return
                }
                alert("注册成功")
                console.log('name:${this.name}\npassword:${this.password}
\nemail:${this.email}\nreceiveMsg:${this.receiveMsg}')
            }
        }
    }
    Vue.createApp(App).mount("#Application")
```

上面的代码中，通过配置输入框field对象来实现动态数据绑定，为了方便值的操作，使用计算属性对几个常用的输入框数据实现了便捷的存取方法，这些技巧都是本章介绍的核心内容。当用户单击“创建账号”按钮时，createAccount方法会进行一些有效性校验，我们对每个字段需要满足的条件进行依次校验即可，上面的示例代码中使用了正则表达式对邮箱地址的有效性进行了检验。

现在，运行代码，在浏览器中尝试进行用户注册的操作，到目前为止，我们完成了一个较为完善的客户端的注册页面，在实际应用中，最终的注册操作还需要与后端进行交互。

6.7 本章小结

本章介绍了Vue组件中有关属性和方法的基础应用，并且通过一个较为完整的范例练习了数据绑定、循环与条件渲染以及计算属性相关的核心知识。相信通过本章的学习，你对Vue的使用能够有更深的理解。

在进入新章节的学习前，先来检验一下本章的学习成果吧！

（1）在Vue中，计算属性和普通属性有什么区别？

提示　普通属性的本质是存储属性，计算属性的本质是调用函数。从这方面思考其异同，并思考它们各自适用的场景。

（2）属性侦听器的作用是什么？

提示 当数据变化会触发其他相关的业务逻辑时，可以尝试使用属性监听器来实现。

（3）你能够手动实现一个限流函数吗？

提示 结合本章中的示例思考实现限流函数的核心思路。

（4）Vue中的双向绑定适用于哪些场景？

提示 当某个页面元素可以接受用户的交互而改变其绑定的数据时，我们就可以考虑使用双向绑定。

第 7 章 处理用户交互

处理用户交互实际上就是对用户操作事件的监听和处理，例如用户的鼠标单击事件、键盘输入事件等。在 Vue 中，使用 v-on 指令来进行事件的监听和处理，更多时候我们会使用其缩写方式“@”来代替 v-on 指令。

对于网页应用来说，事件的监听主要分为两类：键盘按键事件和鼠标操作事件。本章将系统地介绍在 Vue 中监听和处理事件的方法。

通过本章，你将学习到：

- 事件监听和处理的方法。
- Vue中多事件处理功能的使用。
- Vue中事件修饰符的使用。
- 键盘事件与鼠标事件的处理。

7.1 事件的监听与处理

v-on指令（通常使用@符号代替）用来为DOM事件绑定监听，其可以设置为一个简单的JavaScript语句，也可以设置为一个JavaScript函数。

提示 当前在学习Vue的基础功能时，我们使用的是CDN的方式引入的Vue，所写的代码也是JavaScript的，这样方便我们进行框架使用的学习。后面会使用脚手架工程来统一处理编译流程，那时使用TypeScript来编写逻辑。

7.1.1 事件监听示例

关于DOM事件的绑定，在前面的章节中也简单使用过了，首先创建一个名为event.html的示例文件，编写简单的测试代码如下：

【代码片段7-1 源码见附件代码/第7章/1.event.html】

```
<!DOCTYPE html>
<html lang="en">
<head>
    <meta charset="UTF-8">
    <meta http-equiv="X-UA-Compatible" content="IE=edge">
    <meta name="viewport" content="width=device-width, initial-scale=1.0">
    <title>事件绑定</title>
    <!-- 需要注意，CDN地址可能会变化 -->
    <script src="https://unpkg.com/vue@3/dist/vue.global.js"></script>
</head>
<body>
    <div id="Application">
       <div>单击次数:{{count}}</div>
       <button @click="click">单击</button>
    </div>
    <script>
        const App = {
            data() {
               return {
                   count:0 //计数变量
               }
            },
            methods: {
                click() {
                    this.count += 1
                }
            }
        }
        Vue.createApp(App).mount("#Application")
    </script>
</body>
</html>
```

在浏览器中运行上面的代码，当单击页面中的按钮时，会执行click函数从而改变count属性的值，并可以在页面上实时看到变化的效果。使用@click直接绑定单击事件方法是最基础的一种用户交互处理方式。当然，也可以直接将要执行的逻辑代码放入@click赋值的地方，代码如下：

```
<button @click="this.count += 1">单击</button>
```

修改后代码的运行效果和修改前没有任何差异，只是通常事件的处理方法都不是单行JavaScript代码可以搞定的，更多时候会采用绑定方法函数的方式来处理事件。在上面的代码中，定义的click函数并没有参数，实际上当触发我们绑定的事件函数时，系统会自动将当前的Event对象传递到函数中，如果我们需要使用此Event对象，定义的处理函数往往是下面的样子：

```
click(event) {
    console.log(event)
    this.count += 1
}
```

你可以尝试一下，Event对象中会存储当前事件的很多信息，例如事件类型、鼠标位置、键盘按键情况等。

你或许会问，如果DOM元素绑定执行事件的函数需要传自定义的参数怎么办？以上面的代码为例，如果这个计数器的步长是可设置的，例如通过函数的参数来进行控制，修改click方法如下：

```
click(step) {
    this.count += step
}
```

在进行事件绑定时，可以采用内联处理的方式设置函数的参数，示例代码如下：

```
<button @click="click(2)">单击</button>
```

再次运行代码，单击页面上的按钮，可以看到计数器将以2为步长进行增加。如果在自定义传参的基础上，需要使用系统的Event对象参数，可以使用$event来传递此参数，例如修改click函数如下：

```
click(step, event) {
    console.log(event)
    this.count += step
}
```

使用如下方式绑定事件：

```
<button @click="click(2, $event)">单击</button>
```

7.1.2 多事件处理

多事件处理是指对于同一个用户交互事件，需要调用多个方法进行处理。当然，一种比较简单的方式是编写一个聚合函数作为事件的处理函数，但是在Vue中，绑定事件时支持使用逗号对多个函数进行调用绑定，以7.1.1节的代码为例，click函数实际上完成了两个功能点：计数和打印Log。可以将这两个功能拆分开来，改写如下：

【源码见附件代码/第7章/1.event.html】

```
methods: {
    click(step) {
        this.count += step
    },
    log(event) {
        console.log(event)
    }
}
```

需要注意，如果要进行多事件处理，在绑定事件时要采用内联调用的方式绑定，代码如下：

```
<button @click="click(2), log($event)">单击</button>
```

7.1.3 事件修饰符

在学习事件修饰符前，首先回顾一下DOM事件的传递原理。当我们在页面上触发了一个单击事件时，事件会从父组件开始依次传递到子组件，这个过程通常形象地称为事件捕获，当事件传递到最上层的子组件时，其还会逆向地再进行一轮传递，从子组件依次向下传递，这个过程被称为事件冒泡。在Vue中使用@click的方式绑定事件时，默认监听的是DOM事件的冒泡阶段，即从子组件传递到父组件的过程。

下面编写一个事件示例组件。

【代码片段7-2 源码见附件代码/第7章/1.event.html】

```
HTML模板:

<div @click="click1" style="border:solid red">
    外层
   <div @click="click2" style="border:solid red">
      中层
      <div @click="click3" style="border:solid red">
         单击
      </div>
   </div>
</div>
```

实现3个绑定的函数如下：

```
methods: {
    click(step) {
        this.count += step
    },
    log(event) {
        console.log(event)
    },
    click1() {
        console.log("外层")
    },
    click2() {
        console.log("中层")
    },
    click3() {
        console.log("内层")
    }
}
```

运行上面的代码，单击页面最内层的元素，通过观察控制台的打印，可以看到事件函数的调用顺序如下：

```
内层
中层
外层
```

如果要监听捕获阶段的事件，就需要使用事件修饰符，事件修饰符capture可以将监听事件的时机设置为捕获阶段，示例如下：

【源码见附件代码/第7章/1.event.html】

```
<div @click.capture="click1" style="border:solid red">
  外层
  <div @click.capture="click2" style="border:solid red">
     中层
     <div @click.capture="click3" style="border:solid red">
        单击
     </div>
  </div>
</div>
```

再次运行代码，单击最内层的元素，可以看到控制台的打印效果如下：

```
外层
中层
内层
```

捕获事件触发的顺序刚好与冒泡事件相反。在实际应用中，可以根据具体的需求来选择要使用冒泡事件还是捕获事件。

理解事件的传递对处理用户页面交互来说至关重要，但是也有很多场景不希望事件进行传递，例如在上面的例子中，当用户单击内层的组件时，只想让其触发内层组件绑定的方法，当用户单击外层组件时，只触发外层组件绑定的方法，这时就需要使用Vue中另一个非常重要的事件修饰符：stop。

stop修饰符可以阻止事件的传递，示例如下：

【源码见附件代码/第7章/1.event.html】

```
<div @click.stop="click1" style="border:solid red">
  外层
  <div @click.stop="click2" style="border:solid red">
     中层
     <div @click.stop="click3" style="border:solid red">
        单击
     </div>
  </div>
</div>
```

此时在单击时，只有被单击的当前组件绑定的方法会被调用。

除capture和stop事件修饰符外，还有一些常用的修饰符，总体列举如表7-1所示。

表 7-1　常用的修饰符

事件修饰符	作　用
stop	阻止事件传递
capture	监听捕获场景的事件
once	只触发一次事件
self	当事件对象的 taeget 属性是当前组件时才触发事件

（续表）

事件修饰符	作　用
prevent	禁止默认的事件
passive	不禁止默认的事件

需要注意，事件修饰符可以串联使用，例如下面的写法既能起到阻止事件传递的作用，又能控制只触发一次事件。

【源码见附件代码/第7章/1.event.html】

```
<div @click.stop.once="click3" style="border:solid red">
  单击
</div>
```

对于键盘按键事件来说，Vue中定义了一组按钮别名事件修饰符，其用法后面会具体介绍。

7.2 Vue中的事件类型

事件本身是有类型之分的，例如使用@click绑定的就是元素的单击事件，如果需要通过用户鼠标操作行为来实现更加复杂的交互逻辑，则需要监听更加复杂的鼠标事件。当使用Vue中的v-on指令进行普通HTML元素的事件绑定时，其支持所有的原生DOM事件，更进一步，如果使用v-on指令对自定义的Vue组件进行事件绑定，则其也可以支持自定义的事件。这些内容会在第8章详细介绍。

7.2.1 常用的事件类型

click事件是页面开发中常用的交互事件。当HTML元素被单击时会触发此事件，常用的交互事件列举如表7-2所示。

表 7-2　常用的交互事件

事　件	意　义	可用的元素
click	单击事件，当组件被单击时触发	大部分 HTML 元素
dblclick	双击事件，当组件被双击时触发	大部分 HTML 元素
focus	获取焦点事件，例如输入框开启编辑模式时触发	input、select、textarea 等
blur	失去焦点事件，例如输入框结束编辑模式时触发	input、select、textarea 等
change	元素内容改变事件，输入框结束输入后，如果内容有变化，就会触发此事件	input、select、textarea 等
select	元素内容选中事件，输入框中的文本被选中时会触发此事件	input、select、textarea 等
mousedown	鼠标按键被按下事件	大部分 HTML 元素
mouseup	鼠标按键抬起事件	大部分 HTML 元素
mousemove	鼠标在组件内移动事件	大部分 HTML 元素
mouseout	鼠标移出组件时触发	大部分 HTML 元素
mouseover	鼠标移入组件时触发	大部分 HTML 元素

（续表）

事　件	意　义	可用的元素
keydown	键盘按键被按下	HTML中所有表单类元素
keyup	键盘按键被抬起	HTML中所有表单类元素

对于上面列举的事件类型，可以编写示例代码来理解其触发的时机，新建一个名为eventType.html的文件，编写测试代码如下。

【代码片段7-3 源码见附件代码/第7章/2.eventType.html】

```
<!DOCTYPE html>
<html lang="en">
<head>
    <meta charset="UTF-8">
    <meta http-equiv="X-UA-Compatible" content="IE=edge">
    <meta name="viewport" content="width=device-width, initial-scale=1.0">
    <title>事件类型</title>
    <!-- 需要注意，CDN地址可能会变化 -->
    <script src="https://unpkg.com/vue@3/dist/vue.global.js"></script></head>
<body>
    <div id="Application">
        <div @click="click">单击事件</div>
        <div @dblclick="dblclick">双击事件</div>
        <input @focus="focus" @blur="blur" @change="change"
@select="select"></input>
        <div @mousedown="mousedown">鼠标按下</div>
        <div @mouseup="mouseup">鼠标抬起</div>
        <div @mousemove="mousemove">鼠标移动</div>
        <div @mouseout="mouseout" @mouseover="mouseover">鼠标移入移出</div>
        <input @keydown="keydown" @keyup="keyup"></input>
    </div>
    <script>
        const App = {
            methods: {
                click(){
                    console.log("单击事件");
                },
                dblclick(){
                    console.log("双击事件");
                },
                focus(){
                    console.log("获取焦点")
                },
                blur(){
                    console.log("失去焦点")
                },
                change(){
                    console.log("内容改变")
                },
                select(){
                    console.log("文本选中")
```

```
                },
                mousedown(){
                    console.log("鼠标按键按下")
                },
                mouseup(){
                    console.log("鼠标按键抬起")
                },
                mousemove(){
                    console.log("鼠标移动")
                },
                mouseout(){
                    console.log("鼠标移出")
                },
                mouseover(){
                    console.log("鼠标移入")
                },
                keydown(){
                    console.log("键盘按键按下")
                },
                keyup(){
                    console.log("键盘按键抬起")
                }
            }
        }
        Vue.createApp(App).mount("#Application")
    </script>
</body>
</html>
```

对于每一种类型的事件，我们都可以通过参数中的Event对象来获取事件的具体信息，例如在鼠标单击事件中，可以获取用户具体单击的是左键还是右键。

7.2.2 按键修饰符

当需要对键盘按键进行监听时，通常使用keyup参数，如果只是要对某个按键进行监听，可以通过Event对象来判断，例如要监听用户是否按了回车键，方法可以这么写：

【源码见附件代码/第7章/2.eventType.html】

```
keyup(event){
    console.log("键盘按键抬起")
    if (event.key == 'Enter') {
        console.log("回车键被按下")
    }
}
```

在Vue中，还有一种更加简单的方式可以实现对某个具体按键的监听，即使用按键修饰符，在绑定监听方法时，可以设置要监听的具体按键，例如：

```
<input @keyup.enter="keyup"></input>
```

需要注意，修饰符的命名规则与Event对象中属性key值的命名规则略有不同，Event对象中的属性采用的是大写字母驼峰法，如Enter、PageDown，在使用按键修饰符时，需要将其转换为中画线驼峰法，如enter、page-down。

Vue中还提供了一些特殊的系统按键修饰符，这些修饰符是配合其他键盘按键或鼠标按键来使用的，主要有4种：ctrl、alt、shift和meta。

这些系统按键修饰符的使用意义是只有当用户按下这些键时，对应的键盘或鼠标事件才能触发，在处理组合键指令时经常会用到，例如：

```
<div @mousedown.ctrl="mousedown">鼠标按下</div>
```

上面代码的作用是在用户按Control键的同时再按鼠标按键才会触发绑定的事件函数。

```
<input @keyup.alt.enter="keyup"></input>
```

上面代码的作用是在用户按Alt键的同时再按回车键才会触发绑定的事件函数。

还有一个细节需要注意，上面示例的系统修饰符只要满足条件就会触发，以鼠标按下事件为例，只要满足用户按Control键的时候按鼠标按键，就会触发事件，即使用户同时按了其他按键也不会受影响，例如用户使用了Shift+Control+鼠标左键的组合按键。如果想要精准地进行按键修饰，可以使用exact修饰符，使用这个修饰符修饰后，只有精准地满足按键的条件才会触发事件，例如：

```
<div @mousedown.ctrl.exact="mousedown">鼠标按下</div>
```

上面通过修饰后的代码，在使用Shift+Control+鼠标左键的组合方式进行操作时不会再触发事件函数。

提示　meta系统按键修饰符在不同的键盘上表示不同的按键，在Mac键盘上表示Command键，在Windows系统上对应Windows徽标键。

前面介绍了键盘按键相关的修饰符，Vue中还有3个常用的鼠标按键修饰符。在进行网页应用的开发时，通常左键用来选择，右键用来配置，通过下面这些修饰符可以设置当用户按了鼠标指定的按键后才会触发事件函数：

```
left
right
middle
```

例如下面的示例代码，只有按了鼠标左键才会触发事件：

```
<div @click.left="click">单击事件</div>
```

7.3　实战一：随鼠标移动的小球

本节尝试使用本章学习到的知识来编写一个简单的示例应用。此应用的逻辑非常简单，在页面上绘制一块区域，在区域内绘制一个圆形球体，我们需要实现当鼠标在区域内移动时，球体可以平滑地随鼠标移动。

要实现页面元素随鼠标移动很简单，只需要监听鼠标移动事件，做好元素坐标的更新即可。首先新建一个名为ball.html的文件，可以将页面的HTML布局编写出来，要实现这样的示例应用，只需要两个内容元素即可，示例如下：

【代码片段7-4 源码见附件代码/第7章/3.ball.html】

HTML模板：

```
<div id="Application">
    <div class="container" @mousemove.stop="move">
        <div class="ball" :style="{left: offsetX+'px', top:offsetY+'px'}">
        </div>
    </div>
</div>
```

对应地，实现CSS样式的代码如下：

```
<style>
    body {
        margin: 0;
        padding: 0;
    }
    .container {
        margin: 0;
        padding: 0;
        position: absolute;
        width: 440px;
        height: 440px;
        background-color: blanchedalmond;
        display: inline;
    }
    .ball {
        position:absolute;
        width: 60px;
        height: 60px;
        left:100px;
        top:100px;
        background-color: red;
        border-radius: 30px;
        z-index:100
    }
</style>
```

下面我们只关注如何实现JavaScript逻辑，要控制小球的移动，需要实时修改小球的布局位置，因此可以在Vue组件中定义两个属性offsetX和offsetY，分别用来控制小球的横纵坐标，之后根据鼠标所在位置的坐标不断更新坐标属性即可。示例代码如下：

【代码片段7-5 源码见附件代码/第7章/3.ball.html】

```
<script>
    const App = {
        data() {
```

```
            return {
                offsetX:0,  //描述小球元素的左上角点当前所在的横坐标位置
                offsetY:0  //描述小球元素的左上角点当前所在的纵坐标位置
            }
        },
        methods: {
            //核心的移动函数，窗口的宽高为440，小球的半径为30
            move(event) {
                //检查右侧不能超出边界
                if (event.clientX + 30 > 440) {
                    this.offsetX = 440 - 60
                //检查左侧不能超出边界
                } else if (event.clientX - 30 < 0) {
                    this.offsetX = 0
                } else {
                    this.offsetX = event.clientX - 30
                }
                //检查下侧不能超出边界
                if (event.clientY + 30 > 440) {
                    this.offsetY = 440 - 60
                //检查上侧不能超出边界
                } else if (event.clientY - 30 < 0) {
                    this.offsetY = 0
                } else {
                    this.offsetY = event.clientY - 30
                }
            }
        }
    }
    Vue.createApp(App).mount("#Application")
</script>
```

其中，event.clientX可以获取到当前鼠标位置的横坐标，event.clientY可以获取到当前鼠标位置的纵坐标，我们将其对应到小球的球心位置。需要注意的是，小球的边界不能超出窗口的边界。

运行代码，效果如图7-1所示，可以尝试移动鼠标来控制小球的位置。

图7-1 随鼠标移动的小球

上面的示例代码中，使用了clientX和clientY来定位坐标，在鼠标Event事件对象中，有很多与坐标相关的属性，其意义各不相同，列举如表7-3所示。

表7-3 与坐标相关的属性

X坐标	Y坐标	意 义
clientX	clientY	鼠标位置相对当前body容器可视区域的横纵坐标
pageX	pageY	鼠标位置相对整个页面的横纵坐标
screenX	screenY	鼠标位置相对设备屏幕的横纵坐标

（续表）

X 坐标	Y 坐标	意　义
offsetX	offsetY	鼠标位置相对于父容器的横纵坐标
x	y	与 screenX 和 screenY 意义一样

7.4　实战二：弹球游戏

小时候你是否玩过一款桌面弹球游戏？游戏的规则非常简单，开始游戏时，页面中的弹球以随机的速度和方向运行，当弹球飞行到左侧边缘、右侧边缘或上侧边缘时会进行回弹，在界面的下侧有一块挡板，我们可以通过键盘上的左右按键来控制挡板的移动，当球体落向页面底部时，如果玩家使用挡板接住，则弹球会继续反弹，如果没有接住，则游戏失败。

实现这个游戏，可以提高我们对键盘事件使用的熟练度。此游戏的核心逻辑在于弹球的移动以及回弹算法，思考一下，本节我们一起来完成它。

首先，新建一个名为game.html的文件，定义HTML布局结构如下：

【代码片段7-6　源码见附件代码/第7章/4.game.html】

```
<div id="Application">
    <!-- 游戏区域 -->
    <div class="container">
        <!-- 底部挡板 -->
        <div class="board" :style="{left: boardX + 'px'}"></div>
        <!-- 弹球 -->
        <div class="ball" :style="{left: ballX+'px', top: ballY+'px'}"></div>
        <!-- 游戏结束提示 -->
        <h1 v-if="fail" style="text-align: center;">游戏失败</h1>
    </div>
</div>
```

如以上代码所示，底部挡板元素可以通过键盘来控制移动，游戏失败的提示文案默认是隐藏的，当游戏失败后控制器展示。编写样式表代码如下：

【代码片段7-7　源码见附件代码/第7章/4.game.html】

```
<style>
    body {
        margin: 0;
        padding: 0;
    }
    .container {
        position: relative;
        margin: 0 auto;
        width: 440px;
        height: 440px;
        background-color: blanchedalmond;
    }
    .ball {
```

```
        position:absolute;
        width: 30px;
        height: 30px;
        left:0px;
        top:0px;
        background-color:orange;
        border-radius: 30px;
    }
    .board {
        position:absolute;
        left: 0;
        bottom: 0;
        height: 10px;
        width: 80px;
        border-radius: 5px;
        background-color: red;
    }
</style>
```

在控制页面布局时，当父容器的position属性设置为relative时，子组件的position属性设置为absolute，可以将子组件相对父组件进行绝对布局。实现此游戏的JavaScript逻辑并不复杂，完整示例代码如下：

【代码片段7-8 源码见附件代码/第7章/4.game.html】

```
<script>
    const App = {
        data() {
            return {
                //控制挡板位置
                boardX:0,
                //控制弹球位置
                ballX:0,
                ballY:0,
                //控制弹球移动速度
                rateX:0.1,
                rateY:0.1,
                //控制结束游戏提示的展示
                fail:false
            }
        },
        //组件生命周期函数，组件加载时会调用
        mounted() {
            //添加键盘事件
            this.enterKeyup();
            //随机弹球的运动速度和方向
            this.rateX = (Math.random() + 0.1)
            this.rateY = (Math.random() + 0.1)
            //开启计数器，控制弹球移动
            this.timer = setInterval(()=>{
                //到达右侧边缘进行反弹
                if (this.ballX + this.rateX  >= 440 - 30) {
```

```
                    this.rateX *= -1
                }
                //到达左侧边缘进行反弹
                if (this.ballX + this.rateX <= 0) {
                    this.rateX *= -1
                }
                //到达上侧边缘进行反弹
                if (this.ballY + this.rateY <= 0) {
                    this.rateY *= -1
                }
                    //修改小球的位置：当前位置加上单位时间的速度
                this.ballX += this.rateX
                this.ballY += this.rateY
                //失败判定
                if (this.ballY >= 440 - 30 - 10) {
                    //挡板接住了弹球，进行反弹
                    if (this.boardX <= this.ballX + 30 && this.boardX + 80 >=
this.ballX) {
                        this.rateY *= -1
                    } else {
                        //没有接住弹球，游戏结束
                        clearInterval(this.timer)
                        this.fail = true
                    }
                }
            },2)
        },
        methods: {
            //控制挡板移动
            keydown(event){
                if (event.key == "ArrowLeft") {
                    if (this.boardX  > 10) {
                        this.boardX -= 20
                    }
                } else if (event.key == "ArrowRight") {
                    if (this.boardX  < 440 - 80) {
                        this.boardX += 20
                    }
                }
            },
            enterKeyup() {
                document.addEventListener("keydown", this.keydown);
            }
        }
    }
    Vue.createApp(App).mount("#Application")
</script>
```

上面的示例代码中使用到我们尚未学习过的Vue技巧，即组件生命周期方法的应用，在Vue组件中，mounted方法会在组件被挂载时调用，我们可以将一些组件的初始化工作放到这个方法中执行。

运行代码，游戏运行效果如图7-2所示。现在，放松一下吧！

图 7-2 弹球游戏页面

7.5 本章小结

本节主要介绍了如何通过Vue快速地实现各种事件的监听与处理，在应用开发中，处理事件是非常重要的一环，是应用程序与用户间交互的桥梁。尝试通过解答下列问题来检验本章的学习成果。

（1）思考Vue中绑定监听事件的指令是什么？

提示 理解v-on的用法，熟练使用其缩写方式@。

（2）什么是事件修饰符？常用的事件修饰符有哪些，其作用分别是什么？

提示 熟练应用stop、prevent、capture、once等事件修饰符。

（3）在Vue中如何监听键盘某个按键的事件？

提示 可以使用按键修饰符。

（4）如何处理组合键事件？

提示 Vue提供了4个常用的系统按键修饰符，其可以与其他按键修饰符组合使用，从而实现组合键的监听。

（5）在鼠标相关事件中，如何获取鼠标所在的位置？各种位置坐标的意义分别是什么？

提示 理解clientX/Y、pageX/Y、screenX/Y、offsetX/Y、和x/y属性坐标的意义，分析其不同之处。

第 8 章 组件基础

组件是 Vue 中非常强大的功能。通过组件，开发者可以封装出复用性强、扩展性强的 HTML 元素，并且通过组件的组合可以将复杂的页面元素拆分成多个独立的内部组件，方便代码的逻辑分离与管理。

组件系统的核心是将大型应用拆分成多个可以独立使用且可复用的小组件，之后通过组件树的方式将这些小组件构建成完整的应用程序。在 Vue 中定义和使用组件非常简单，但却对项目的开发至关重要。

通过本章，你将学习到：

- Vue应用程序的基础概念。
- 如何定义组件和使用组件。
- Vue应用与组件的相关配置。
- 组件中的数据传递技术。
- 组件事件的传递与响应。
- 组件插槽的相关知识。
- 动态组件的应用。

8.1 关于Vue应用与组件

Vue框架将常规的网页页面开发以面向对象的方式进行了抽象。一个网页甚至一个网站在Vue中被抽象为一个应用程序。一个应用程序中可以定义和使用很多组件，但是需要配置一个根组件，当应用程序被挂载渲染到页面时，此根组件会作为初始元素进行渲染。

8.1.1 Vue应用的数据配置选项

在前面章节的示例代码中，我们已经使用过Vue应用，使用Vue中的createApp方法即可创建一个Vue应用实例，其实，Vue应用中有许多方法和配置项可供开发者使用。

首先创建一个名为application.html的测试文件用来编写示例代码。创建一个Vue应用非常简单，调用createApp方法即可：

```
const App = Vue.createApp({})
```

createApp方法会返回一个Vue应用实例，在创建应用实例时，可以传入一个JavaScript对象来提供应用创建时数据相关的配置项，例如经常使用的data选项与methods选项。

data选项本身需要配置为一个JavaScript函数，该函数需要提供应用所需的全局数据，示例如下：

【源码见附件代码/第8章/1.application.html】

```
const appData = {
    count:0  //计数
}
const App = Vue.createApp({
    data(){ //data选项用来设置页面所需要使用的属性数据
        return appData
    }
})
```

props选项用于接收父组件传递的数据，后面会具体介绍它。

computed选项之前使用过，其用来配置组件的计算属性，可以在其中实现getter和setter方法，示例如下：

【源码见附件代码/第8章/1.application.html】

```
computed: {
    countString: {
        get(){
            return this.count + "次"
        }
    }
}
```

methods选项用来配置组件中需要使用的方法，注意，不要使用箭头函数来定义methods中的方法，其会影响内部this关键字的指向。示例如下：

【源码见附件代码/第8章/1.application.html】

```
methods:{
    click() {
        this.count += 1
    }
}
```

watch配置项之前也使用过，其可以对组件属性的变化添加监听函数，示例如下：

【源码见附件代码/第8章/1.application.html】

```
watch:{
    count(value, oldValue){ //参数分别为count变化前和变化后的值
        console.log(value, oldValue)
    }
}
```

注意，当要监听的组件属性发生变化后，监听函数会将变化后的值与变化前的值作为参数传递进来。如果要使用的监听函数本身定义在组件的methods选项中，也可以直接使用字符串的方式来指定要执行的监听方法，示例如下：

【源码见附件代码/第8章/1.application.html】

```
methods:{
    click() {
        this.count += 1
    },
    countChange(value, oldValue) {
        console.log(value, oldValue)
    }
},
watch:{
    count:"countChange" //监听count属性，发生变化时会调用countChange方法
}
```

其实，Vue组件中的watch选项还可以配置很多高级的功能，例如深度嵌套监听、多重监听处理等，后面会更加具体地向读者介绍。

8.1.2 定义组件

当我们创建Vue应用实例后，使用mount方法可以将其绑定到指定的HTML元素上。应用实例可以使用component方法来定义组件，定义好组件后，可以直接在HTML文档中使用。

例如创建一个名为component.html的测试文件，在其中编写如下JavaScript示例代码：

【代码片段8-1】

```
<script>
    const App = Vue.createApp({})                          //创建App实例
    const alertComponent = {                               //定义警告框组件
        data() {
            return {
                msg:"警告框提示",                           //警告框内容
                count:0                                    //计数变量
            }
        },
        methods:{
            click(){
                alert(this.msg + this.count++)             //弹出警告框，显示内容和计数变量
            }
        },
```

```
        template:'<div><button @click="click">按钮</button></div>' //组件的模板
    }
    App.component("my-alert",alertComponent)                    //在App上挂载组件
    App.mount("#Application")                                   //挂载App
</script>
```

如以上代码所示，在Vue应用中定义组件时使用component方法，这个方法的第1个参数用来设置组件名，第2个参数进行组件的配置，组件的配置选项与应用的配置选项基本一致。上面的代码中，data选项配置了组件必要的数据，methods选项为组件提供了所需的方法，注意，定义组件时最重要的是template选项，这个选项用于设置组件的HTML模板，前面我们创建了一个简单的按钮，当用户单击此按钮时会有警告框弹出。

之后，当需要使用自定义的组件时，只需要使用组件名标签即可，例如：

```
<div id="Application">
    <my-alert></my-alert>
    <my-alert></my-alert>
</div>
```

运行代码，尝试单击页面上的按钮，可以看到程序已经能够按照预期正常运行了，如图8-1所示。

图 8-1　使用组件

注意，上面代码中的my-alert组件定义在Application应用实例中，在组织HTML框架结构时，my-alert组件也只能在Application挂载的标签内使用，在外部使用是无法正常工作的，例如下面的写法将无法正常渲染出组件：

```
<div id="Application">
</div>
<my-alert></my-alert>
```

使用Vue中的组件可以使得HTML代码的复用性大大增强，在日常开发中，可以将一些通用的页面元素封装成可定制化的组件，在开发新的网站应用时，可以使用日常积累的组件快速搭建。你或许发现了，组件在定义时的配置选项与Vue应用实例在创建时的配置选项是一致的，都有data、methods、watch和computed等配置项。这是因为我们在创建应用时传入的参数实际上就是根组件。

当组件进行复用时，每个标签实际上都是一个独立的组件实例，其内部的数据是独立维护的，例如上面示例代码中的my-alert组件内部维护了一个名为count的属性，单击按钮后其会计数，不同的按钮将会分别进行计数。

8.2 组件中数据与事件的传递

由于组件具有复用性，因此要使得组件能够在不同的应用中得到最大限度的复用与最少的内部改动，这就需要组件具有一定的灵活度，即可配置性。可配置性归根结底是通过数据的传递来实现的，在使用组件时，通过传递不同的数据来使组件交互行为、渲染样式有略微的差异。本节将探讨如何通过数据与事件的传递使得我们编写的Vue组件更具灵活性。

8.2.1 为组件添加外部属性

在使用原生的HTML标签元素时，可以通过属性来控制元素的一些渲染行为，例如style属性可以设置元素的样式风格，class属性用来设置元素的类别，等等。自定义组件的使用方式与原生HTML标签一样，也可以通过属性来控制其内部行为。

以8.1节的测试代码为例，my-alert组件会在页面中渲染出一个按钮元素，此按钮的标题为字符串“按钮”，这个标题文案是写死在template模板字符串中的，因此无论我们创建出多少个my-alert组件，其渲染出的按钮标题都是一样的。如果需要在使用此组件时灵活地设置其按钮显示的标题，就需要使用组件中的props配置。

props是propertys的缩写，顾名思义为属性，props定义的属性是供外部设置使用的，也可以将其称为外部属性。修改my-alert组件的定义如下：

【代码片段8-2】

```
const alertComponent = {
    data() {
        return {
            msg:"警告框提示",
            count:0
        }
    },
    methods:{
        click(){
            alert(this.msg + this.count++)
        }
    },
    props:["title"],
    template:'<div><button @click="click">{{title}}</button></div>'
}
```

props选项用来定义自定义组件内的外部属性，组件可以定义任意多个外部属性，在template模板中，可以用访问内部data属性一样的方式来访问定义的外部属性。在使用my-alert组件时，可以直接设置title属性来设置按钮的标题，代码如下：

```
<my-alert title="按钮1"></my-alert>
<my-alert title="按钮2"></my-alert>
```

运行后的页面效果如图8-2所示。

图 8-2 自定义组件属性

props也可以进行许多复杂的配置，例如类型检查、默认值等，后面的章节会更详细地介绍。

8.2.2 处理组件事件

在开发自定义的组件时，需要进行事件传递的场景并不少见。例如前面编写的my-alert组件，在使用该组件时，当用户单击按钮时会自动弹出系统的警告框，但更多时候，不同的项目使用的警告框风格可能并不一样，弹出警告框的逻辑也可能相差甚远，这样看来，my-alert组件的复用性非常差，不能满足各种定制化需求。

如果要对my-alert组件进行改造，可以尝试将其中按钮单击的时间传递给父组件处理，即传递给使用此组件的业务方处理。在Vue中，可以使用内建的$emit方法来传递事件，示例如下：

【代码片段8-3】

```
<div id="Application">
    <my-alert @myclick="appfunc" title="按钮1"></my-alert>
    <my-alert title="按钮2"></my-alert>
</div>
<script>
    const App = Vue.createApp({
        methods:{
            appfunc(){
                console.log('单击了自定义组件')
            }
        }
    })
    const alertComponent = {
        props:["title"],
        template:'<div><button
@click="$emit('myclick')">{{title}}</button></div>'
    }
    App.component("my-alert",alertComponent)
    App.mount("#Application")
</script>
```

修改后的代码将my-alert组件中按钮的单击事件定义为myclick事件进行传递，在使用此组件时，可以直接使用myclick这个事件名进行监听。$emit方法在传递事件时也可以传递一些参数，很多自定义组件都有状态，这时就可以将状态作为参数进行传递。示例代码如下：

【代码片段8-4】

```
<div id="Application">
    <my-alert @myclick="appfunc" title="按钮1"></my-alert>
    <my-alert @myclick="appfunc" title="按钮2"></my-alert>
</div>
<script>
    const App = Vue.createApp({
        methods:{
            appfunc(param){
                console.log('单击了自定义组件-'+param)
            }
        }
    })
    const alertComponent = {
        props:["title"],
        template:'<div><button @click="$emit('myclick',
title)">{{title}}</button></div>'
    }
    App.component("my-alert",alertComponent)
    App.mount("#Application")
</script>
```

运行代码，当单击按钮时，其会在控制台打印出当前按钮的标题，这个标题数据就是子组件传递事件时带给父组件的事件参数。如果在传递事件之前，子组件还有一些内部的逻辑需要处理，也可以在子组件中包装一个方法，在方法内调用$emit进行事件传递，示例代码如下：

【代码片段8-5】

```
<div id="Application">
    <my-alert @myclick="appfunc" title="按钮1"></my-alert>
    <my-alert @myclick="appfunc" title="按钮2"></my-alert>
</div>
<script>
    const App = Vue.createApp({
        methods:{
            appfunc(param){
                console.log('单击了自定义组件-'+param)
            }
        }
    })
    const alertComponent = {
        props:["title"],
        methods:{
            click(){
                console.log("组件内部的逻辑")
                this.$emit('myclick', this.title)
            }
        },
        template:'<div><button @click="click">{{title}}</button></div>'
    }
    App.component("my-alert",alertComponent)
```

```
    App.mount("#Application")
</script>
```

现在，可以灵活地通过事件的传递来使自定义组件的功能更加纯粹，好的开发模式是将组件内部的逻辑在组件内部处理掉，而需要调用方处理的业务逻辑属于组件外部的逻辑，将其传递到调用方处理。

8.2.3 在组件上使用 v-model 指令

还记得v-model指令吗？我们通常形象地将其称为Vue中的双向绑定指令，即对于可交互用户输入的相关元素来说，使用这个指令可以将数据的变化同步到元素上，同样，当元素输入的信息变化时，也会同步到对应的数据属性上。在编写自定义组件时，难免会使用到可进行用户输入的相关元素，如何对其输入的内容进行双向绑定呢？

首先，我们来复习一下v-model指令的使用，示例代码如下：

【代码片段8-6 源码见附件代码/第8章/2.component.html】

```
<div id="Application">
    <div>
        <input v-model="inputText" />
        <div>{{inputText}}</div>
        <button @click="this.inputText = ''">清空</button>
    </div>
</div>
<script>
    const App = Vue.createApp({
        data(){
            return {
                inputText:"" //双向绑定到输入框的属性
            }
        }
    })
    App.mount("#Application")
</script>
```

运行代码，之后在页面的输入框中输入文案，可以看到对应的div标签中的文案也会改变，同理，当我们单击“清空”按钮后，输入框和对应的div标签中的内容也会被清空，这就是v-model双向绑定指令提供的基础功能，如果不使用v-model指令，要实现相同的效果也不是不可能，示例代码如下：

【代码片段8-7 源码见附件代码/第8章/2.component.html】

```
<div id="Application">
    <div>
        <input :value="inputText" @input="action"/>
        <div>{{inputText}}</div>
        <button @click="this.inputText = ''">清空</button>
    </div>
</div>
```

```
<script>
    const App = Vue.createApp({
        data(){
            return {
                inputText:""
            }
        },
        methods:{
            action(event){
                this.inputText = event.target.value
            }
        }
    })
    App.mount("#Application")
</script>
```

修改后代码的运行效果与修改前完全一样，代码中先使用v-bind指令来控制输入框的内容，即当属性inputText改变后，v-bind指令会将其同步更新到输入框中，之后使用v-on:input指令来监听输入框的输入事件，当输入框的输入内容发生变化时，手动通过action函数更新inputText属性，这样就实现了双向绑定的效果。这也是v-model指令的基本工作原理。理解了这些，为自定义组件增加v-model支持就非常简单。示例代码如下：

【代码片段8-8 源码见附件代码/第8章/2.component.html】

```
<div id="Application">
    <my-input v-model="inputText"></my-input>
    <div>{{inputText}}</div>
    <button @click="this.inputText = ''">清空</button>
</div>
<script>
    const App = Vue.createApp({
        data(){
            return {
                inputText:""
            }
        },
    })
    const inputComponent = {
        props:["modelValue"],
        methods:{
            action(event){
                this.$emit('update:modelValue', event.target.value)
            }
        },
        template:'<div><span>输入框: </span><input :value="modelValue"
@input="action"/></div>'
    }
    App.component("my-input", inputComponent)
    App.mount("#Application")
</script>
```

运行上面的代码，你会发现v-model指令已经可以正常工作了。其实，所有支持v-model指令的组件中默认都会提供一个名为modelValue的属性（属性名称是固定的），而组件内部的内容发生变化后，向外传递的事件为update:modelValue（事件名称也是固定的），并且在事件传递时会将组件内容作为参数进行传递。因此，要让自定义组件能够使用v-model指令，只需要按照正确的规范来定义组件即可。

8.3 自定义组件的插槽

插槽是指HTML起始标签与结束标签中间的部分，通常在使用div标签时，其内部的插槽位置既可以放置要显示的文案，又可以嵌套放置其他标签。例如：

```
<div>文案部分</div>
<div>
  <button>按钮</button>
</div>
```

插槽的核心作用是将组件内部的元素抽离到外部实现，在进行自定义组件的设计时，良好的插槽逻辑可以使组件的使用更加灵活，对于开发容器类型的自定义组件来说，插槽就更加重要了，在定义容器类的组件时，开发者只需要将容器本身编写好，内部的内容都通过插槽来实现。

8.3.1 组件插槽的基本用法

首先，创建一个名为slot.html的文件，在其中编写如下核心示例代码。

【代码片段8-9 源码见附件代码/第8章/3.slot.html】

```
<body>
    <div id="Application">
        <my-container></my-container>
    </div>
    <script>
        const App = Vue.createApp({
        })
        const containerComponent = {
            template:'<div style="border-style:solid;border-color:red;
border-width:10px"></div>'
        }
        App.component("my-container", containerComponent)
        App.mount("#Application")
    </script>
</body>
```

上面的代码中，定义了一个名为my-container的容器组件，这个容器本身非常简单，只是添加了红色的边框，直接尝试向容器组件内部添加子元素是不可行的，例如：

```
<my-container>组件内部</my-container>
```

运行代码，你会发现组件中并没有任何文本被渲染，要让自定义组件支持插槽，需要使用slot标签来指定插槽的位置，修改组件模板如下。

【源码见附件代码/第8章/3.slot.html】

```
    const containerComponent = {
        template:'<div style="border-style:solid;border-color:red;
border-width:10px">
                <slot></slot>
            </div>'
    }
```

再次运行代码，可以看到my-container标签内部的内容已经被添加到了自定义组件的插槽位置，如图8-3所示。

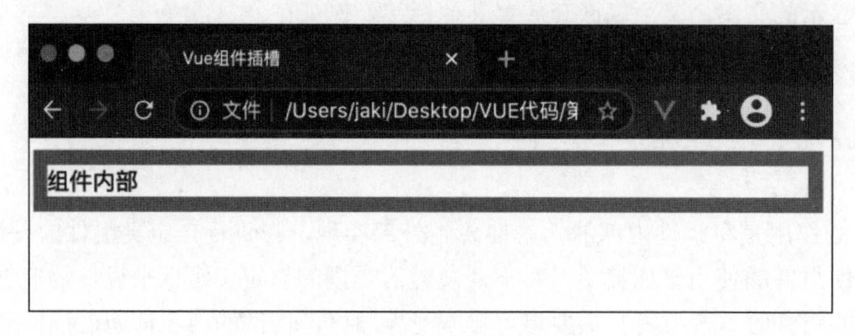

图 8-3　自定义组件的插槽

虽然上面的示例代码中只是使用文本作为插槽的内容，实际上插槽中也支持任意的标签内容或其他组件。

对于支持插槽的组件来说，也可以为插槽添加默认的内容，这样当组件在使用时，如果没有设置插槽内容，就会自动渲染默认的内容，示例如下：

【源码见附件代码/第8章/3.slot.html】

```
    <div id="Application">
        <my-container></my-container>
    </div>
    <script>
        const App = Vue.createApp({
        })
        const containerComponent = {
            template:'<div style="border-style:solid;border-color:red;
border-width:10px">
                    <slot>插槽的默认内容</slot>
                </div>'
        }
        App.component("my-container", containerComponent)
        App.mount("#Application")
    </script>
```

注意，一旦组件在使用时设置了插槽的内容，默认的内容就不会再被渲染。

8.3.2 多具名插槽的用法

具名插槽是指为插槽设置一个具体的名称，在使用组件时，可以通过插槽的名称来设置插槽的内容。由于具名插槽可以非常明确地指定插槽内容的位置，因此当一个组件要支持多个插槽时，通常需要使用具名插槽。

例如要编写一个容器组件，此组件由头部元素、主元素和尾部元素组成，此组件就需要有3个插槽，具名插槽的用法示例如下：

【代码片段8-10 源码见附件代码/第8章/3.slot.html】

```
<div id="Application">
    <my-container2>
        <template v-slot:header>
            <h1>这里是头部元素</h1>
        </template>
        <template v-slot:main>
            <p>内容部分</p>
            <p>内容部分</p>
        </template>
        <template v-slot:footer>
            <p>这里是尾部元素</p>
        </template>
    </my-container2>
</div>
<script>
    const App = Vue.createApp({
    })
    const container2Component = {
        template:'<div>
                <slot name="header"></slot>
                <hr/>
                <slot name="main"></slot>
                <hr/>
                <slot name="footer"></slot>
            </div>'
    }
    App.component("my-container2", container2Component)
    App.mount("#Application")
</script>
```

如以上代码所示，在组件内部定义slot插槽时，可以使用name属性来为其设置具体的名称，需要注意的是，在使用此组件时，要使用template标签来包装插槽内容，对于template标签，通过v-slot来指定与其对应的插槽位置。页面渲染效果如图8-4所示。

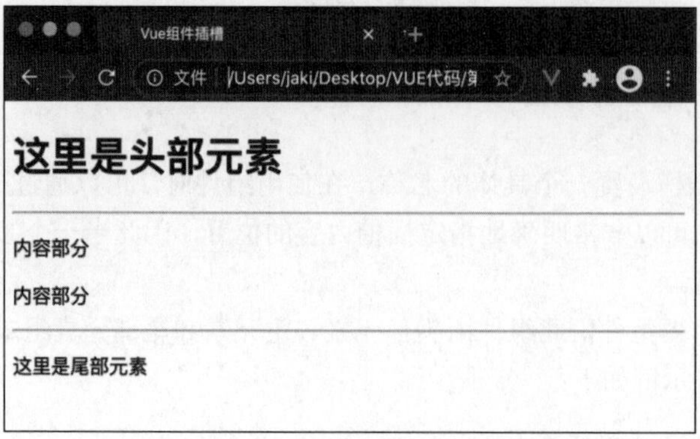

图 8-4　多具名插槽的应用

在Vue中，很多指令都有缩写形式，具名插槽同样有缩写形式，可以使用符号#来代替“v-slot:”，上面的示例代码修改如下依然可以正常运行：

【源码见附件代码/第8章/3.slot.html】

```
<my-container2>
    <template #header>
        <h1>这里是头部元素</h1>
    </template>
    <template #main>
        <p>内容部分</p>
        <p>内容部分</p>
    </template>
    <template #footer>
        <p>这里是尾部元素</p>
    </template>
</my-container2>
```

8.4　动态组件的简单应用

动态组件是Vue开发中经常会使用的一种高级功能，有时候页面中某个位置要渲染的组件并不是固定的，可能会根据用户的操作而渲染不同的组件，这时就需要使用动态组件。

以下我们来看一个简单的动态组件使用场景。

还记得在前面的章节中使用过的radio单选框组件吗，当用户选择不同的选项后，切换页面渲染的组件是很常见的需求，使用动态组件非常方便处理这种场景。

首先，新建一个名为dynamic.html的测试文件，首先编写如下示例代码：

【代码片段8-11　源码见附件代码/第8章/4.dynamic.html】

```
<div id="Application">
    <input type="radio" value="page1" v-model="page"/>页面1
    <input type="radio" value="page2" v-model="page"/>页面2
    <div>{{page}}</div>
</div>
```

```
<script>
    const App = Vue.createApp({
        data(){
            return {
                page:"page1"
            }
        },
    })
    App.mount("#Application")
</script>
```

运行上面的代码后，会在页面中渲染出一组单选框，当用户切换选项后，其div标签中渲染的文案会对应修改，在实际应用中并不只是修改div标签中的文本这样简单，更多情况下会采用更换组件的方式进行内容的切换。

定义两个Vue组件如下：

【代码片段8-12 源码见附件代码/第8章/4.dynamic.html】

```
const App = Vue.createApp({
    data(){
        return {
            page:"page1"
        }
    }
})
const page1 = {
    template:'<div style="color:red">
            页面组件1
        </div>'
}
const page2 = {
    template:'<div style="color:blue">
            页面组件2
        </div>'
}
App.component("page1", page1)
App.component("page2", page2)
App.mount("#Application")
```

page1组件和page2组件本身非常简单，使用不同的颜色显示简单文案。现在我们要将页面中的div元素替换为动态组件，示例代码如下：

【源码见附件代码/第8章/4.dynamic.html】

```
<div id="Application">
    <input type="radio" value="page1" v-model="page"/>页面1
    <input type="radio" value="page2" v-model="page"/>页面2
    <component :is="page"></component>
</div>
```

component是一个特殊的标签，其通过is属性来指定要渲染的组件名称，如以上代码所示，随着Vue应用中page属性的变化，component所渲染的组件也会动态变化，效果如图8-5所示。

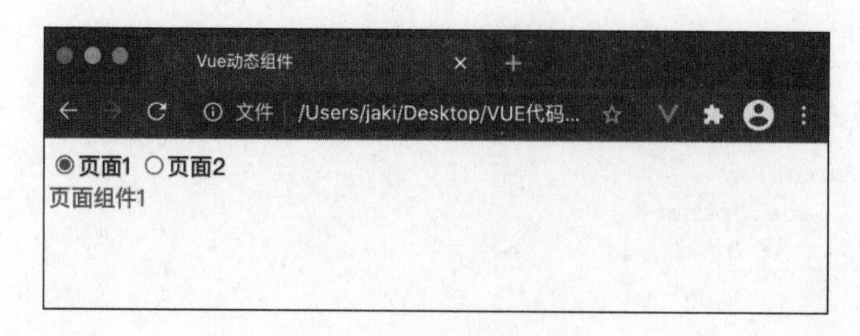

图 8-5　动态组件的应用

到目前为止，使用component方法定义的组件都是全局组件，对于小型项目来说，这种开发方式非常方便，但是对于大型项目来说，缺点也很明显。首先全局定义的模板命名不能重复，大型项目中可能会使用非常多的组件，维护困难。在定义全局组件的时候，组件内容是通过字符串格式的HTML模板定义的，在编写时对开发者来说不太友好，并且全局版本定义中不支持使用内部的CSS样式。这些问题都可以通过单文件组件技术解决。后面的进阶章节会对使用Vue开发商业级项目做更多详细的介绍。

8.5　实战：开发一款小巧的开关按钮组件

本节尝试编写一款小巧美观的开关组件。开关组件需要满足一定的定制化需求，例如开关的样式、背景色、边框颜色等。当用户对开关组件的开关状态进行切换时，需要将事件同步传递到父组件中。

通过本章内容的学习，相信读者完成此组件游刃有余。首先，新建一个名为switch.html的测试文件，在其中编写基础的文档结构，示例如下：

【源码见附件代码/第8章/5.switch.html】

```
<!DOCTYPE html>
<html lang="en">
<head>
    <meta charset="UTF-8">
    <meta http-equiv="X-UA-Compatible" content="IE=edge">
    <meta name="viewport" content="width=device-width, initial-scale=1.0">
    <title>Vue开关组件</title>
    <!-- 需要注意，CDN地址可能会变化 -->
    <script src="https://unpkg.com/vue@3/dist/vue.global.js"></script></head>
<body>
</body>
</html>
```

根据需求，先来编写JavaScript组件代码，由于开关组件有一定的可定制性，因此可以将按钮颜色、开关风格、边框颜色、背景色等属性设置为外部属性。此开关组件也是可交互的，因此需要使用一个内部状态属性来控制开关的状态，示例代码如下：

【代码片段8-13 源码见附件代码/第8章/5.switch.html】

```
const switchComponent = {
    //定义的外部属性
    props:["switchStyle", "borderColor", "backgroundColor", "color"],
    //内部属性，控制开关状态
    data() {
        return {
            isOpen:false,
            left:'0px'
        }
    },
    //通过计算属性来设置CSS样式
    computed: {
        cssStyleBG:{
            get() {
                if (this.switchStyle == "mini") {
                    return 'position: relative; border-color: ${this.borderColor};
border-width: 2px; border-style: solid;width:55px; height: 30px;border-radius: 30px;
background-color: ${this.isOpen ? this.backgroundColor:'white'};'
                } else {
                    return 'position: relative; border-color: ${this.borderColor};
border-width: 2px; border-style: solid;width:55px; height: 30px;border-radius: 10px;
background-color: ${this.isOpen ? this.backgroundColor:'white'};'
                }
            }
        },
        cssStyleBtn:{
            get() {
                if (this.switchStyle == "mini") {
                    return 'position: absolute; width: 30px; height: 30px;
left:${this.left}; border-radius: 50%; background-color: ${this.color};'
                } else {
                    return 'position: absolute; width: 30px; height: 30px;
left:${this.left}; border-radius: 8px; background-color: ${this.color};'
                }
            }
        }
    },
    //组件状态切换方法
    methods: {
        click() {
            this.isOpen = !this.isOpen
            this.left = this.isOpen ? '25px' : '0px'
            this.$emit('switchChange', this.isOpen)
        }
    },
    template:'
        <div :style="cssStyleBG" @click="click">
            <div :style="cssStyleBtn"></div>
        </div>
    '
}
```

完成组件的定义后，可以创建一个Vue应用来演示组件的使用，代码如下：

【源码见附件代码/第8章/5.switch.html】

```
const App = Vue.createApp({
    data(){
        return {
            state1:"关",              //第1个开关的状态描述
            state2:"关"               //第2个开关的状态描述
        }
    },
    methods:{                         //切换开关状态的方法
        change1(isOpen){
            this.state1 = isOpen ? "开" : "关"
        },
        change2(isOpen){
            this.state2 = isOpen ? "开" : "关"
        },
    }
})
App.component("my-switch", switchComponent)
App.mount("#Application")
```

在HTML文档中定义两个my-switch组件，代码如下：

【源码见附件代码/第8章/5.switch.html】

```
<div id="Application">
    <my-switch @switch-change="change1" switch-style="mini"
background-color="green" border-color="green" color="blue"></my-switch>
    <div>开关状态:{{state1}}</div>
    <br/>
    <my-switch @switch-change="change2" switch-style="normal"
background-color="blue" border-color="blue" color="red"></my-switch>
    <div>开关状态:{{state2}}</div>
</div>
```

如以上代码所示，在页面上创建了两个自定义开关组件，两个组件的样式风格根据外部设置的差异略有不同，并且我们将div元素展示的文案与开关组件的开关状态进行了绑定，注意，在定义组件时，外部属性采用的命名规则是带小写字母的驼峰式的，但是在HTML标签中使用时，需要改成以“-”符号位分割的驼峰命名法。运行代码，尝试切换页面上开关的状态，效果如图8-6所示。

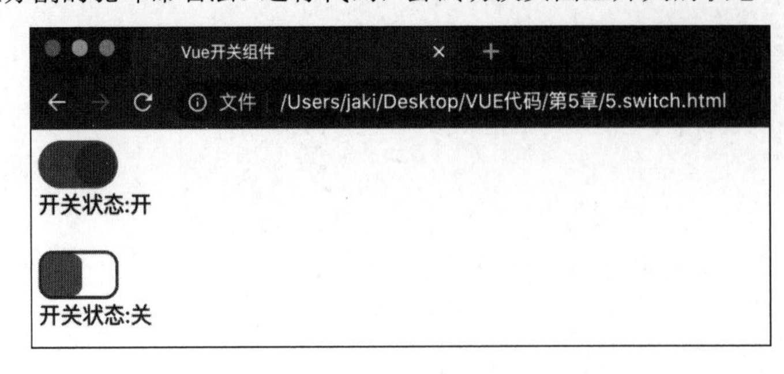

图 8-6　自定义开关组件

8.6 本章小结

本章介绍了Vue中组件的相关基础概念，并学习了如何自定义组件。在Vue项目开发中，使用组件可以使开发过程更加高效。下面给出一些思考题，通过这些题目回顾一下本章所学的内容。

（1）如何理解Vue中的组件？

提示 组件使得HTML元素进行了模板化，使得HTML代码拥有更强的复用性。同时，通过外部属性，组件可以根据需求灵活地进行定制，灵活性强。在实际开发中，运用组件可以提高开发效率，同时使得代码更加结构化，更易维护。

（2）在Vue中，什么是根组件，如何定义？

提示 根组件是直接挂载在Vue应用上的组件，可以从外部属性、内部属性、方法传递等方面进行思考。

（3）什么是组件插槽技术，它有什么实际应用？

提示 组件插槽是指在组件内部预定义一些插槽点，在调用组件时，外部可以通过HTML嵌套的方式来设置插槽点的内容。在实际应用中，编写容器类组件时离不开组件插槽，其将某些依赖外部的内容交由使用方自己处理，使得组件的职责更加清晰。

第 9 章 组件进阶

在前面的章节中，我们对组件已经有了基础的认识，也能够使用 Vue 的组件功能来编写一些简单独立的页面模块。在实际开发中，能够对组件进行简单的应用还远远不够，还需要理解组件渲染更深层的原理，这有助于我们在开发中更加灵活地使用组件功能。

本章将介绍组件的生命周期、注册方式以及更多高级功能。通过本章的学习，你将对Vue 组件系统有更加深入的理解。

通过本章，你将学习到：

- 组件的生命周期。
- 应用的全局配置。
- 组件属性的高级用法。
- 组件Mixin技术。
- 自定义指令的应用。
- Vue 3的Teleport新特性的应用。

9.1 组件的生命周期与高级配置

组件在被创建出来到渲染完成会经历一系列过程，同样组件的销毁也会经历一系列过程，组件从创建到销毁的这一系列过程被称为组件的生命周期。在Vue中，组件生命周期的节点会被定义为一系列的方法，这些方法称为生命周期钩子方法。有了这些生命周期方法，我们可以在合适的时机来完成合适的工作。例如在组件挂载前准备组件所需要的数据，当组件销毁时清除某些残留数据等。

Vue中也提供了许多对组件进行配置的高级API接口，包括对应用或组件进行全局配置的API功能接口以及组件内部相关的高级配置项。

9.1.1 生命周期方法

首先，我们通过一个简单的示例来直观地感受一下组件生命周期方法的调用时机。新建一个名为life.html的测试文件，编写如下测试代码：

【代码片段9-1 源码见附件代码/第9章/1.life.html】

```
<!DOCTYPE html>
<html lang="en">
<head>
    <meta charset="UTF-8">
    <meta http-equiv="X-UA-Compatible" content="IE=edge">
    <meta name="viewport" content="width=device-width, initial-scale=1.0">
    <title>Vue组件生命周期</title>
    <!-- 需要注意，CDN地址可能会变化 -->
    <script src="https://unpkg.com/vue@3/dist/vue.global.js"></script>
</head>
<body>
    <div id="Application">
    </div>
    <script>
        const root = {
            beforeCreate () {
                console.log("组件创建前")
            },
            created () {
                console.log("组件创建完成")
            },
            beforeMount () {
                console.log("组件挂载前")
            },
            mounted () {
                console.log("组件挂载完成")
            },
            beforeUpdate () {
                console.log("组件更新前")
            },
            updated () {
                console.log("组件更新完成")
            },
            activated () {
                console.log("被缓存的组件激活时调用")
            },
            deactivated () {
                console.log("被缓存的组件停用时调用")
            },
            beforeUnmount() {
                console.log("组件被卸载前调用")
            },
            unmounted() {
```

```
                console.log("组件被卸载后调用")
            },
            errorCaptured(error, instance, info) {
                console.log("捕获到来自子组件的异常时调用")
            },
            renderTracked(event) {
                console.log("虚拟DOM重新渲染时调用")
            },
            renderTriggered(event) {
                console.log("虚拟DOM被触发渲染时调用")
            }
        }
        const App = Vue.createApp(root)
        App.mount("#Application")
    </script>
</body>
</html>
```

如以上代码所示，每个方法中都使用打印输出标明了其调用的时机。运行代码，控制台将输出如下信息：

```
组件创建前
组件创建完成
组件挂载前
组件挂载完成
```

从控制台打印的信息可以看到，本次页面渲染过程中只执行了4个组件的生命周期方法，这是由于使用的是Vue根组件，页面渲染的过程中只执行了组件的创建和挂载过程，并没有执行卸载过程。如果某个组件是通过v-if指令来控制其渲染的，则当其渲染状态切换时，组件会交替地进行挂载和卸载动作，示例代码如下：

【源码见附件代码/第9章/1.life.html】

```
<div id="Application">
    <sub-com v-if="show"></sub-com>
    <button @click="changeShow">测试</button>
</div>
<script>
    const sub = {
        beforeCreate () {
            console.log("组件创建前")
        },
        created () {
            console.log("组件创建完成")
        },
        beforeMount () {
            console.log("组件挂载前")
        },
        mounted () {
            console.log("组件挂载完成")
        },
        beforeUnmount() {
```

```
            console.log("组件被卸载前调用")
        },
        unmounted() {
            console.log("组件被卸载后调用")
        }
    }
    const App = Vue.createApp({
        data(){
            return {
                show:false //使用此变量控制组件的显示
            }
        },
        methods: {
              //切换组件的显示/隐藏
            changeShow(){
                this.show = !this.show
            }
        }
    })
    App.component("sub-com", sub)
    App.mount("#Application")
</script>
```

在上面列举的生命周期方法中，还有4个方法非常常用，分别是renderTriggered、renderTracked、beforeUpdate和updated方法。当组件中的HTML元素发生渲染或更新时，会调用这些方法，示例如下：

【源码见附件代码/第9章/1.life.html】

```
<div id="Application">
    <sub-com>
        {{content}}
    </sub-com>
    <button @click="change">测试</button>
</div>
<script>
    const sub = {
        beforeUpdate () {
            console.log("组件更新前")
        },
        updated () {
            console.log("组件更新完成")
        },
        renderTracked(event) {
            console.log("虚拟DOM重新渲染时调用")
        },
        renderTriggered(event) {
            console.log("虚拟DOM被触发渲染时调用")
        },
        template:'
            <div>
                <slot></slot>
```

```
            </div>
        `
    }
    const App = Vue.createApp({
        data(){
            return {
                content:0                    //组件插槽显示的内容
            }
        },
        methods: {
            change(){
                this.content += 1          //计数自增
            }
        }
    })
    App.component("sub-com", sub)
    App.mount("#Application")
</script>
```

运行上面的代码，当单击页面中的按钮时，页面显示的计数会自增，同时控制台打印信息如下：

```
虚拟DOM被触发渲染时调用
组件更新前
虚拟DOM重新渲染时调用
组件更新完成
```

通过测试代码的实践，我们对Vue组件的生命周期已经有了直观的认识，对各个生命周期函数的调用时机与顺序也有了初步的了解，这些生命周期钩子可以帮助我们在开发中更有效地组织和管理数据。

9.1.2 应用的全局配置选项

当调用Vue.createApp方法后，会创建一个Vue应用实例，对于此应用实例，其内部封装了一个config对象，我们可以通过这个对象的一些全局选项来对其进行配置。常用的配置项有异常与警告捕获配置和全局属性配置。

在Vue应用运行过程中，难免会有异常和警告产生，可以定义自定义函数来对抛出的异常和警告进行处理。示例如下：

【代码片段9-2 源码见附件代码/第9章/2.app.html】

```
const App = Vue.createApp({})
App.config.errorHandler = (err, vm, info) => {
    //捕获运行中产生的异常
    //err参数是错误对象，info为具体的错误信息
}
App.config.warnHandler = (msg, vm, trace) => {
    //捕获运行中产生的警告
    //msg是警告信息，trace是组件的关系回溯
}
```

之前，我们在使用组件时，组件内部使用到的数据要么是组件内部自己定义的，要么是通过外部属性从父组件传递进来的，在实际开发中，有些数据可能是全局的，例如应用名称、应用版本信息等，为了方便在任意组件中使用这些全局数据，可以通过globalProperties全局属性对象进行配置，示例如下：

【代码片段9-3 源码见附件代码/第9章/2.app.html】

```
const App = Vue.createApp({})
//配置全局数据
App.config.globalProperties = {
    version:"1.0.0"
}
const sub = {
    mounted () {
        //在任意组件的任意地方都可以通过this直接访问全局数据
        console.log(this.version)
    }
}
```

9.1.3 组件的注册方式

组件的注册方式分为全局注册与局部注册两种。直接使用应用实例的component方法注册的组件都是全局组件，即可以在应用的任何地方使用这些组件，包括其他组件内部，示例如下：

【代码片段9-4 源码见附件代码/第9章/3.com.html】

```
<div id="Application">
    <comp1></comp1>
</div>
<script>
    const App = Vue.createApp({})
    const comp1 = {
        template:'
            <div>
                组件1
                <comp2></comp2>
            </div>
        '
    }
    const comp2 = {
        template:'
            <div>
                组件2
            </div>
        '
    }
    //全局注册comp1组件
    App.component("comp1", comp1)
    //全局注册comp2组件
    App.component("comp2", comp2)
```

```
    App.mount("#Application")
</script>
```

如以上代码所示，在comp2组件中可以直接使用comp1组件，全局注册组件虽然用起来很方便，但很多时候其并不是最佳的编程方式。一个复杂的组件内部可能由许多子组件组成，这些子组件本身是不需要暴露到父组件外面的，这时使用全局注册的方式注册组件会污染应用的全局环境，更理想的方式是使用局部注册的方式注册组件，示例如下：

【代码片段9-5 源码见附件代码/第9章/3.com.html】

```
<div id="Application">
    <comp1></comp1>
</div>
<script>
    const App = Vue.createApp({})
    const comp2 = {
        template:'
            <div>
                组件2
            </div>
        '
    }
    const comp1 = {
        components:{ //在comp1组件内部局部注册comp2组件
            'comp2':comp2
        },
        template:'
            <div>
                组件1
                <comp2></comp2>
            </div>
        '
    }
    App.component("comp1", comp1)
    App.mount("#Application")
</script>
```

如以上代码所示，comp2组件只能够在comp1组件内部使用。

9.2 组件props属性的高级用法

使用props方便向组件传递数据。从功能上讲，props也可以称为组件的外部属性，props的传参不同，可以使组件有很强的灵活性和扩展性。

9.2.1 对 props 属性进行验证

JavaScript是一种非常灵活、非常自由的编程语言。在JavaScript中定义函数时无须指定参数的类型，对于开发者来说，这种编程风格虽然十分方便，但却不是特别安全。这也是之后我们选择使用TypeScript来作为主要开发语言的原因。以Vue组件为例，某个自定义组件需要使用props进行外部传值，如果其要接收的参数为一个数值，但是最终调用方传递了一个字符串类型的数据，则组件内部难免会出现错误。Vue在定义组件的props时，可以通过添加约束的方式对其类型、默认值、是否选填等进行配置。

新建一个名为props.html的测试文件，在其中编写如下核心代码：

【代码片段9-6 源码见附件代码/第9章/4.props.html】

```
<div id="Application">
    <comp1 :count="5"></comp1>
</div>
<script>
    const App = Vue.createApp({})
    const comp1 = {
        props:["count"],                    //外部属性
        data(){
            return {
                thisCount:0                 //内部属性
            }
        },
        methods:{
            click(){
                this.thisCount += 1         //单击后，内部属性thisCount自增
            }
        },
        computed: {
            innerCount:{
                get(){
                        //页面显示的值为内部属性thisCount和外部属性count的和
                    return this.count + this.thisCount
                }
            }
        },
        template:'
            <button @click="click">单击</button>
            <div>计数:{{innerCount}}</div>
        '
    }
    App.component("comp1", comp1)
    App.mount("#Application")
</script>
```

上面的代码定义了一个名为count的外部属性，这个属性在组件内实际上的作用是控制组件计数的初始值。注意，在外部传递数值类型的数据到组件内部时，必须使用v-bind指令的方式进行传递，直接使用HTML属性设置的方式传递会将传递的数据作为字符串传递（而不是JavaScript表达式）。例如下面的组件使用方式，最终页面渲染的计数结果将不是预期的：

```
<comp1 count="5"></comp1>
```

虽然count属性的作用是作为组件内部计数的初始值，但是调用方不一定会理解组件内部的逻辑，调用此组件时极有可能会传递非数值类型的数据，例如：

```
<comp1 :count="{}"></comp1>
```

页面的渲染效果如图9-1所示。

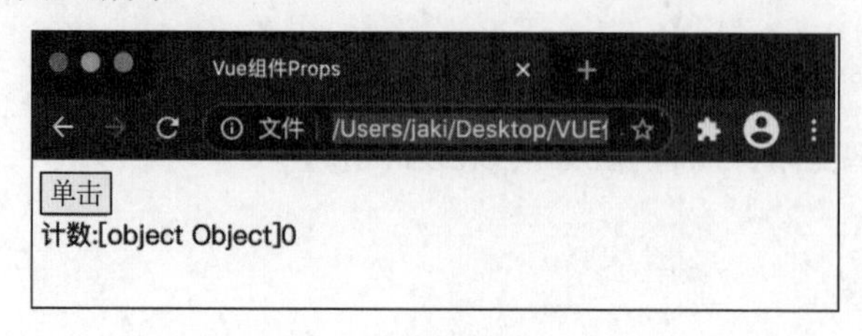

图 9-1　组件渲染示例

可以看到，其渲染结果并不是正常的。在Vue中，为了避免这种预期之外的情况产生，可以对定义的props进行约束来显式地指定其类型。当将组件的props配置项配置为列表时，其表示当前定义的属性没有任何约束控制，如果将其配置为对象，则可以进行更多约束设置。修改上面代码中props的定义如下：

```
props:{
    count:{
        //定义此属性的类型为数值类型
        type: Number,
        //设置此属性是否必传
        required: false,
        //设置默认值
        default: 10
    }
}
```

此时，在调用此组件时，如果设置count属性的值不符合要求，则控制台会有警告信息输出，例如，如果count设置的值不是数值类型，则会抛出如下警告：

```
[Vue warn]: Invalid prop: type check failed for prop "count". Expected Number with value NaN, got Object
```

在实际开发中，建议所有的props都采用对象的方式定义，显式地设置其类型、默认值等，这样不仅可以使组件在调用时更加安全，也侧面为开发者提供了组件的参数使用文档。

如果只需要指定属性的类型，而不需要做更加复杂的性质指定，可以使用如下方式定义：

```
props:{
    //数值类型
    count:Number,
    //字符串类型
    count2:String,
    //布尔值类型
    count3:Boolean,
    //数组类型
    count4:Array,
    //对象类型
```

```
    count5:Object,
    //函数类型
    count6:Function
}
```

如果一个属性可能是多种类型，可以如下定义：

```
props:{
    //指定属性类型为字符串或数值
    param:[String, Number]
}
```

在对属性的默认值进行配置时，如果默认值的获取方式比较复杂，也可以将其定义为函数，函数执行的结果会被作为当前属性的默认值，示例如下：

```
props:{
    count: {
        default:function() {
            return 10
        }
    }
}
```

Vue中props的定义也支持进行自定义的验证，以上面的代码为例，假设组件内需要接收的count属性的值必须大于数值10，则可通过自定义验证函数实现：

【代码片段9-7 源码见附件代码/第9章/4.props.html】

```
props:{
    count: {
        validator: function(value) { //自定义的验证函数
              //外部传入的count值的类型必须是数值类型，且必须大于10
            if (typeof(value) != 'number' || value <= 10) {
                return false
            }
            return true
        }
    }
}
```

当组件的count属性被赋值时，会自动调用验证函数进行验证，如果验证函数返回true，则表明此赋值是有效的，如果验证函数返回false，则控制台会输出异常信息。

提示 其实，Vue之所以提供对外部属性的约束能力，就是为了弥补JavaScript语言对类型检查这方面功能的缺失。如果使用的是TypeScript语言，对于简单的类型来说，就不需要使用Vue提供的属性约束能力了。

9.2.2 props 的只读性质

你可能已经发现了，对于组件内部来说，props是只读的。也就是说，不能在组件的内部修改props属性的值，可以尝试运行如下代码：

```
props:{
    count: {
        validator: function(value) {
            if (typeof(value) != 'number' || value <= 10) {
                return false
            }
            return true
        }
    }
},
methods:{
    click(){
        this.count += 1  //尝试修改外部属性的值是无效的
    }
}
```

当click函数被触发时，页面上的计数并没有改变，并且控制台会抛出Vue警告信息。

props的这种只读性能是Vue单向数据流特性的一种体现。所有的外部属性props都只允许父组件的数据流动到子组件中，子组件的数据则不允许流向父组件。因此，在组件内部修改props的值是无效的，以计数器页面为例，如果定义的props的作用只是设置组件某些属性的初始值，完全可以使用计算属性来进行桥接，也可以将外部属性的初始值映射到组件的内部属性上，示例如下：

【源码见附件代码/第9章/4.props.html】

```
props:{
    count: {
        validator: function(value) {
            if (typeof(value) != 'number' || value <= 10) {
                return false
            }
            return true
        }
    }
},
data(){
    return {
        thisCount:this.count //直接将外部属性的值作为内部属性的初始值
    }
}
```

9.2.3 组件数据注入

数据注入是一种便捷的组件间数据传递方式。一般情况下，当父组件需要传递数据到子组件时，我们会使用props，但是当组件的嵌套层级很多，子组件需要使用多层之外的父组件的数据就非常麻烦了，数据需要一层一层地进行传递。

新建一个名为provide.html的测试文件，在其中编写如下核心示例代码：

【代码片段9-8 源码见附件代码/第9章/5.provide.html】

```
<div id="Application">
```

```
    <!-- 自定义的列表组件 -->
    <my-list :count="5">
    </my-list>
</div>
<script>
    const App = Vue.createApp({})
    const listCom = {
        props:{
            count: Number
        },
        template:'
            <div style="border:red solid 10px;">
                <my-item v-for="i in
this.count" :list-count="this.count" :index="i"></my-item>
            </div>
        '
    }
    const itemCom = {
        props: {
            listCount:Number,
            index:Number
        },
        template:'
            <div style="border:blue solid 10px;"><my-label :list-count=
"this.listCount" :index="this.index"></my-label></div>
        '
    }
    const labelCom = {
        props: {
            listCount:Number,
            index:Number
        },
        template:'
            <div>{{index}}/{{this.listCount}}</div>
        '
    }
    App.component("my-list", listCom)
    App.component("my-item", itemCom)
    App.component("my-label", labelCom)
    App.mount("#Application")
</script>
```

上面的代码中，我们创建了3个自定义组件，my-list组件用来创建一个列表视图，其中每一行的元素为my-item组件，my-item组件中又使用了my-label组件进行文本显示。列表中每一行会渲染出当前的行数以及总行数，运行上面的代码，页面效果如图9-2所示。

上面的代码运行本身没有什么问题，烦琐的地方在于my-label组件中需要使用my-list组件中的count属性，要通过my-item组件数据才能顺利传递。随着组件的嵌套层数增多，数据的传递将越来越复杂。对于这种场景，可以使用数据注入的方式来跨层级进行数据传递。

所谓数据注入，是指父组件可以向其所有子组件提供数据，不论在层级结构上此子组件的层级有多深。以上面的代码为例，my-label组件可以跳过my-item组件直接使用my-list组件中提供的数据。

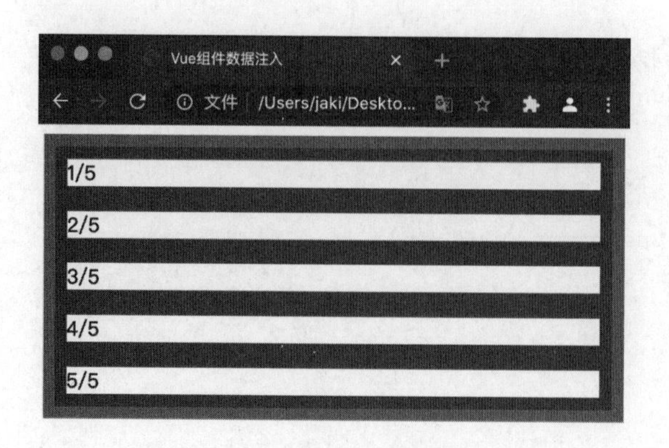

图 9-2 自定义列表组件

实现数据注入需要使用组件的provide与inject两个配置项，提供数据的父组件需要设置provide配置项来提供数据，子组件需要设置inject配置项来获取数据。修改上面的代码如下：

【代码片段9-9 源码见附件代码/第9章/5.provide.html】

```
    const listCom = {
        props:{
            count: Number
        },
        provide(){ //provide配置项设置要注入的数据
            return {
                listCount:this.count
            }
        },
        template:`
            <div style="border:red solid 10px;">
                <my-item v-for="i in this.count" :index="i"></my-item>
            </div>
        `
    }
    const itemCom = {
        props: {
            index:Number
        },
        template:`
            <div style="border:blue solid
10px;"><my-label :index="this.index"></my-label></div>
        `
    }
    const labelCom = {
        props: {
            index:Number
        },
        inject:['listCount'], //inject配置项设置要获取的数据，必须是父组件注入的
        template:`
            <div>{{index}}/{{this.listCount}}</div>
        `
    }
```

运行代码，程序依然可以很好地运行，使用数据注入的方式传递数据时，父组件不需要了解哪些子组件要使用这些数据，同样子组件也无须关心所使用的数据来自哪里。一定程度上说，这使代码的可控性降低了。因此，在实际开发中，要根据场景来决定使用哪种方式来传递数据，而不是滥用注入技术。

提示 注入技术的本质是一种进行跨组件数据通信的方法。

9.3 组件Mixin技术

使用组件开发的一大优势在于可以提高代码的复用性。通过Mixin技术，组件的复用性可以得到进一步的提高。

9.3.1 使用 Mixin 来定义组件

当我们开发大型前端项目时，可能会定义非常多的组件，这些组件中可能有某部分功能是通用的，对于这部分通用的功能，如果每个组件都编写一遍会非常烦琐，而且不易于之后的维护。这时就可以使用Mixin技术。首先，新建一个名为mixin.html的测试文件。我们编写3个简单的示例组件，核心代码如下。

【代码片段9-10 源码见附件代码/第9章/6.mixin.html】

```
<div id="Application">
    <my-com1 title="组件1"></my-com1>
    <my-com2 title="组件2"></my-com2>
    <my-com3 title="组件3"></my-com3>
</div>
<script>
    const App = Vue.createApp({})
    const com1 = {
        props:['title'],
        template:`
            <div style="border:red solid 2px;">
                {{title}}
            </div>
        `
    }
    const com2 = {
        props:['title'],
        template:`
            <div style="border:blue solid 2px;">
                {{title}}
            </div>
        `
    }
    const com3 = {
```

```
        props:['title'],
        template:'
            <div style="border:green solid 2px;">
                {{title}}
            </div>
        '
    }
    App.component("my-com1", com1)
    App.component("my-com2", com2)
    App.component("my-com3", com3)
    App.mount("#Application")
</script>
```

运行上面的代码，效果如图9-3所示。

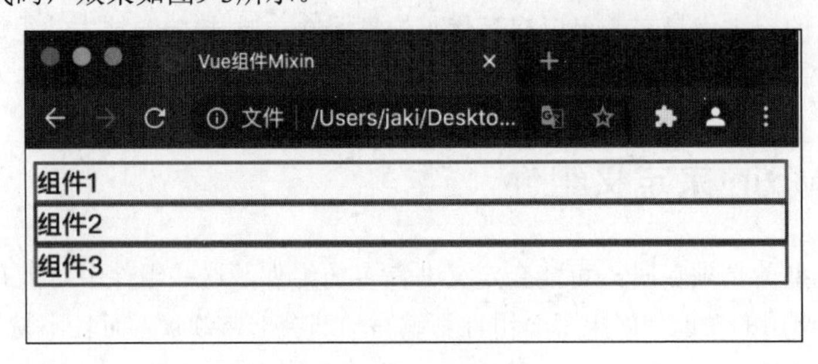

图 9-3　组件示意图

上面的代码中，定义的3个示例组件中每个组件都定义了一个名为title的外部属性，这部分代码其实可以抽离出来作为独立的“功能模块”，需要此功能的组件只需要“混入”此功能模块即可。示例代码如下：

【代码片段9-11　源码见附件代码/第9章/6.mixin.html】

```
const App = Vue.createApp({})
//定义通用的模块
const myMixin = {
    props:['title']
}
const com1 = {
    //使用myMixin通用模块
    mixins:[myMixin],
    template:'
        <div style="border:red solid 2px;">
            {{title}}
        </div>
    '
}
const com2 = {
    //使用myMixin通用模块
    mixins:[myMixin],
    template:'
        <div style="border:blue solid 2px;">
            {{title}}
```

```
            </div>
        '
    }
    const com3 = {
        //使用myMixin通用模块
        mixins:[myMixin],
        template:'
            <div style="border:green solid 2px;">
                {{title}}
            </div>
        '
    }
```

如以上代码所示，可以定义一个混入对象，混入对象中可以包含任意的组件定义选项，当此对象被混入组件时，组件会将混入对象中提供的选项引入当前组件内部。这类似于TypeScript语言中的“继承”语法。

9.3.2 Mixin 选项的合并

当混入对象与组件中定义了相同的选项时，Vue可以非常智能地对这些选项进行合并。不冲突的配置将完整合并，冲突的配置会以组件中自己的配置为准，示例如下：

【代码片段9-12 源码见附件代码/第9章/6.mixin.html】

```
const myMixin = {
    data() {
        return {
            a:"a",
            b:"b",
            c:"c"
        }
    }
}
const com = {
    mixins:[myMixin],
    data(){
        return {
            d:"d"
        }
    },
    //组件被创建后会调用，用来测试混入的数据情况
    created() {
        //a、b、c、d都存在
        console.log(this.$data)
    }
}
```

上面的代码中，混入对象中定义了组件的属性数据，包含a、b和c共3个属性，组件本身定义了d属性，最终组件在使用时，其内部的属性会包含a、b、c和d。如果属性的定义有冲突，则会以组件内部定义的为准，示例如下：

【代码片段9-13 源码见附件代码/第9章/6.mixin.html】

```
const myMixin = {
    props:["title"],
    data() {
        return {
            a:"a",
            b:"b",
            c:"c"
        }
    }
}
const com = {
    mixins:[myMixin],
    data(){
        return {
            c:"C"
        }
    },
    //组件被创建后会调用，用来测试混入的数据情况
    created() {
        //属性c的值为"C"
        console.log(this.$data)
    }
}
```

生命周期函数的这些配置项的混入与属性类的配置项的混入略有不同，不重名的生命周期函数会被完整混入组件，重名的生命周期函数被混入组件时，在函数触发时，会先触发Mixin对象中的实现，再触发组件内部的实现，这类似于面向对象编程中子类对父类方法的覆写。示例如下：

【代码片段9-14 源码见附件代码/第9章/6.mixin.html】

```
const myMixin = {
    mounted () {
        console.log("Mixin对象mounted")
    }
}
const com = {
    mounted () {
        console.log("组件本身mounted")
    }
}
```

运行上面的代码，当com组件被挂载时，控制台会先打印“Mixin对象mounted”，再打印“组件本身mounted”。

9.3.3 进行全局 Mixin

Vue也支持对应用进行全局Mixin混入。直接对应用实例进行Mixin设置即可，实例代码如下：

【源码见附件代码/第9章/6.mixin.html】

```
const App = Vue.createApp({})
App.mixin({
    mounted () {
        console.log("Mixin对象mounted")
    }
})
```

注意，虽然全局Mixin使用起来非常方便，但是会使其后所有注册的组件都默认被混入这些选项，当程序出现问题时，这会增加排查问题的难度。全局Mixin技术非常适合开发插件，如开发组件挂载的记录工具等。

9.4 使用自定义指令

在Vue中，指令的使用无处不在，前面一直在使用的v-bind、v-model、v-on等都是指令。Vue也可以自定义指令，对于某些定制化的需求，配合自定义指令来封装组件，可以使开发过程变得非常容易。

9.4.1 认识自定义指令

Vue内置的指令已经提供了大部分核心功能，但是有时候，仍需要直接操作DOM元素来实现业务功能，这时就可以使用自定义指令。先来看一个简单的示例。首先，新建一个名为directive.html的文件来实现如下功能：在页面上提供一个input输入框，当页面被加载后，输入框默认处于焦点状态，即用户可以直接对输入框进行输入。编写示例代码如下：

【代码片段9-15 源码见附件代码/第9章/7.directive.html】

```
<div id="Application">
    <input v-getfocus />
</div>
<script>
    const App = Vue.createApp({})
    App.directive('getfocus', {
        //当被绑定此指令的元素被挂载时调用
        mounted (element) {
            console.log("组件获得了焦点")
            element.focus()
        }
    })
    App.mount("#Application")
</script>
```

如以上代码所示，调用应用示例的directive方法可以注册全局的自定义指令，上面代码中的getfocus是指令的名称，在使用时需要加上“v-”前缀。运行上面的代码，可以看到，页面被加载时其中的输入框默认处于焦点状态，可以直接进行输入。

在定义自定义指令时，通常需要在组件的某些生命周期节点来进行操作，自定义指令中除支持生命周期方法mounted外，也支持使用beforeMount、beforeUpdate、updated、beforeUnmount和unmounted生命周期方法，我们可以选择合适的时机来实现自定义指令的逻辑。

上面的示例代码采用了全局注册的方式来自定义指令，因此所有组件都可以使用，如果只想让自定义指令在指令的组件上可用，也可以在进行组件定义时（局部注册），在组件内部进行directives配置来定义自定义指令，示例如下：

```
const sub = {
    directives: {
        //组件内部的自定义指令
        getfocus:{
            mounted(el) {
                el.focus()
            }
        }
    },
    mounted () {
        //组件挂载
        console.log(this.version)
    }
}
App.component("sub-com", sub)
```

9.4.2 自定义指令的参数

在9.4.1节中，我们演示了一个自定义指令的小例子，这个例子本身非常简单，没有为自定义指令赋值，也没有使用自定义指令的参数。我们知道，Vue内置的指令可以设置值和参数，如v-on指令可以设置值为函数来响应交互事件，也可以通过设置参数来控制要监听的事件类型。

自定义的指令也可以设置值和参数，这些设置数据会通过一个param对象传递到指令中实现的生命周期方法中，示例如下：

【代码片段9-16 源码见附件代码/第9章/7.directive.html】

```
<div id="Application">
    <input v-getfocus:custom="1" />
</div>
<script>
    const App = Vue.createApp({})
    App.directive('getfocus', {
        //当被绑定此指令的元素被挂载时调用
        mounted (element, param) {
            if (param.value == "1") { //根据参数来处理指令逻辑
                element.focus()
            }
            //将打印参数:custom
            console.log("参数:" + param.arg)
        }
    })
```

```
    App.mount("#Application")
</script>
```

上面的代码很好理解，指令设置的值1被绑定到param对象的value属性上，指令设置的custom参数会被绑定到param对象的arg属性上。

有了参数，Vue自定义指令的使用非常灵活，通过不同的参数进行区分，很方便处理复杂的组件渲染逻辑。

对于指令设置的值，其也允许直接设置为JavaScript对象，例如下面的设置是合法的：

```
<input v-getfocus:custom="{a:1, b:2}" />
```

9.5 组件的Teleport功能

Teleport可以简单翻译为“传送，传递”。其是Vue 3.0提供的新功能。有了Teleport功能，在编写代码时，开发者可以将相关行为的逻辑和UI封装到同一个组件中，以提高代码的聚合性。

以下我们使用Teleport功能开发全局弹窗。

要明白Teleport功能如何使用及其适用场景，我们可以通过一个小例子来体会。如果需要开发一个全局弹窗组件，此组件自带一个触发按钮，当用户单击此按钮后，会弹出弹窗。新建一个名为teleport.html的测试文件，在其中编写如下核心示例代码：

【代码片段9-17 源码见附件代码/第9章/8.teleport.html】

```
<div id="Application">
    <my-alert></my-alert>
</div>
<script>
    const App = Vue.createApp({})
    App.component("my-alert",{
        template:'
            <div>
                <button @click="show = true">弹出弹窗</button>
            </div>
            <div v-if="show" style="text-align: center;padding:20px;
position:absolute;top: 45%; left:30%; width:40%; border:black solid 2px;
background-color:white">
                <h3>弹窗</h3>
                <button @click="show = false">隐藏弹窗</button>
            </div>
        ',
        data(){
            return {
                show:false
            }
        }
    })
    App.mount("#Application")
</script>
```

上面的代码中，定义了一个名为my-alert的组件，这个组件中默认提供了一个功能按钮，单击后会弹出弹窗，按钮和弹窗的逻辑都被聚合到了组件内部，运行代码，效果如图9-4所示。

目前来看，代码运行没什么问题，但是此组件的可用性并不好，当我们在其他组件内部使用此组件时，全局弹窗的布局可能无法达到预期，例如修改HTML结构如下：

```
<div id="Application">
    <div style="position: absolute; width: 50px;">
        <my-alert></my-alert>
    </div>
</div>
```

再次运行代码，由于当前组件被放入一个外部的div元素内，因此其弹窗布局会受到影响，效果如图9-5所示。

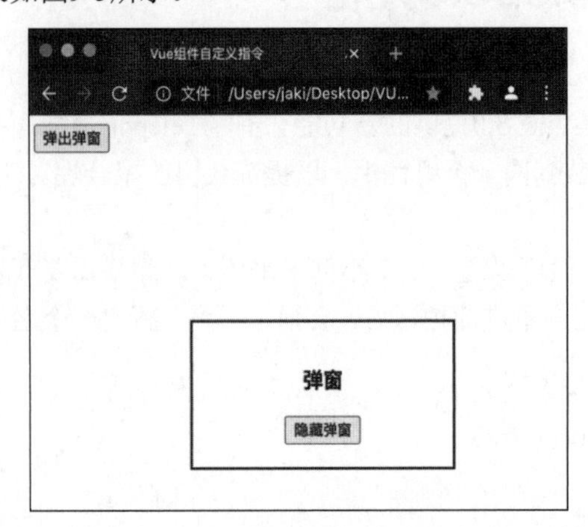

图 9-4　弹窗效果

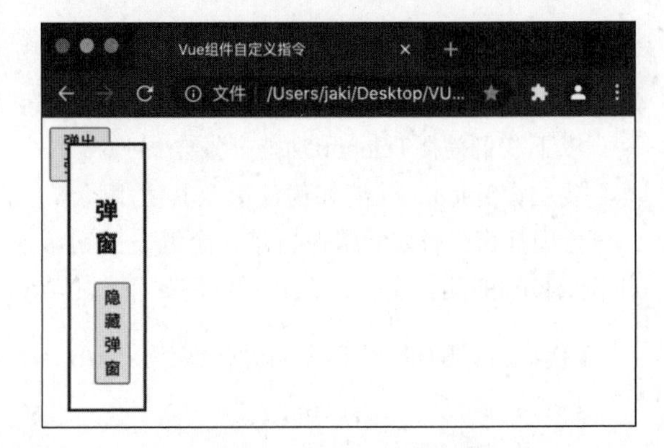

图 9-5　组件树结构影响布局

为了避免这种由于组件树结构的改变而影响组件内元素布局的问题，一种方式是将触发事件的按钮与全局的弹窗分成两个组件编写，保证全局弹窗组件挂载在body标签下，但这样会使得相关的组件逻辑分散在不同地方，不易后续维护；另一种方式是使用Teleport。

在定义组件时，如果组件模板中的某些元素只能挂载在指定的标签下，可以使用Teleport来指定，可以形象地理解Teleport的功能是将这部分元素“传送”到了指定的标签下。以上面的代码为例，可以指定全局弹窗只挂载在body元素下，修改如下：

【代码片段9-18 源码见附件代码/第9章/8.teleport.html】

```
App.component("my-alert",{
    template:'
        <div>
            <button @click="show = true">弹出弹窗</button>
        </div>
        <teleport to="body">
        <div v-if="show" style="text-align: center;padding:20px;
position:absolute;top: 30%; left:30%; width:40%; border:black solid 2px;
background-color:white">
            <h3>弹窗</h3>
            <button @click="show = false">隐藏弹窗</button>
        </div>
```

```
        </teleport>
    ',
    data(){
        return {
            show:false
        }
    }
})
```

优化后的代码无论组件本身在组件树中的何处位置，弹窗都能正确地布局。在某些特殊的需求场景下，合理地使用Teleport技术能够极大地简化开发流程。

9.6 本章小结

本章介绍了组件的更多高级用法。了解组件的生命周期有利于我们更加得心应手地控制组件的行为，同时Mixin、自定义指令和Teleport技术都使得组件的灵活性得到进一步的提高。尝试回答下面的问题。

（1）Vue组件的生命周期钩子是指什么，有怎样的应用？

> 提示 生命周期钩子的本质是方法，只是这些方法由Vue系统自动调用，在组件从创建到销毁的整个过程中，生命周期方法会在其对应的时机被触发。通过实现生命周期方法，我们可以将一些业务逻辑加到组件的挂载、卸载、更新等过程中。

（2）Vue应用实例有哪些配置可用？

> 提示 可以从常用的配置项开始介绍，如进行全局组件的注册、配置异常与警告的捕获、进行全局自定义指令的注册等。

（3）在定义Vue组件时，props有何应用？

> 提示 props是父组件传值到子组件的重要方式，在定义组件的props时，我们应该尽量将其定义为描述性对象，对于props的类型、默认值、可选性进行控制，如果有必要，也可以进行自定义的有效性验证。

（4）Vue组件间如何进行传值？

> 提示 可以简述props的基本应用、全局数据的基本应用以及如何使用数据注入技术进行组件内数据的跨层级传递。

（5）什么是Mixin技术？

> 提示 Mixin技术与继承有许多类似的地方，可以将某些组件间公用的部分抽离到

Mixin对象中，从而增强代码的复用性。Mixin分为全局Mixin和局部Mixin，需要额外注意的是，Mixin是数据冲突时Vue中的合并规则。

（6）Teleport是怎样一种特性？

提示 Teleport的核心是在组件内部可以指定某些元素挂载在指定的标签下，其可以使组件中的部分元素脱离组件自己的布局树结构来进行渲染。

第 10 章 Vue 响应性编程

响应性是 Vue 框架最重要的特点，在开发中，对 Vue 响应性特性的使用非常频繁，常见的是通过数据绑定的方式将变量的值渲染到页面中，当变量发生变化时，页面对应的元素也会更新。本章将深入探讨 Vue 的响应性原理，理解 Vue 的底层设计逻辑。

通过本章，你将学习到：

- Vue响应性底层原理。
- 在Vue中使用响应性对象与数据。
- Vue 3的新特性：组合式API的应用。

10.1 响应性编程原理与在Vue中的应用

虽说响应性编程我们时时都在使用，但是可能从未思考过其工作原理是怎样的。其实响应性的本质是对变量的监听，当监听到变量发生变化时，可以做一些预定义的逻辑。例如，对于数据绑定技术来说，需要做的就是在变量发生改变时即时地对页面元素进行刷新。

响应性原理在生活中处处可见，例如开关与电灯的关系就是响应性的，通过改变开关的状态，可以轻松控制电灯的开和关。也有更复杂一些的，例如在使用Excel表格软件时，当需要对数据进行统计时，可以使用“公式”进行计算，当公式所使用的变量发生变化时，对应的结果也会发生变化。

10.1.1 手动追踪变量的变化

如果不使用Vue框架，还能否以响应式的方式进行编程？我们可以来试一试。首先，新建一个名为react.html的测试文件，编写下面的示例代码：

【代码片段10-1 源码见附件代码/第10章/1.react.html】

```
<script>
    //定义数据变量
    let a = 1;
    let b = 2;
    let sum = a + b;        //通过计算获得结果数据
    console.log(sum);
    //修改数据变量的值
    a = 3;
    b = 4;
    console.log(sum);       //之前的计算结果并不会响应式地发生变化
</script>
```

运行代码，观察控制台，可以看到两次输出的sum变量的值都是3，也就是说，虽然从逻辑上理解，sum值的意义是变量a和变量b的值的和，但是当变量a和变量b发生改变时，变量sum的值并不会响应性地进行改变。

我们如何为sum这类变量增加响应性呢？首先需要能够监听会影响最终sum变量值的子变量的变化，即要监听变量a和变量b的变化。在JavaScript中，可以使用Proxy来对原对象进行包装，从而实现对对象属性设置和获取操作的监听，修改上面的代码如下：

【代码片段10-2 源码见附件代码/第10章/1.react.html】

```
<script>
    //定义对象数据
    let a = {
        value:1
    };
    let b = {
        value:2
    };
    //定义处理器
    handleA = {
        //get方法会在取值时调用，其中第1个参数为要取值的对象，第2个参数为所取值的属性
        get(target, prop) {
            console.log('获取A: ${prop}的值')
            return target[prop]
        },
        //get方法会在设置值时调用，其中第1个参数为操作的对象，第2个参数为要处理的属性，第3个
参数为要设置的值
        set(target, key, value) {
            console.log('设置A: ${key}的值${value}')
        }
    }
    handleB = {
        get(target, prop) {
            console.log('获取B: ${prop}的值')
            return target[prop]
        },
        set(target, key, value) {
            console.log('设置B: ${key}的值${value}')
```

```
        }
    }
    let pa = new Proxy(a, handleA);  //创建一个基于a对象的代理对象
    let pb = new Proxy(b, handleB);  //创建一个基于b对象的代理对象
    let sum = pa.value + pb.value;   //定义计算结果变量
    pa.value = 3;  //通过代理修改a对象的value值
    pb.value = 4;  //通过代理修改b对象的value值
</script>
```

如以上代码所示，Proxy对象在初始化时需要传入一个要包装的对象和对应的处理器，处理器中可以定义get和set方法，创建的新代理对象的用法和原对象完全一致，只是在对其内部属性进行获取或设置操作时，都会被处理器中定义的get或set方法拦截。运行上面的代码，通过控制台的打印信息可以看到，每次获取对象value属性的值时都会调用定义的get方法，同样对value属性进行赋值时，也会先调用set方法。

现在，尝试使sum变量具备响应性，修改代码如下：

【代码片段10-3 源码见附件代码/第10章/1.react.html】

```
<script>
    //数据对象
    let a = {
        value:1
    };
    let b = {
        value:2
    };
    //定义触发器，用来刷新数据
    let trigger = null;
    //数据变量的处理器，当数据发生变化时，调用触发器刷新
    handleA = {
        set(target, key, value) {        //对a对象的值进行更新
            target[key] = value          //更新数据
            if (trigger) {               //进行触发器的调用
                trigger()
            }
        }
    }
    handleB = {
        set(target, key, value) {        //对b对象的值进行更新
            target[key] = value          //更新数据
            if (trigger) {               //进行触发器的调用
                trigger()
            }
        }
    }
    //进行对象的代理包装
    let pa = new Proxy(a, handleA)
    let pb = new Proxy(b, handleB)
    let sum = 0;
    //实现触发器逻辑
    trigger = () => {
```

```
        sum = pa.value + pb.value;
    };
    trigger();
    console.log(sum);
    //通过代理对象修改原数据的值
    pa.value = 3;
    pb.value = 4;
    console.log(sum); //计算结果的响应性发生了改变
</script>
```

上面的示例代码有着很详细的功能注释，理解起来非常简单，运行代码，可以发现，此时只要数据对象的value属性值发生了变化，sum变量的值就会实时进行更新。

10.1.2 Vue 中的响应性对象

在10.1.1节中，我们通过使用JavaScript的Proxy对象实现了对象的响应性。在Vue中，大多数情况下都不需要关心数据的响应性问题，因为按照Vue组件模板编写组件对象时，data方法中返回的数据默认都是有响应性的。然而，在一些特殊场景下，依然需要对某些数据做特殊的响应式处理。

在Vue 3中引入了组合式API的新特性，这种新特性允许在setup方法中定义组件需要的数据和函数，关于组合式API的应用，本章后面会做更具体的介绍。本小节只需要了解setup方法中可以在组件被创建前定义组件需要的数据和函数即可。

新建一个名为reactObj.html的测试文件，在其中编写如下测试代码：

【代码片段10-4 源码见附件代码/第10章/2.reactObj.html】

```
<body>
    <div id="Application">
    </div>
    <script>
        const App = Vue.createApp({
            //进行组件数据的初始化
            setup () {
                //数据初始化
                let myData = {
                    value:0
                }
                //按钮的单击方法
                function click() {
                    myData.value += 1
                    console.log(myData.value)
                }
                //将数据与函数方法返回
                return {
                    myData,
                    click
                }
            },
            //模板中可以直接使用setup方法中定义的数据和函数方法
            template:'
```

```
            <h1>测试数据：{{myData.value}}</h1>
            <button @click="click">单击</button>
        `
    })
    App.mount("#Application")
  </script>
</body>
```

运行上面的代码，可以看到页面成功渲染出了组件定义的HTML模板元素，并且可以正常触发按钮的单击交互方法，但是无论怎么单击按钮，页面上渲染的数字永远不会改变，从控制台可以看出，myData对象的value属性已经发生了变化，但是页面并没有被刷新。这是由于myData对象是我们自己定义的普通JavaScript对象，其本身并没有响应性，对于产生的修改也不会同步刷新到页面上，这与常规使用组件的data方法返回的数据不同，data方法返回的数据会默认被包装成Proxy对象从而获得响应性。

为了解决上面的问题，Vue 3中提供了reactive方法，使用这个方法对自定义的JavaScript对象进行包装，即可方便为其添加响应性，修改上面代码中的setup方法如下：

【代码片段10-5　源码见附件代码/第10章/2.reactObj.html】

```
setup () {
  let myData = Vue.reactive({   //将数据定义为响应式的
    value:0
  })
  function click() {            //在单击方法中对数据进行修改
    myData.value += 1
    console.log(myData.value)
  }
  return {
    myData,
    click
  }
}
```

再次运行代码，当myData中的value属性发生变化时，已经可以同步进行页面元素的刷新了。

10.1.3 独立的响应性值 Ref 的应用

现在，相信你已经可以熟练定义响应式对象了，在实际开发中，很多时候需要的只是一个独立的原始值，以10.1.2节的示例代码为例，我们需要的只是一个数值。对于这种场景，不需要手动将其包装为对象的属性，可以直接使用Vue提供的ref方法来定义响应性独立值，ref方法会帮助我们完成对象的包装，示例代码如下：

【代码片段10-6】

```
<script>
  const App = Vue.createApp({
    setup () {
      //定义响应性独立值
      let myObject = Vue.ref(0)
```

```
            //注意，myObject会自动包装对象，其中定义value属性为原始值
            function click() {
                myObject.value += 1
                console.log(myObject.value)
            }
            //返回的数据myObject在模板中使用时，已经是独立值
            return {
                myObject,
                click
            }
        },
        template:'
            <h1>测试数据: {{myObject}}</h1>
            <button @click="click">单击</button>
        '
    })
    App.mount("#Application")
</script>
```

上面代码的运行效果和之前完全没有区别，有一点需要注意，使用ref方法创建响应性对象后，在setup方法内，要修改数据，需要对myObject中的value属性值进行修改，value属性值是Vue内部生成的，但是对于setup方法导出的数据来说，我们在模板中使用的myObject数据已经是最终的独立值，可以直接进行使用。也就是说，在模板中使用setup方法中返回的使用ref定义的数据时，数据对象会被自动展开。

Vue中还提供了一个名为toRefs的方法用来支持响应式对象的解构赋值。所谓解构赋值，是指JavaScript中的一种语法，可以直接将JavaScript对象中的属性进行解构，从而直接赋值给变量使用。改写代码如下：

【代码片段10-7 源码见附件代码/第10章/2.reactObj.html】

```
<div id="Application">
</div>
<script>
    const App = Vue.createApp({
        setup () {
            let myObject = Vue.reactive({  //定义响应式数据
                value:0
            })
            //对myObject对象进行解构赋值，将value属性单独取出来
            let { value } = myObject
            function click() {
                value += 1
                console.log(value)
            }
            return {
                value,
                click
            }
        },
        template:'
```

```
        <h1>测试数据: {{value}}</h1>
        <button @click="click">单击</button>
    '
  })
  App.mount("#Application")
</script>
```

改写后的代码可以正常运行，并且能够正确获取value变量的值，但是需要注意，value变量已经失去了响应性，对其进行修改无法同步的刷新页面。对于这种场景，可以使用Vue中提供的toRefs方法来进行对象的解构，其会自动将解构出的变量转换为ref变量，从而获得响应性：

【代码片段10-8 源码见附件代码/第10章/2.reactObj.html】

```
const App = Vue.createApp({
  setup () {
    let myObject = Vue.reactive({   //定义响应式数据
      value:0
    })
    //解构赋值时，value会直接被转成ref变量
    let { value } = Vue.toRefs(myObject)
    function click() {
      value.value += 1
      console.log(value.value)
    }
    return {
      value,
      click
    }
  },
  template:'
    <h1>测试数据: {{value}}</h1>
    <button @click="click">单击</button>
  '
})
```

上面的代码中有一点需要注意，Vue会自动将解构的数据转换成ref对象变量，因此在setup方法中使用时，要使用其内部包装的value属性。关于对象的解构赋值，这里不做过多介绍，你只需要了解，如果要快速提取对象中某些属性的值到变量，使用解构赋值这种语法非常方便。

10.2　响应式的计算与监听

回到本章开头时编写的那段原生的JavaScript代码中：

```
<script>
  let a = 1;
  let b = 2;
  let sum = a + b;
  console.log(sum);
  a = 3;
```

```
    b = 4;
    console.log(sum);
</script>
```

这段代码本身与页面元素没有绑定关系，变量a和变量b的值只会影响变量sum的值。对于这种场景，sum变量更像是一种计算变量，在Vue中提供了computed方法来定义计算变量。

10.2.1 关于计算变量

有时候，我们定义的变量的值依赖于其他变量的状态，当然，在组件中可以使用computed选项来定义计算属性。其实，Vue中也提供了一个同名的方法，可以直接使用其创建计算变量。

新建一个名为conputed.html的测试文件，编写如下测试代码：

【代码片段10-9 源码见附件代码/第10章/3.computed.html】

```
<div id="Application">
</div>
<script>
    const App = Vue.createApp({
        setup () {
            //定义数据变量
            let a = 1;
            let b = 2;
            let sum = a + b;                //存储计算结果的变量
            function click() {              //单击事件，对数据变量进行修改
                a += 1;
                b += 2;
                console.log(a)
                console.log(b)
            }
            return {
                sum,
                click
            }
        },
        template:'
            <h1>测试数据：{{sum}}</h1>
            <button @click="click">单击</button>
        '
    })
    App.mount("#Application")
</script>
```

运行上面的代码，当我们单击按钮时，页面上渲染的数值并不会发生改变。使用计算变量的方法定义sum变量如下：

【代码片段10-10 源码见附件代码/第10章/3.computed.html】

```
//定义响应式数据
let a = Vue.ref(1);
let b = Vue.ref(2);
```

```
let sum = Vue.computed(()=>{ //定义计算变量
    return a.value + b.value
});
function click() {
    a.value += 1;
    b.value += 2;
}
```

如此，变量a或变量b的值只要发生变化，就会同步改变sum变量的值，并且可以响应性地进行页面元素的更新。当然，与计算属性类似，计算变量也支持被赋值，示例如下：

【源码见附件代码/第10章/3.computed.html】

```
setup () {
    let a = Vue.ref(1);
    let b = Vue.ref(2);
    let sum = Vue.computed({         //定义计算变量
        set (value){                 //对计算变量进行修改时，可以同步修改原数据变量
            a.value = value
            b.value = value
        },
        get () {
            return a.value + b.value
        }
    });
    function click() {
        a.value += 1;
        b.value += 2;
        if (sum.value > 10) {
            sum.value = 0            //对sum计算变量的赋值也会影响a和b对象的值
        }
    }
    return {
        sum,
        click
    }
}
```

10.2.2 监听响应式变量

到目前为止，已经能够使用Vue中提供的ref、reactive和computed等方法来创建拥有响应式特性的变量。有时候，当响应式变量发生变化时，需要监听其变化行为。在Vue 3中，watchEffect方法可以自动对其内部用到的响应式变量进行变化监听，由于其原理是在组件初始化时收集所有依赖，因此在使用时无须手动指定要监听的变量，示例如下：

【代码片段10-11 源码见附件代码/第10章/4.effect.html】

```
const App = Vue.createApp({
    setup () {
        let a = Vue.ref(1);
        Vue.watchEffect(()=>{
```

```
            //当变量a发生变化时，即可执行当前函数
            console.log("变量a变化了")
            console.log(a.value)
        })
        a.value = 2;
        return {
            a
        }
    }
})
```

在调用watchEffect方法时，其会立即执行传入的函数参数，并会追踪其内部的响应式变量，在其变更时再次调用此参数函数。

注意，watchEffect在setup方法中被调用后，其会和当前组件的生命周期绑定在一起，组件卸载时会自动停止监听，如果需要手动停止监听，方法如下：

【代码片段10-12 源码见附件代码/第10章/4.effect.html】

```
const App = Vue.createApp({
    setup () {
        let a = Vue.ref(1);
        //暂存watchEffect的操作句柄
        let stop = Vue.watchEffect(()=>{
            //当变量a变化时，即可执行当前函数
            console.log("变量a变化了")
            console.log(a.value)
        })
        a.value = 2;
        //手动停止监听
        stop();
        a.value = 3;
        return {
            a
        }
    }
})
```

watch是一个与watchEffect类似的方法，与watchEffect方法相比，watch方法能够更加精准地监听指定的响应式数据的变化，示例代码如下：

【代码片段10-13 源码见附件代码/第10章/5.watch.html】

```
<script>
    const App = Vue.createApp({
        setup () {
            let a = Vue.reactive({      //定义响应式数据
                data:0
            });
            let b = Vue.ref(0);
            Vue.watch(()=>{             //进行数据变化的监听
                //监听a对象的data属性变化
                return a.data
```

```
            }, (value, old)=>{
                //新值和旧值都可以获取到
                console.log(value, old)
            })
            a.data = 1;
            //可以直接监听ref对象
            Vue.watch(b, (value, old)=>{
                //新值和旧值都可以获取到
                console.log(value, old)
            })
            b.value = 3;
        }
    })
    App.mount("#Application")
</script>
```

watch方法比watchEffect方法强大的地方在于其可以分别获取到变化前的值和变化后的值，十分方便做某些与值的比较相关的业务逻辑。从写法上来说，watch方法也支持同时监听多个数据源，示例如下：

【源码见附件代码/第10章/5.watch.html】

```
setup () {
    let a = Vue.reactive({
        data:0
    });
    let b = Vue.ref(0);
    Vue.watch([()=>{
        //监听a对象的data属性变化
        return a.data
    },b], ([valueA, valueB], [oldA, oldB])=>{
        //新值和旧值都可以获取到
        console.log(valueA, oldA)
        console.log(valueB, oldB)
    })
    a.data = 1;
    b.value = 3;
}
```

10.3　组合式API的应用

前面介绍的Vue中的响应式编程技术实际上都是为了组合式API的应用而做铺垫。组合式API的使用能够帮助我们更好地梳理复杂组件的逻辑分布，能够从代码层面上将分离的相关逻辑点进行聚合，更适合进行复杂模块组件的开发。

10.3.1 关于 setup 方法

setup方法是Vue 3中新增的方法，属于Vue 3的新特性，同时它也是组合式API的核心方法。

setup方法是组合式API功能的入口方法，如果使用组合式API模式进行组件开发，则逻辑代码都要编写在setup方法中。注意，setup方法会在组件创建之前被执行，即对应在组件的生命周期方法beforeCreate方法调用之前被执行。由于setup方法特殊的执行时机，除可以访问组件的传参外部属性props外，在其内部不能使用this来引用组件的其他属性，在setup方法的最后，可以将定义的组件所需要的数据、函数等内容暴露给组件的其他选项（比如生命周期函数、业务方法、计算属性等）。接下来，我们更深入地了解一下setup方法。

首先创建一个名为setup.html的测试文件用来编写本节的示例代码。setup方法可以接收两个参数：props和context。props是组件使用时被设置的外部参数，其是有响应性的；context则是一个JavaScript对象，其中可用的属性有attrs、slots和emit。示例代码如下：

【代码片段10-14 源码见附件代码/第10章/6.setup.html】

```
<div id="Application">
    <com name="组件名"></com>
</div>
<script>
    const App = Vue.createApp({})
    App.component("com",{
        setup (props, context) {
            console.log(props.name)
            //属性
            console.log(context.attrs)
            //插槽
            console.log(context.slots)
            //触发事件
            console.log(context.emit)
        },
        props: {
            name: String,
        }
    })
    App.mount("#Application")
</script>
```

在setup方法的最后，可以返回一个JavaScript对象，此对象包装的数据可以在组件的其他选项中使用，也可以直接用于HTML模板中，示例如下：

【源码见附件代码/第10章/6.setup.html】

```
App.component("com",{
    setup (props, context) {
        let data = "setup的数据";
        return {
            data
        }
```

```
    },
    props: {
        name: String,
    },
    template:'
        <div>{{data}}</div>
    '
})
```

如果不在组件中定义template模板，也可以直接使用setup方法来返回一个渲染函数，当组件要被展示时，会使用此渲染函数进行渲染，上面的代码改写如下会有一样的运行效果：

【源码见附件代码/第10章/6.setup.html】

```
App.component("com",{
    setup (props, context) {
        let data = "setup的数据";
        return () => Vue.h('div', [data]) //组件渲染函数
    },
    props: {
        name: String,
    }
})
```

最后，再次提醒，在setup方法中不要使用this关键字，setup方法中的this与当前组件实例并不是同一对象。

10.3.2　在 setup 方法中定义生命周期行为

setup方法中也可以定义组件的生命周期方法，方便将相关的逻辑组合在一起。在setup方法中，常用的生命周期定义方式（在组件的原生命周期方法前加on即可）如表10-1所示。

表 10-1　setup 方法中常用的生命周期方法

组件原生命周期方法	setup 中的生命周期方法
beforeMount	onBeforeMount
mounted	onMounted
beforeUpdate	onBeforeUpdate
updated	onUpdated
beforeUnmount	onBeforeUnmount
Unmounted	onUnmounted
errorCaptured	onErrorCaptured
renderTracked	onRenderTracked
renderTriggered	onRenderTriggered

你可能发现了，在表10-1中，我们去掉了beforeCreate和created两个生命周期方法，这是因为从逻辑上来说，setup方法的执行时机与这两个生命周期方法的执行时机基本是一致的，在setup方法中直接编写逻辑代码即可。

下面的代码演示在setup方法中定义组件生命周期方法：

【代码片段10-15 源码见附件代码/第10章/6.setup.html】

```
App.component("com",{
    setup (props, context) {
        let data = "setup的数据";
        //设置的函数参数的调用时机与mounted一样
        Vue.onMounted(()=>{
            console.log("setup定义的mounted")
        })
        return () => Vue.h('div', [data])
    },
    props: {
        name: String,
    },
    mounted() {
        console.log("组件内定义的mounted")
    }
})
```

注意，如果组件中和setup方法中定义了同样的生命周期方法，它们之间并不会冲突。在实际调用时，会先调用setup方法中定义的生命周期方法，再调用组件中定义的生命周期方法。

10.4 实战：支持搜索和筛选的用户列表示例

本节将通过一个简单的示例来演示组合式API在实际开发中的应用。我们将模拟这样一种场景，有一个用户列表页面，页面的列表支持性别筛选与搜索。作为示例，可以假想用户数据是通过网络请求到前端页面的，在实际编写代码时可以使用延时函数来模拟这一场景。

10.4.1 常规风格的示例工程开发

首先新建一个名为normal.html的测试文件，在HTML文件的head标签中引用Vue框架并编写常规的模板代码如下：

【源码见附件代码/第10章/7.normal.html】

```
<head>
    <meta charset="UTF-8">
    <meta http-equiv="X-UA-Compatible" content="IE=edge">
    <meta name="viewport" content="width=device-width, initial-scale=1.0">
    <title>用户列表</title>
    <!-- 需要注意，CDN地址可能会变化 -->
    <script src="https://unpkg.com/vue@3/dist/vue.global.js"></script>
    <style>
        .container {
            margin: 50px;
```

```
        }
        .content {
            margin: 20px;
        }
    </style>
</head>
```

为了方便进行逻辑的演示，本节编写的范例并不添加过多复杂的CSS样式，主要从逻辑上梳理这样一个简单页面应用的开发思路。

第一步，设计页面的根组件的数据框架，分析页面的功能需求主要有3个：能够渲染用户列表、能够根据性别筛选数据以及能够根据输入的关键字进行检索，因此至少需要3个响应式的数据：用户列表数据、性别筛选字段和关键词字段，定义组件的data选项如下：

【源码见附件代码/第10章/7.normal.html】

```
data(){
    return {
        //性别筛选字段
        sexFliter:-1,
        //展示的用户列表数据
        showDatas:[],
        //搜索的关键词
        searchKey:""
    }
}
```

上面定义的属性中，sexFliter字段的取值可以是-1、0或者1。-1表示全部，0表示性别男，1表示性别女。

第二步，思考页面需要支持的行为，首先从网络上请求用户数据并将其渲染到页面上（使用延时函数来模拟这一过程），要支持性别筛选功能，需要定义一个筛选函数来完成，同样要实现关键词检索功能，也需要定义一个检索函数。定义组件的methods选项如下：

【代码片段10-16 源码见附件代码/第10章/7.normal.html】

```
methods: {
    //获取用户数据
    queryAllData() {
        this.showDatas = mock
    },
    //进行性别筛选
    fliterData() {
        this.searchKey = ""
        if (this.sexFliter == -1) {
            this.showDatas = mock
        } else  {
            this.showDatas = mock.filter((data)=>{
                return data.sex == this.sexFliter
            })
        }
    },
```

```
    //进行关键词检索
    searchData() {
        this.sexFliter = -1
        if (this.searchKey.length == 0) {
            this.showDatas = mock
        } else  {
            this.showDatas = mock.filter((data)=>{
                //若名称中包含输入的关键词，则表示匹配成功
                return data.name.search(this.searchKey) != -1
            })
        }
    }
}
```

上面的代码中，mock变量是本地定义的模拟数据，方便我们测试效果。如下所示：

【源码见附件代码/第10章/7.normal.html】

```
let mock = [
    {
        name:"小王",
        sex:0
    },{
        name:"小红",
        sex:1
    },{
        name:"小李",
        sex:1
    },{
        name:"小张",
        sex:0
    }
]
```

定义了功能函数，需要在合适的时机对其进行调用，queryAllData方法可以在组件挂载时调用来获取数据，示例如下：

【源码见附件代码/第10章/7.normal.html】

```
mounted () {
    //模拟请求过程
    setTimeout(this.queryAllData, 3000);
}
```

当页面挂载后，延时3秒会获取到测试的模拟数据。对于性别筛选和关键词检索功能，可以监听对应的属性，当这些属性发生变化时，进行筛选或检索行为。定义组件的watch选项如下：

【源码见附件代码/第10章/7.normal.html】

```
watch: {
    sexFliter(oldValue, newValue) { //当性别筛选项变化后，列表数据同步变化
        this.fliterData()
    },
    searchKey(oldValue, newValue) { //当筛选关键词变化后，列表数据同步变化
```

```
        this.searchData()
    }
}
```

JavaScript代码的最后，需要把定义好的组件挂载到一个HTML元素上：

```
App.mount("#Application")
```

至此，我们编写完成了当前页面应用的所有逻辑代码，还有第三步需要做，将页面渲染所需的HTML框架搭建完成，示例代码如下：

【代码片段10-17 源码见附件代码/第10章/7.normal.html】

```
<div id="Application">
    <div class="container">
        <div class="content">
            <input type="radio" :value="-1" v-model="sexFliter"/>全部
            <input type="radio" :value="0" v-model="sexFliter"/>男
            <input type="radio" :value="1" v-model="sexFliter"/>女
        </div>
        <div class="content">搜索: <input type="text" v-model="searchKey" /></div>
        <div class="content">
            <table border="1" width="300px">
                <tr>
                  <th>姓名</th>
                  <th>性别</th>
                </tr>
                <tr v-for="(data, index) in showDatas">
                  <td>{{data.name}}</td>
                  <td>{{data.sex == 0 ? '男' : '女'}}</td>
                </tr>
                </table>
        </div>
    </div>
</div>
```

尝试运行代码，可以看到一个支持筛选和检索的用户列表应用就已经完成了，效果如图10-1～图10-3所示。

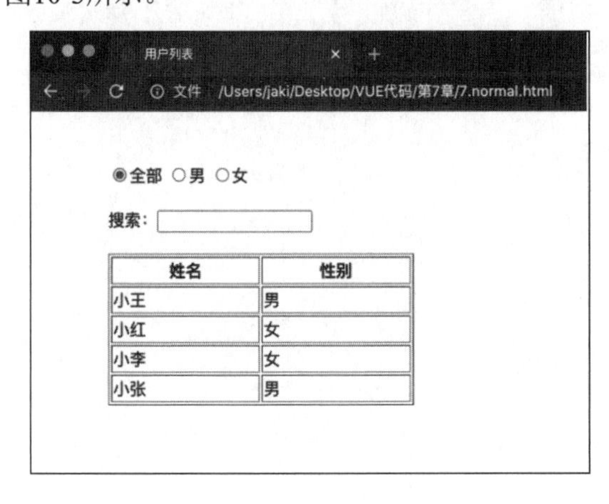

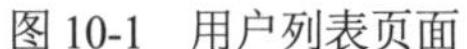
图 10-1　用户列表页面

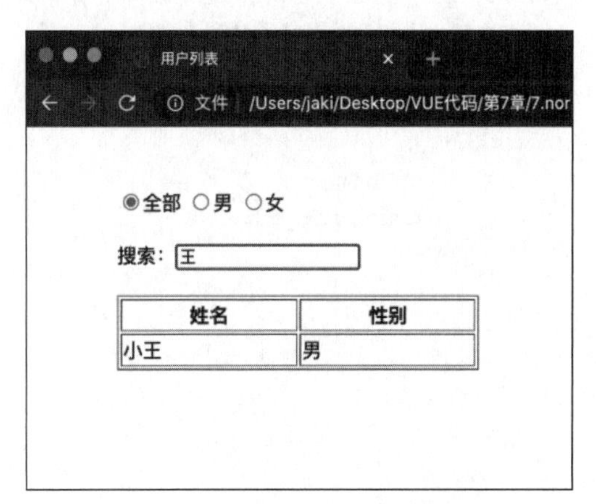

图 10-2　进行用户检索

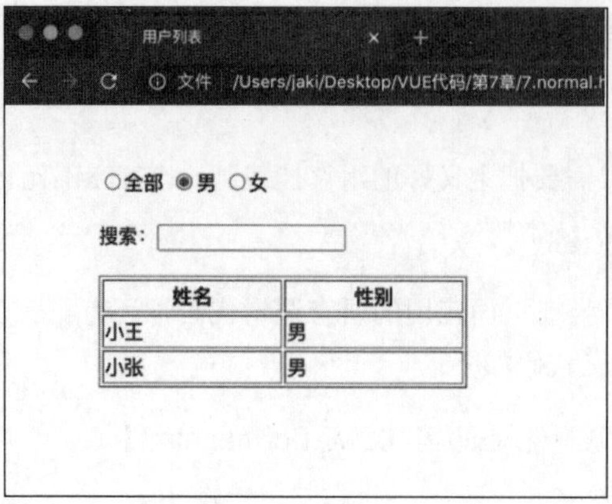

图 10-3　进行用户筛选

10.4.2　使用组合式 API 重构用户列表页面

在10.4.1节中，我们实现了完整的用户列表页面。深入分析我们编写的代码，可以发现，需要关注的逻辑点十分分散，例如用户的性别筛选是一个独立的功能，要实现这样一个功能，需要先在data选项中定义属性，之后在methods选项中定义功能方法，最后在watch选项中监听属性，实现筛选功能。这些逻辑点的分离使得代码的可读性变差，并且随着项目的迭代，页面的功能可能会越来越复杂，对于后续此组件的维护者来说，扩展会变得更加困难。

Vue 3中提供的组合式API的开发风格可以很好地解决这种问题，我们可以将逻辑都梳理在setup方法中，相同的逻辑点聚合性更强，更易阅读和扩展。

使用组合式API重写后的完整代码如下：

【源码见附件代码/第10章/8.combination.html】

```
<!DOCTYPE html>
<html lang="en">
<head>
    <meta charset="UTF-8">
    <meta http-equiv="X-UA-Compatible" content="IE=edge">
    <meta name="viewport" content="width=device-width, initial-scale=1.0">
    <title>组合式API用户列表</title>
    <!-- 需要注意，CDN地址可能会变化 -->
    <script src="https://unpkg.com/vue@3/dist/vue.global.js"></script>
    <style>
        .container {
            margin: 50px;
        }
        .content {
            margin: 20px;
        }
    </style>
</head>
<body>
    <div id="Application">
    </div>
```

```
<script>
    //模拟的数据
    let mock = [
        {
            name:"小王",
            sex:0
        },{
            name:"小红",
            sex:1
        },{
            name:"小李",
            sex:1
        },{
            name:"小张",
            sex:0
        }
    ]
    const App = Vue.createApp({
        setup() {
            //先处理用户列表相关逻辑
            const showDatas = Vue.ref([])
            const queryAllData = () => {
                //模拟请求过程
                setTimeout(()=>{
                    showDatas.value = mock
                }, 3000);
            }
            //组件挂载时获取数据
            Vue.onMounted(queryAllData)
            //处理筛选与检索逻辑
            let sexFliter = Vue.ref(-1)
            let searchKey = Vue.ref("")
                //筛选数据的方法
            let fliterData = () => {
                searchKey.value = ""
                if (sexFliter.value == -1) {
                    showDatas.value = mock
                } else {
                    //使用filter函数对数据进行过滤
                    showDatas.value = mock.filter((data)=>{
                        return data.sex == sexFliter.value
                    })
                }
            }
            searchData = () => {
                sexFliter.value = -1
                if (searchKey.value.length == 0) {
                    showDatas.value = mock
                } else {
                    showDatas.value = mock.filter((data)=>{
                        return data.name.search(searchKey.value) != -1
```

```
                    })
                }
            }
            //添加侦听
            Vue.watch(sexFliter, fliterData)
            Vue.watch(searchKey, searchData)
            //将模板中需要使用的数据返回
            return {
                showDatas,
                searchKey,
                sexFliter
            }
        },
        template: '
        <div class="container">
            <div class="content">
                <input type="radio" :value="-1" v-model="sexFliter"/>全部
                <input type="radio" :value="0" v-model="sexFliter"/>男
                <input type="radio" :value="1" v-model="sexFliter"/>女
            </div>
            <div class="content">搜索: <input type="text" v-model="searchKey" />
</div>
            <div class="content">
                <table border="1" width="300px">
                    <tr>
                    <th>姓名</th>
                    <th>性别</th>
                    </tr>
                    <tr v-for="(data, index) in showDatas">
                    <td>{{data.name}}</td>
                    <td>{{data.sex == 0 ? '男' : '女'}}</td>
                    </tr>
                    </table>
            </div>
        </div>
        '
    })
    App.mount("#Application")
  </script>
</body>
</html>
```

在使用组合式API编写代码时，特别要注意，对于需要响应性的数据，要使用ref方法或reactive方法进行包装。

10.5 本章小结

本章介绍了Vue响应式编程的基本原理，也介绍了组合式API的基本使用。

（1）如何使得定义在setup方法中的数据具有响应性？

提示 对于对象类的数据，可以使用reactive方法进行包装，对于直接的简单数据，可以使用ref方法进行包装，需要注意，使用ref方法包装的数据在setup方法中访问时，需要使用其内部的value属性进行访问，当我们将ref数据返回在模板中使用时，会默认进行转换，可以直接使用。除使用reactive方法和ref方法来包装数据外，也可以使用computed方法来定义计算数据，实现响应性。

（2）对应传统的Vue组件开发方式，使用组合式API的方法开发有何不同？

提示 传统的Vue组件的开发方式需要将数据、方法、侦听等逻辑分别配置在不同的选项中，这使得对于完成一个独立的功能，其逻辑关注点要分别写在不同的地方，不利于代码的可读性。Vue 3中引入了组合式API的开发方式，开发者在编写组件时，可以在setup方法中将组件的逻辑聚合地编写在一起。

第 11 章 使用动画

在前端网页开发中，动画是非常重要的一种技术。合理运用动画可以极大地提高用户的使用体验。Vue 中提供了一些与过渡和动画相关的抽象概念，它们可以帮助我们方便、快速地定义和使用动画。本章将从原生的 CSS 动画开始介绍，逐步深入 Vue 中动画 API 的相关应用。

通过本章，你将学习到：

- 纯粹的CSS 3动画的使用。
- 使用JavaScript方式实现动画效果。
- Vue中过渡组件的应用。
- 为列表的变化添加动画过渡。

11.1 使用CSS 3创建动画

CSS 3本身支持非常丰富的动画效果。组件的过渡、渐变、移动、翻转等都可以添加动画效果。CSS 3动画的核心是定义keyframes或transition，keyframes也被称为关键帧，定义了动画的行为，比如对于颜色渐变的动画，需要定义起始颜色和终止颜色，浏览器会自动帮助我们计算其间的所有中间态来执行动画。transition的使用则更加简单，当组件的CSS属性发生变化时，使用transition定义过渡动画的属性即可。

11.1.1 transition 过渡动画

transition顾名思义有转场、过渡的意思。transition方便将CSS属性的变化以动画的方式展现出来。首先新建一个名为transition.html的测试文件，在其中编写如下JavaScript、HTML和CSS代码。

【代码片段11-1 源码见附件代码/第11章/1.transition.html】

```
<style>
    .demo {
        width: 100px;
        height: 100px;
        background-color: red;
    }
    .demo-ani {
        width: 200px;
        height: 200px;
        background-color: blue;
        transition: width 2s, height 2s,background-color 2s;
    }
</style>
<div id="Application">
    <div :class="cls" @click="run">
    </div>
</div>
<script>
    const App = Vue.createApp({
        data(){
            return {
                cls:"demo"
            }
        },
        methods: {
            run() { //定义一个方法，修改组件绑定的CSS类
                if (this.cls == "demo") {
                    this.cls = "demo-ani"
                } else {
                    this.cls = "demo"
                }
            }
        }
    })
    App.mount("#Application")
</script>
```

如以上代码所示，CSS中定义的demo-ani类中指定了transition属性，这个属性中可以设置要过渡的属性以及动画时间。运行上面的代码，单击页面中的色块，可以看到，色块变大的过程会附带动画效果，颜色变化的过程也附带动画效果。上面的示例代码实际上使用了简写方式，也可以逐条属性对动画效果进行设置。示例代码如下：

【代码片段11-2 源码见附件代码/第11章/1.transition.html】

```
.demo {
    width: 100px;
    height: 100px;
    background-color: red;
    transition-property: width, height, background-color;
    transition-duration: 1s;
```

```
    transition-timing-function: linear;
    transition-delay: 2s;
}
```

其中，transition-property用来设置动画的属性；transition-duration用来设置动画的执行时长；transition-timing-function用来设置动画的执行方式，linear表示以线性的方式执行；transition-delay用来进行延时设置，即延时多长时间开始执行动画。

11.1.2 keyframes 动画

transition动画适合用来创建简单的过渡效果动画。CSS 3中也支持使用animation属性来配置更加复杂的动画效果。animation属性根据keyframes配置来执行基于关键帧的动画效果。新建一个名为keyframes.html的测试文件，编写如下测试代码：

【代码片段11-3 源码见附件代码/第11章/2.keyframes.html】

```
<style>
    @keyframes animation1 {
        0% {
            background-color: red;
            width: 100px;
            height: 100px;
        }
        25% {
            background-color: orchid;
            width: 200px;
            height: 200px;
        }
        75% {
            background-color: green;
            width: 150px;
            height: 150px;
        }
        100% {
            background-color: blue;
            width: 200px;
            height: 200px;
        }
    }
    .demo {
        width: 100px;
        height: 100px;
        background-color: red;

    }
    .demo-ani {
        animation: animation1 4s linear;
        width: 200px;
        height: 200px;
        background-color: blue;
```

```
    }
</style>
<div id="Application">
    <div :class="cls" @click="run">
    </div>
</div>
<script>
    const App = Vue.createApp({
        data(){
            return {
                cls:"demo"
            }
        },
        methods: {
            run() { //通过切换类型来执行关键帧动画
                if (this.cls == "demo") {
                    this.cls = "demo-ani"
                } else {
                    this.cls = "demo"
                }
            }
        }
    })
    App.mount("#Application")
</script>
```

在上面的CSS代码中，keyframes用来定义动画的名称和每个关键帧的状态，0%表示动画起始时的状态，25%表示动画执行到1/4时的状态，同理，100%表示动画的终止状态。对于每个状态，将其定义为一个关键帧，在关键帧中，可以定义元素的各种渲染属性，比如宽高、位置、颜色等。在定义keyframes时，如果只关心起始状态与终止状态，也可以这样定义：

```
@keyframes animation1 {
    from {
        background-color: red;
        width: 100px;
        height: 100px;
    }
    to {
        background-color: orchid;
        width: 200px;
        height: 200px;
    }
}
```

提示 keyframes动画的核心是定义关键帧的状态，可以将动画过程理解为一个一个关键状态的变化，例如一个红黄蓝颜色渐变的动画效果，红色状态时是一个关键帧，黄色状态时是一个关键帧，蓝色状态时是一个关键帧。在设计动画时，只要分析清楚所需要的关键帧的状态，使用keyframes创建动画非常容易。

定义keyframes关键帧后，在编写CSS样式代码时可以使用animation属性为其指定动画效果，如以上代码设置要执行的动画为名为animation1的关键帧动画，执行时长为4秒，执行方式为线性。animation的这些配置项也可以分别进行设置，示例如下：

【源码见附件代码/第11章/2.keyframes.html】

```
.demo-ani {
    /* 设置关键帧动画名称 */
    animation-name: animation1;
    /* 设置动画时长 */
    animation-duration: 3s;
    /* 设置动画播放方式：渐入渐出 */
    animation-timing-function: ease-in-out;
    /* 设置动画播放的方向 */
    animation-direction: alternate;
    /* 设置动画播放的次数 */
    animation-iteration-count: infinite;
    /* 设置动画的播放状态 */
    animation-play-state: running;
    /* 设置播放动画的延迟时间 */
    animation-delay: 1s;
    /* 设置动画播放结束应用到元素的样式 */
    animation-fill-mode:forwards;
    width: 200px;
    height: 200px;
    background-color: blue;
}
```

通过上面的范例，我们已经基本了解了如何使用原生的CSS，有了这些基础，再使用Vue中提供的动画相关API会非常容易。

11.2 使用JavaScript的方式实现动画效果

动画的本质是将元素的变化以渐进的方式完成，即将大的状态变化拆分成非常多个小的状态变化，通过不断执行这些变化来达到动画的效果。根据这一原理，也可以使用JavaScript代码来启用定时器，按照一定频率进行组件的状态变化来实现动画效果。

新建一个名为jsAnimation.html的测试文件，在其中编写如下核心测试代码：

【代码片段11-4 源码见附件代码/第11章/3.jsAnimation.html】

```
<div id="Application">
    <!-- 动画色块 -->
    <div :style="{backgroundColor: 'blue', width: width + 'px', height:height +
'px'}" @click="run">
    </div>
</div>
<script>
    const App = Vue.createApp({
        data(){
            return {
```

```
                width:100,          //元素宽度
                height:100,         //元素高度
                timer:null          //定时器对象
            }
        },
        methods: {
          //开启定时器，进行动画
            run() {
                this.timer = setInterval(this.animation, 10)
            },
              //指定动画效果的具体方法
            animation() {
                    //如果元素的宽度等于200，则停止动画
                if (this.width == 200) {
                    //销毁定时器
                    clearInterval(this.timer)
                    return
                } else {            //元素进行宽度、高度的变大
                    this.width += 1
                    this.height += 1
                }
            }
        }
    })
    App.mount("#Application")
</script>
```

setInterval方法用来开启一个定时器，上面的代码中设置每10毫秒执行一次回调函数，在回调函数中，逐像素地将色块的尺寸放大，最终就产生了动画效果。使用JavaScript可以更加灵活地控制动画的效果，在实际开发中，结合Canvas的使用，JavaScript可以实现非常强大的自定义动画效果。还有一点需要注意，当动画结束后，要使用clearInterval方法将对应的定时器停止。

提示 Canvas是一种H5绘图技术，简单理解，我们可以在窗口中创建一个画板，使用绘图接口来绘制内容。

11.3 Vue过渡动画

Vue的组件在页面中被插入、移除或者更新的时候都可以附带转场效果，即可以展示过渡动画。例如，当我们使用v-if和v-show这些指令控制组件的显示和隐藏时，就可以将其过程以动画的方式进行展现。

11.3.1 定义过渡动画

Vue过渡动画的核心原理依然是采用CSS类来实现的，只是Vue可以帮助我们在组件的不同生命周期自动切换不同的CSS类。

Vue中默认提供了一个名为transition的内置组件，可以用其来包装要展示过渡动画的元素。transition组件的name属性用来设置要执行的动画名称，Vue中约定了一系列的CSS类名规则来定义各个过渡过程中的组件状态。我们可以通过一个简单的示例来体会Vue的这一功能。

首先，新建一个名为vueTransition.html测试文件，编写如下示例代码：

【代码片段11-5 源码见附件代码/第11章/4.vueTransition.html】

```
<style>
    .ani-enter-from {
        width: 0px;
        height: 0px;
        background-color: red;
    }
    .ani-enter-active {
        transition: width 2s, height 2s, background-color 2s;
    }
    .ani-enter-to {
        width: 100px;
        height: 100px;
        background-color: blue;
    }
    .ani-leave-from {
        width: 100px;
        height: 100px;
        background-color: blue;
    }
    .ani-leave-active {
        transition: width 2s, height 2s, background-color 3s;
    }
    .ani-leave-to {
        width: 0px;
        height: 0px;
        background-color: red;
    }
</style>
<div id="Application">
    <button @click="click">显示/隐藏</button>
    <transition name="ani">
        <div v-if="show">
        </div>
    </transition>
</div>
<script>
    const App = Vue.createApp({
        data(){
            return {
                show:false
            }
        },
        methods:{
            click(){
```

```
            //切换组件的显示/隐藏状态会自动执行动画
            this.show = !this.show
        }
    }
})
App.mount("#Application")
</script>
```

运行代码，尝试单击页面上的功能按钮，可以看到组件在显示/隐藏过程中表现出的过渡动画效果。上面代码的核心是定义的6个特殊的CSS类，这6个CSS类没有显式地进行使用，但是其却在组件执行动画的过程中起到了不可替代的作用。我们为transition组件的name属性设置动画名称之后，当组件被插入页面并被移除时，其会自动寻找以此动画名称开头的CSS类，格式如下：

```
x-enter-from
x-enter-active
x-enter-to
x-leave-from
x-leave-active
x-leave-to
```

其中，x表示定义的过渡动画名称。上面6种特殊的CSS类，前3种用来定义组件被插入页面的动画效果，后3种用来定义组件被移出页面的动画效果。

- x-enter-from类在组件即将被插入页面时被添加到组件上，可以理解为组件的初始状态，元素被插入页面后此类会马上被移除。
- v-enter-to类在组件被插入页面后立即被添加，此时x-enter-from类会被移除，可以理解为组件过渡的最终状态。
- v-enter-active类在组件的整个插入过渡动画中都会被添加，直到组件的过渡动画结束后才会被移除。可以在这个类中定义组件过渡动画的时长、方式、延迟等。
- x-leave-from与x-enter-from相对应，在组件即将被移除时此类会被添加，用来定义移除组件时过渡动画的起始状态。
- x-leave-to则对应用来设置移除组件动画的终止状态。
- x-leave-active类在组件的整个移除过渡动画中都会被添加，直到组件的过渡动画结束后才会被移除。可以在这个类中定义组件过渡动画的时长、方式、延迟等。

你可能也发现了，上面提到的6种特殊的CSS类虽然被添加的时机不同，但是最终都会被移除，因此，当动画执行完成后，组件的样式并不会保留，更常见的做法是在组件本身绑定一个最终状态的样式类，示例如下：

```
<transition name="ani">
    <div v-if="show" class="demo">
    </div>
</transition>
```

CSS代码如下：

```
.demo {
    width: 100px;
    height: 100px;
```

```
    background-color: blue;
}
```

这样，组件的显示或隐藏过程就变得非常流畅了。上面的示例代码中使用CSS中的transition来实现动画，其实使用animation的关键帧方式定义动画效果也是一样的，CSS示例代码如下：

【源码见附件代码/第11章/4.vueTransition.html】

```
<style>
    @keyframes keyframe-in {
        from {
            width: 0px;
            height: 0px;
            background-color: red;
        }
        to {
            width: 100px;
            height: 100px;
            background-color: blue;
        }
    }
    @keyframes keyframe-out {
        from {
            width: 100px;
            height: 100px;
            background-color: blue;
        }
        to {
            width: 0px;
            height: 0px;
            background-color: red;
        }
    }
    .demo {
        width: 100px;
        height: 100px;
        background-color: blue;
    }
    .ani-enter-from {
        width: 0px;
        height: 0px;
        background-color: red;
    }
    .ani-enter-active {
        animation: keyframe-in 3s;
    }
    .ani-enter-to {
        width: 100px;
        height: 100px;
        background-color: blue;
    }
    .ani-leave-from {
```

```
        width: 100px;
        height: 100px;
        background-color: blue;
    }
    .ani-leave-active {
        animation: keyframe-out 3s;
    }
    .ani-leave-to {
        width: 0px;
        height: 0px;
        background-color: red;
    }
</style>
```

11.3.2 设置动画过程中的监听回调

我们知道，对于组件的加载或卸载过程，有一系列的生命周期函数会被调用。对于Vue中的转场动画来说，也可以注册一系列的函数来对其过程进行监听。示例如下：

【代码片段11-6 源码见附件代码/第11章/5.observer.html】

```
<transition name="ani"
@before-enter="beforeEnter"
@enter="enter"
@after-enter="afterEnter"
@enter-cancelled="enterCancelled"
@before-leave="beforeLeave"
@leave="leave"
@after-leave="afterLeave"
@leave-cancelled="leaveCancelled">
    <div v-if="show" class="demo">
    </div>
</transition>
```

上面注册的回调方法需要在组件的methods选项中实现：

【源码见附件代码/第11章/5.observer.html】

```
methods:{
    //组件插入过渡前
    beforeEnter(el) {
        console.log("beforeEnter")
    },
    //组件插入过渡开始
    enter(el, done) {
        console.log("enter")
    },
    //组件插入过渡后
    afterEnter(el) {
        console.log("afterEnter")
    },
    //组件插入过渡取消
```

```
    enterCancelled(el) {
        console.log("enterCancelled")
    },
    //组件移除过渡前
    beforeLeave(el) {
        console.log("beforeLeave")
    },
    //组件移除过渡开始
    leave(el, done) {
        console.log("leave")
    },
    //组件移除过渡后
    afterLeave(el) {
        console.log("afterLeave")
    },
    //组件移除过渡取消
    leaveCancelled(el) {
        console.log("leaveCancelled")
    }
}
```

有了这些回调函数，可以在组件过渡动画过程中实现复杂的业务逻辑，也可以通过JavaScript来自定义过渡动画，当我们需要自定义过渡动画时，需要将transition组件的css属性关掉，代码如下：

```
<div id="Application">
    <button @click="click">显示/隐藏</button>
    <transition name="ani" :css="false">
        <div v-show="show" class="demo">
        </div>
    </transition>
</div>
```

还有一点需要注意，上面列举的回调函数中，有两个函数比较特殊：enter和leave。这两个函数除会将当前元素作为参数传入外，还有一个特殊的参数：done，此参数的类型是函数类型，如果将transition组件的css属性关闭，决定使用JavaScript来实现自定义的过渡动画，这两个方法中的done函数最后必须被手动调用，以通知系统自定义动画处理完成，否则过渡动画会立即完成。

11.3.3 多个组件的过渡动画

Vue中的transition组件也支持同时包装多个互斥的子组件元素，从而实现多组件的过渡效果。在实际开发中，有很多这类常见的场景，例如元素A消失的同时元素B展示。核心示例代码如下：

【代码片段11-7 源码见附件代码/第11章/6.vueMTransition.html】

```
<style>
    .demo {
        width: 100px;
        height: 100px;
        background-color: blue;
    }
```

```
    .demo2 {
        width: 100px;
        height: 100px;
        background-color: blue;
    }
    .ani-enter-from {
        width: 0px;
        height: 0px;
        background-color: red;
    }
    .ani-enter-active {
        transition: width 3s, height 3s, background-color 3s;
    }
    .ani-enter-to {
        width: 100px;
        height: 100px;
        background-color: blue;
    }
    .ani-leave-from {
        width: 100px;
        height: 100px;
        background-color: blue;
    }
    .ani-leave-active {
        transition: width 3s, height 3s, background-color 3s;
    }
    .ani-leave-to {
        width: 0px;
        height: 0px;
        background-color: red;
    }
</style>
<div id="Application">
    <button @click="click">显示/隐藏</button>
    <transition name="ani">
        <div v-if="show" class="demo">
        </div>
        <div v-else class="demo2">
        </div>
    </transition>
</div>
<script>
    const App = Vue.createApp({
        data(){
            return {
                show:false
            }
        },
        methods:{
            click(){
                    //切换两个元素的显示/隐藏状态
```

```
                this.show = !this.show
            }
        }
    })
    App.mount("#Application")
</script>
```

运行代码，单击页面上的按钮，可以看到两个色块会以过渡动画的方式交替出现。默认情况下，两个元素的插入和移除动画会同步进行，有些时候这并不能满足我们的需求，大多数时候需要先执行移除的动画，再执行插入的动画。要实现这一功能非常简单，只需要对transition组件的mode属性进行设置即可，当我们将其设置为out-in时，就会先执行移除动画，再执行插入动画。若将其设置为in-out，则会先执行插入动画，再执行移除动画，代码如下：

```
<transition name="ani" mode="in-out">
    <div v-if="show" class="demo">
    </div>
    <div v-else class="demo2">
    </div>
</transition>
```

11.3.4 列表过渡动画

在实际开发中，列表是一种非常流行的页面设计方式。在Vue中，通常使用v-for指令来动态构建列表视图。在动态构建列表视图的过程中，其中的元素经常会有增删、重排等操作，如果要手动对这些操作实现动画并不太容易，幸运的是，在Vue中使用transition-group组件可以非常方便地实现列表元素变动的动画效果。

新建一个名为listAnimation.html的测试文件，编写如下核心示例代码：

【代码片段11-8 源码见附件代码/第11章/7.listAnimation.html】

```
<style>
    .list-enter-active,
    .list-leave-active {
        transition: all 1s ease;
    }
    .list-enter-from,
    .list-leave-to {
        opacity: 0;
    }
</style>
<div id="Application">
    <button @click="click">添加元素</button>
    <transition-group name="list">
        <div v-for="item in items" :key="item">
        元素: {{ item }}
        </div>
    </transition-group>
</div>
<script>
```

```
    const App = Vue.createApp({
        data(){
            return {
                items:[1,2,3,4,5]
            }
        },
        methods:{
            click(){
                this.items.push(this.items[this.items.length-1] + 1)
            }
        }
    })
    App.mount("#Application")
</script>
```

上面的代码非常简单，可以尝试运行一下，单击页面上的“添加元素”按钮后，可以看到列表的元素在增加，并且是以渐变动画的方式插入的。

在使用transition-group组件实现列表动画时，与transition类似，首先需要定义动画所需的CSS类，上面的示例代码中，只定义了透明度变化的动画。有一点需要注意，如果要使用列表动画，列表中的每个元素都需要有一个唯一的key值。如果要为上面的列表再添加一个删除元素的功能，它依然会很好地展示动画效果，删除元素的方法如下：

【源码见附件代码/第11章/7.listAnimation.html】

```
dele() {
    if(this.items.length > 0) {
        this.items.pop()
    }
}
```

除对列表中的元素进行插入和删除可以添加动画外，对列表元素的排序过程也可以采用动画来进行过渡，只需要额外定义一个v-move类型的特殊动画类即可，例如为上面的代码增加如下CSS类：

【源码见附件代码/第11章/7.listAnimation.html】

```
.list-move {
    transition: transform 1s ease;
}
```

之后可以尝试对列表中的元素进行逆序，Vue会以动画的方式将其中的元素移动到正确的位置。

11.4 实战：优化用户列表页面

对于前端网页开发来说，功能实现只开发产品的第一步，如何给用户以最优的使用体验才是工程师们需要核心关注的地方。在本书第10章的实战部分，我们一起完成了一个用户列表页面的开发，页面筛选和搜索功能都比较生硬，通过本章的学习，可以试试为其添加一些动画效果。

首先要实现列表动画效果，需要对定义的组件模板结构做一些改动，示例代码如下：

【源码见附件代码/第11章/8.demo.html】

```
template: '
    <div class="container">
        <div class="content">
            <input type="radio" :value="-1" v-model="sexFliter"/>全部
            <input type="radio" :value="0" v-model="sexFliter"/>男
            <input type="radio" :value="1" v-model="sexFliter"/>女
        </div>
        <div class="content">搜索: <input type="text" v-model="searchKey" /></div>
        <div class="content">
            <div class="tab" width="300px">
                <div>
                <div class="item">姓名</div>
                <div class="item">性别</div>
                </div>
                <transition-group name="list">
                    <div v-for="(data, index) in showDatas" :key="data.name">
                    <div class="item">{{data.name}}</div>
                    <div class="item">{{data.sex == 0 ? '男' : '女'}}</div>
                    </div>
                </transition-group>
            </div>
        </div>
    </div>
    '
```

对应地，定义CSS样式与动画样式如下：

```
<style>
    .container {
        margin: 50px;
    }
    .content {
        margin: 20px;
    }
    .tab {
        width: 300px;
        position: absolute;
    }
    .item {
        border: gray 1px solid;
        width: 148px;
        text-align: center;
        transition: all 0.8s ease;
        display: inline-block;
    }
    .list-enter-active {
        transition: all 1s ease;
    }
    .list-enter-from,
    .list-leave-to {
```

```
        opacity: 0;
    }
    .list-move {
        transition: transform 1s ease;
    }
    .list-leave-active {
        position: absolute;
        transition: all 1s ease;
    }
</style>
```

尝试运行代码，可以看到当对用户列表进行筛选和搜索时，列表的变化已经有了动画过渡效果。

11.5 本章小结

动画对于网页应用是非常重要的，良好的动画设计可以提升用户的交互体验，并且减少用户对产品功能的理解成本。通过本章的学习，你对Web动画的使用是否有了新的理解，尝试回答以下问题。

（1）页面应用如何添加动画效果？

提示 需要熟练使用CSS样式动画，当元素的CSS发生变化时，可以为其指定过渡动画效果。当然，也可以使用JavaScript来精准地控制页面元素的渲染效果，通过定时器不停地对组件进行刷新渲染，也可以实现非常复杂的动画效果。

（2）在Vue中如何为组件的过渡添加动画？

提示 Vue中按照一定的命名规则约定了一些特殊的CSS类名，在需要对组件的显示或隐藏添加过渡动画时，可以使用transition组件对其进行嵌套，并实现指定命名的CSS类来定义动画，同样Vue中也支持在列表视图改变时添加动画效果，并且提供了一系列可监听的动画过程函数，为开发者使用JavaScript完成动画提供支持。

第 12 章 Vue CLI 工具的使用

Vue 本身是一个渐进式的前端 Web 开发框架。其允许我们只在项目中的部分页面中使用 Vue 进行开发，也允许我们只使用 Vue 中的部分功能来进行项目开发。但是如果你的目标是完成一个风格统一的、可扩展性强的现代化的 Web 单页面应用，那么使用 Vue 提供的一整套完整的流程进行开发是非常适合的。并且，通过这些工具链的配合，我们可以创建集开发、编译、调试、发布为一体的开发流程，在开发过程中可以使用 TypeScript、Sass 等更高级的编程语言。Vue CLI 就是这样一个基于 Vue 进行快速项目开发的完整系统。

本章将介绍 Vue CLI 工具的安装和使用，以及使用 Vue CLI 创建的 Web 工程的基本开发流程。同时，也会介绍另一种更加轻量级的 Vue 工程构建脚手架工具 Vite。

通过本章，你将学习到：

- Vue CLI工具的安装与基本使用。
- Vue CLI中图形化工具的用法。
- 创建基于TypeScript环境的Vue项目。
- 完整Vue工程的结构与开发流程。
- 在本地对Vue项目进行运行和调试。
- Vue工程的构建方法。
- Vue Class Component库的基础应用。
- 了解Vite工具的使用。

12.1 Vue CLI工具入门

Vue CLI是一个帮助开发者快速创建和开发Vue项目的便捷工具。其核心功能是提供了可交互式的项目脚手架，并且提供了运行时所依赖的服务，对于开发者来说，使用其开发和调试Vue应用都非常方便。

12.1.1　Vue CLI 工具的安装

Vue CLI工具是一个需要全局安装的npm包，安装Vue CLI工具的前提是设备安装了Node.js环境，如果你使用的是macOS的操作系统，则系统默认会安装Node.js环境。如果系统默认没有安装，手动进行安装也非常简单。访问如下Node.js官网：

```
https://nodejs.org
```

打开网页后，在页面中间可以看到一个Node.js软件下载入口，如图12-1所示。

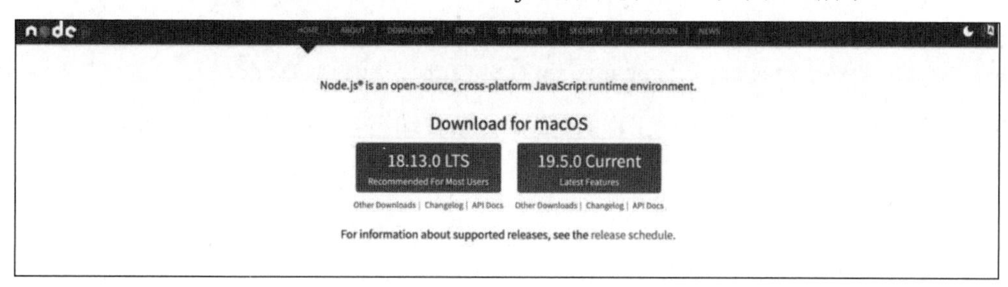

图 12-1　Node.js 官网

Node.js官网会自动根据当前设备的系统类型推荐需要下载的软件，选择当前最新的稳定版本进行下载即可，下载完成后，按照安装普通软件的方式对其进行安装即可。

安装Node.js环境后，即可在终端使用npm相关指令来安装软件包。在终端输入如下命令可以检查Node.js环境是否正确安装完成：

```
node -v
```

执行上面的命令后，只要终端输出版本号信息，就表明Node.js已经安装成功。

下面使用npm安装Vue CLI工具。在终端输入如下命令并执行：

```
npm install -g @vue/cli
```

由于有很多依赖包需要下载，因此安装过程可能会持续一段时间，耐心等待即可。注意，如果在安装过程中终端输出了如下异常错误信息：

```
Unhandled rejection Error: EACCES: permission denied
```

是因为当前操作系统登录的用户权限不足，使用如下命令重新安装即可：

```
sudo npm install -g @vue/cli
```

在命令前面添加sudo表示使用超级管理员权限执行命令，执行命令前终端会要求输入设备的启动密码。等待终端安装完成后，可以使用如下命令检查Vue CLI工具是否安装成功：

```
vue --version
```

如果终端正确输出了工具的版本号，则表明已经安装成功。之后，如果官方的Vue CLI工具有升级，在终端使用如下命令即可进行升级：

```
npm update -g @vue/cli
```

12.1.2 快速创建 Vue 项目

本小节将演示使用Vue CLI创建一个完整的Vue项目工程的过程。在终端执行如下命令来创建Vue项目工程：

```
vue create hello-world
```

其中hello-world是我们要创建的工程名称，Vue CLI工具本身是有交互性的，执行上面的命令后，终端可能会输出如下信息询问我们是否需要替换资源地址：

```
Your connection to the default yarn registry seems to be slow.
Use https://registry.npm.taobao.org for faster installation?
```

输入Y表示同意，之后继续创建工程的过程，之后终端还会询问一系列的配置问题，默认的配置方案创建出的项目是基于JavaScript语言的，我们可以选择Manually select features选项来自主进行项目配置。可选的配置项如图12-2所示。

```
Vue CLI v5.0.8
? Please pick a preset: Manually select features
? Check the features needed for your project: (Press <space> to select, <a> to
toggle all, <i> to invert selection, and <enter> to proceed)
 ◉ Babel
❯◯ TypeScript
 ◯ Progressive Web App (PWA) Support
 ◯ Router
 ◯ Vuex
 ◯ CSS Pre-processors
 ◉ Linter / Formatter
 ◯ Unit Testing
 ◯ E2E Testing
```

图 12-2　自主配置 Vue 项目

可以看到，Vue CLI工具默认提供了很多插件支持，默认选中Babel和Linter/Formatter工具。Babel是一个JavaScript编译器，Linter/Formatter是代码检查和格式化工具，这些选中项我们无须修改，只需要将TypeScript也选中即可（在箭头指向对应的选项时使用空格键来切换选中状态）。之后还会要求我们选择Vue的版本，选择3.x版本，还有一项配置是是否使用类风格的语法编写Vue组件，默认使用。对于这些选项，只需要一直按回车键使用默认配置即可。

所有的初始配置工作完成后，稍等片刻，Vue CLI即可创建一个TypeScript语言版本的Vue项目模板工程。打开此工程目录，可以看到当前工程的目录结构如图12-3所示。

一个完整的Vue模板工程相对原生的HTML工程要复杂很多，后面会介绍工程中默认生成的文件夹及文件的意义和用法。

至此，我们已经使用Vue CLI工具创建出了第一个完整的Vue项目工程，前面我们使用的是终端交互式命令创建工程，Vue CLI工具也提供了可交互的图形化页面来创建工程。在终端输入如下命令即可在浏览器中打开一个Vue工程管理工具页面：

```
vue ui
```

初始页面如图12-4所示。

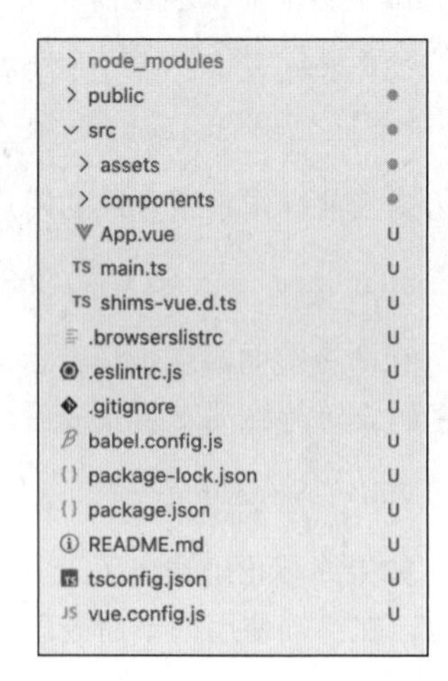

图 12-3　Vue 模板工程的目录结构

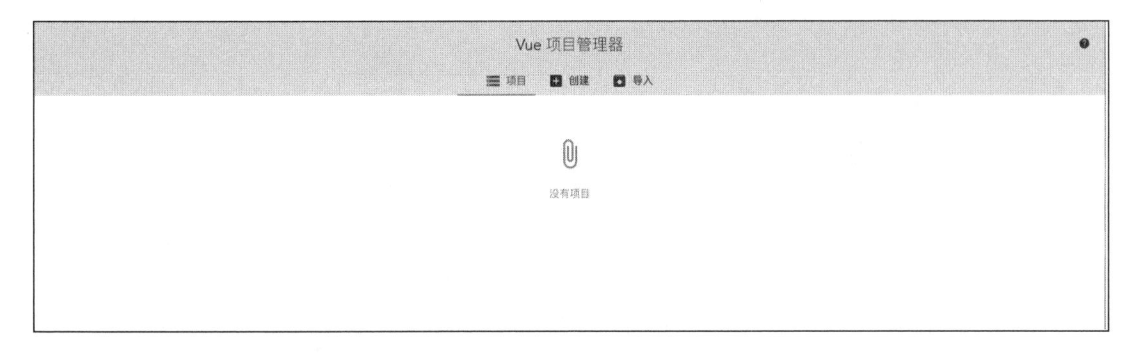

图 12-4　Vue CLI 图形化工具页面

可以看到，在页面中可以创建项目、导入项目或对已经有的项目进行管理。现在，我们可以尝试创建一个项目，单击“创建”按钮，然后对项目的详情进行完善，如图12-5所示。

图 12-5　对所创建的项目详情进行设置

在详情设置页面中，我们需要填写项目的名称，选择项目所在的目录位置，选择项目包管理器以及进行Git等相关配置。完成后，进行下一步选择项目的预设，如图12-6所示。

可以看到，这里的选项与我们使用命令交互模式创建的选项是对应的，可以选择“手动”选项来自定义预设。之后单击“创建”按钮，即可进入项目创建过程，我们需要稍等片刻，创建完成后，进入对应的目录查看，使用图形化页面创建的项目与使用终端命令创建的项目结构是一样的。

无论使用命令的方式创建和管理项目还是使用图形化页面的方式创建和管理项目，其功能是一样的，我们可以根据自己的习惯来进行选择，总体来说，使用命令的方式更加便捷，而使用图形化页面的方式更加直观。

图 12-6　选择项目预设

12.2　Vue CLI项目模板工程

前面尝试使用Vue CLI工具创建了一个完整的Vue项目工程。其实项目工程的创建只是Vue CLI工具链中的一部分，在安装Vue CLI工具时，我们同步安装了vue-cli-service工具，其提供了Vue项目的代码检查、编译、服务部署等功能。本节将介绍Vue CLI创建的模板工程的目录结构，并对这个模板工程进行运行。

12.2.1　模板工程的目录结构

通过观察Vue CLI创建的工程目录，可以发现其中主要包含3个文件夹和10个独立文件。我们先来看这10个独立文件：

- .browserslistrc文件
- .eslintrc.js文件
- .gitignore文件
- babel.config.js文件
- package.json文件
- package-lock.json文件
- README.md文件
- tsconfig.json文件
- shims-vue.d.ts文件
- vue.config.js文件

其中，以“.”开头的文件都是隐藏文件。

这10个独立文件说明如下：

- .browserslistrc文件是browserslist插件的配置文件，主要用来检查浏览器版本，做浏览器兼容逻辑，我们无须进行修改。
- .eslintrc.js文件是ESLint插件的配置文件，其用来配置代码检查规则，我们也无须修改。
- .gitignore文件用来配置Git版本管理工具需要忽略的文件或文件夹，在创建工程时，其默认会将一些依赖、编译产物、log日志等文件忽略，我们不需要修改。
- babel.config.js是Babel工具的配置文件，Babel本身是一个JavaScript编译器，其会将ES 6版本的代码转换成向后兼容的JavaScript代码。
- shims-vue.d.ts是Vue用来做TypeScript适配的文件。我们之所以可以正常引入Vue中的模块，都是此文件的功劳。
- package.json和package-lock.json文件相对比较重要，其中存储的是一个JSON对象结构的数据，用来配置当前的项目名称、版本号、脚本命令以及模块依赖等。package.json可以用来配置依赖库版本的匹配规则，package-lock.json则可以将依赖库的版本号锁定。当我们需要向项目中添加额外的依赖时，其就会被记录到这些文件默认的模板工程中，package.json文件生产环境的依赖如下：

```
"dependencies": {
  "core-js": "^3.8.3",
  "vue": "^3.2.13",
  "vue-class-component": "^8.0.0-0"
}
```

开发环境的依赖如下：

```
"devDependencies": {
  "@typescript-eslint/eslint-plugin": "^5.4.0",
  "@typescript-eslint/parser": "^5.4.0",
  "@vue/cli-plugin-babel": "~5.0.0",
  "@vue/cli-plugin-eslint": "~5.0.0",
  "@vue/cli-plugin-typescript": "~5.0.0",
  "@vue/cli-service": "~5.0.0",
  "@vue/eslint-config-typescript": "^9.1.0",
  "eslint": "^7.32.0",
  "eslint-plugin-vue": "^8.0.3",
  "typescript": "~4.5.5"
}
```

可以看到，其中指明了所依赖的Vue版本为3.2.13，vue-class-component库的版本为8.0.0，读者创建的工程中此处的配置和示例工程不一定完全一致，只要保证大版本的一致即可。

- README.md文件是一个Markdown格式的文件，其中记录了项目的编译和调试方式。我们也可以将项目的介绍编写在这个文件中。
- tsconfig.json文件是TypeScript的编译配置文件，我们可以在其中配置一些编译规则和依赖库。
- vue.config.js文件是使用Vue CLI创建项目时自动生成的文件，用来对项目的部署进行配置，我们目前无须关心。

了解了这些独立文件的意义及用法，我们再来看一下默认生成的3个文件夹：node_modules、public和src。

- node_modules文件夹下存放的是npm安装的依赖模块，这个文件夹默认会被Git版本管理工具忽略，对于其中的文件，我们也不需要手动添加或修改。
- public文件夹正如其命名一样，用来放置一些公有的资源文件，例如网页用到的图标、静态的HTML文件等。
- src是最重要的一个文件夹，核心功能代码文件都将放在这个文件夹下，在默认的模板工程中，这个文件夹下还有两个子文件夹：assets和components。顾名思义，assets存放资源文件，components存放组件文件。我们按照页面的加载流程来看一下src文件夹下默认生成的几个文件。

main.ts文件是应用程序的入口文件，其代码如下：

【源码见附件代码/第12章/1-hello-world/src/main.ts】

```
//导入Vue框架中的createApp方法
import { createApp } from 'vue'
//导入自定义的根组件
import App from './App.vue'
//挂载根组件
createApp(App).mount('#app')
```

你可能有些疑惑，main.ts文件中怎么只有组件创建和挂载的相关逻辑，并没有对应的HTML代码，那么组件是挂载到哪里的呢。其实前面已经介绍过，在public文件夹下会包含一个名为index.html的文件，它就是网页的入口文件，其代码如下：

【源码见附件代码/第12章/1-hello-world/public/index.html】

```
<!DOCTYPE html>
<html lang="">
  <head>
    <meta charset="utf-8">
    <meta http-equiv="X-UA-Compatible" content="IE=edge">
    <meta name="viewport" content="width=device-width,initial-scale=1.0">
    <link rel="icon" href="<%= BASE_URL %>favicon.ico">
    <title><%= htmlWebpackPlugin.options.title %></title>
  </head>
  <body>
    <noscript>
      <strong>We're sorry but <%= htmlWebpackPlugin.options.title %> doesn't work
properly without JavaScript enabled. Please enable it to continue.</strong>
    </noscript>
    <div id="app"></div>
    <!-- 编译后的内容会被自动注入 -->
  </body>
</html>
```

现在你明白了吧，main.ts中定义的根组件将被挂载到id为app的div标签上。回到main.ts文件，其中导入了一个名为App的组件作为根组件，可以看到，项目工程中有一个名为App.vue的文件，这其实使用了Vue中单文件组件的定义方法，即将组件定义在单独的文件中，便于开发和维护。

App.vue文件中的内容如下：

【代码片段12-1 源码见附件代码/第12章/1-hello-world/scr/App.vue】

```
<!-- 组件的HTML模板部分 -->
<template>
  <img alt="Vue logo" src="./assets/logo.png">
  <HelloWorld msg="Welcome to Your Vue.js + TypeScript App"/>
</template>
<!-- 组件TS逻辑部分 -->
<script lang="ts">
import { Options, Vue } from 'vue-class-component';
import HelloWorld from './components/HelloWorld.vue';
//定义App根组件
@Options({
  components: {
    HelloWorld,
  },
})
//导出App组件
export default class App extends Vue {}
</script>
<!-- 下面是CSS样式代码 -->
<style>
#app {
  font-family: Avenir, Helvetica, Arial, sans-serif;
  -webkit-font-smoothing: antialiased;
  -moz-osx-font-smoothing: grayscale;
  text-align: center;
  color: #2c3e50;
  margin-top: 60px;
}
</style>
```

单文件组件通常需要定义3部分内容：template模板部分、script脚本代码部分和style样式代码部分。如以上代码所示，在template模板中布局了一个图标和一个自定义的HelloWorld组件，在Script部分将当前组件进行了导出。我们再来看一下其中的TypeScript代码部分，其中@Options是vue-class-component模块中提供的一个装饰器方法，vue-class-component允许开发者在定义Vue组件时采用和定义类相似的语法风格，其中@Options用来定义Vue组件中的一些可选参数，例如上面示例代码中的@Options定义了HelloWorld子组件，关于vue-class-component库的用法，后面会简单介绍，这里如果不使用vue-class-component库，按照前面章节介绍的方法来返回一个Vue组件对象也是完全正确的，例如：

```
<!-- 组件TS逻辑部分 -->
<script lang="ts">
import HelloWorld from './components/HelloWorld.vue';
//导出定义的App组件
export default  {
  components: {
```

```
      HelloWorld
    }
  }
</script>
```

下面我们再来关注一下HelloWorld.vue文件，其中的内容如下：

【源码见附件代码/第12章/1-hello-world/scr/components/HelloWorld.vue】

```
<!-- 模板部分，主要定义了页面的框架 -->
<template>
  <div class="hello">
    <h1>{{ msg }}</h1>
    <p>
      For a guide and recipes on how to configure / customize this project,<br>
      check out the
      <a href="https://cli.vuejs.org" target="_blank" rel="noopener">vue-cli
documentation</a>.
    </p>
    <h3>Installed CLI Plugins</h3>
    <ul>
      <li><a href="https://github.com/vuejs/vue-cli/tree/dev/packages/
%40vue/cli-plugin-babel" target="_blank" rel="noopener">babel</a></li>
      <li><a href="https://github.com/vuejs/vue-cli/tree/dev/packages/
%40vue/cli-plugin-typescript" target="_blank" rel="noopener">typescript</a></li>
      <li><a href="https://github.com/vuejs/vue-cli/tree/dev/packages/
%40vue/cli-plugin-eslint" target="_blank" rel="noopener">eslint</a></li>
    </ul>
    <h3>Essential Links</h3>
    <ul>
      <li><a href="https://vuejs.org" target="_blank" rel="noopener">Core Docs
</a></li>
      <li><a href="https://forum.vuejs.org" target="_blank" rel="noopener"> Forum
</a></li>
      <li><a href="https://chat.vuejs.org" target="_blank" rel="noopener">
Community Chat</a></li>
      <li><a href="https://twitter.com/vuejs" target="_blank" rel="noopener">
Twitter</a></li>
      <li><a href="https://news.vuejs.org" target="_blank" rel="noopener"> News
</a></li>
    </ul>
    <h3>Ecosystem</h3>
    <ul>
      <li><a href="https://router.vuejs.org" target="_blank" rel="noopener">
vue-router</a></li>
      <li><a href="https://vuex.vuejs.org" target="_blank" rel="noopener">
vuex</a></li>
      <li><a href="https://github.com/vuejs/vue-devtools#vue-devtools" target=
"_blank" rel="noopener">vue-devtools</a></li>
      <li><a href="https://vue-loader.vuejs.org" target="_blank" rel="noopener">
vue-loader</a></li>
      <li><a href="https://github.com/vuejs/awesome-vue" target="_blank"
rel="noopener">awesome-vue</a></li>
    </ul>
```

```
  </div>
</template>
<script lang="ts">
import { Options, Vue } from 'vue-class-component';
@Options({
  //外部属性props定义在Options中
  props: {
    msg: String
  }
})
export default class HelloWorld extends Vue {
  //此处定义了一个内部属性msg
  msg!: string
}
</script>
<!-- 仅仅在模块内部生效的Style代码 -->
<style scoped>
h3 {
  margin: 40px 0 0;
}
ul {
  list-style-type: none;
  padding: 0;
}
li {
  display: inline-block;
  margin: 0 10px;
}
a {
  color: #42b983;
}
</style>
```

上面的代码中，可以看到HelloWorld类中声明了一个名为msg、类型为string的属性：

```
export default class HelloWorld extends Vue {
  //此处声明了一个内部属性msg，并且告诉编译器msg一定非空
  msg!: string
}
```

这种写法和之前定义Vue组件时定义在data方法中效果是一样的，代码如下：

```
export default HelloWorld ({
  data() {
    return {
      msg:''
    }
  }
})
```

可以看到，使用定义类的风格编写的代码更加简洁清晰。注意，在使用vue-class-component模块时，原本组件的data中的内部属性可以直接声明为类中的成员属性。methods中的方法可以直接声明为类成员方法，computed计算属性可以直接被声明为类中的Getter和Setter方法，其他选项可以直接放入Options参数内配置。

HelloWorld.vue文件中的代码很多，总体来看只是定义了很多可跳转元素，并没有太多逻辑，现在我们对默认生成的模板项目已经有了初步的了解，12.2.2节将尝试在本地运行和调试它。

12.2.2 运行 Vue 项目工程

要运行Vue模板项目非常简单，首先打开终端，进入当前Vue项目工程目录，执行如下命令：

```
npm run serve
```

之后，进行Vue项目工程的编译并在本机启动一个开发服务器，若终端输出如下信息，则表明项目已经运行完成：

```
 DONE  Compiled successfully in 3729ms
16:34:20
  App running at:
  - Local:   http://localhost:8080/
  - Network: http://192.168.1.21:8080/
  Note that the development build is not optimized.
  To create a production build, run npm run build.
No issues found.
```

之后，在浏览器中输入如下地址，便会打开当前的Vue项目页面，如图12-7所示。

```
http://localhost:8080/
```

图 12-7 HelloWorld 示例项目

默认情况下，Vue项目要运行在8080端口上，我们也可以手动指定端口，示例如下：

```
npm run serve -- --port 9000
```

启动开发服务器后，其默认附带了热重载模块，即我们只需要修改代码之后进行保存，网页就会自动进行更新。读者可以尝试修改App.vue文件中HelloWorld组件的msg参数的值，之后保存，可以看到浏览器页面中的标题也会自动进行更新。

使用Vue CLI中的图形化页面可以更加方便和直观地对Vue项目进行编译和运行，在CLI图形化网页工具中进入对应的项目，单击页面中的“运行”按钮即可，如图12-8所示。

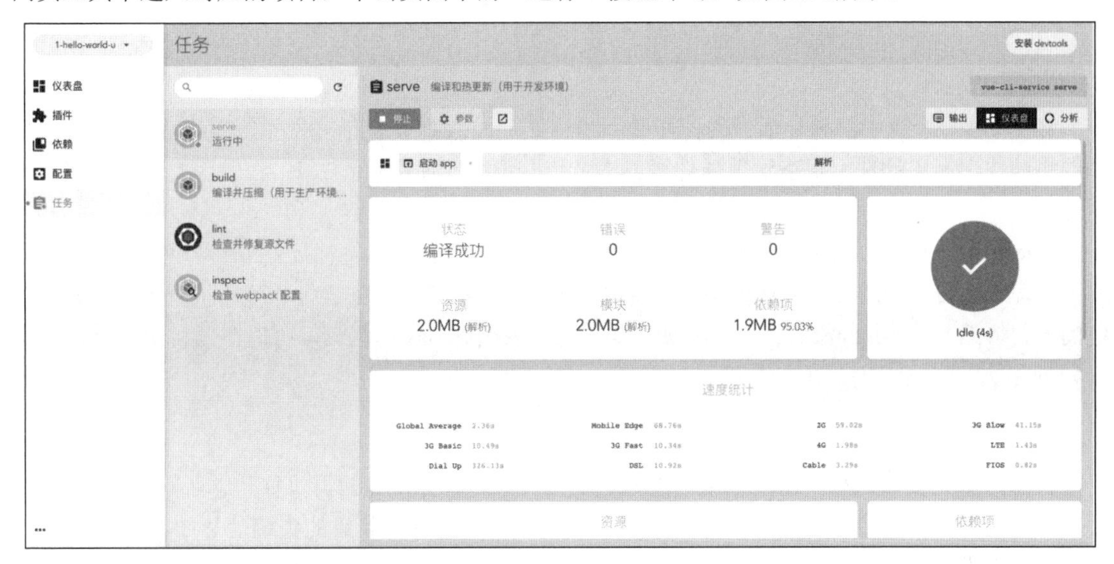

图 12-8　使用图形化工具管理 Vue 项目

在图形化工具中不仅可以对项目进行编译、运行和调试，还提供了许多分析报表，比如资源体积、运行速度、依赖项等，非常实用。

12.2.3　vue-class-component 库简介

vue-class-component是Vue社区维护的一个类组件工具库。通常在定义Vue组件时，我们需要构建的是一个对象，通过对象的配置项来对外部属性、内部属性、方法、监听器以及属性存储器等进行配置。这种配置方式不能很好地体现面向对象的编程方法，同时要实现组件间的继承关系也比较复杂。vue-class-component允许我们以类的语法风格来定义组件，配合TypeScript本身的特性，定义Vue组件将非常方便。

vue-class-component的基本使用非常简单，只需要记住如下几条规则即可：

（1）Vue组件data中定义的数据可以直接定义成类的实例属性（需要注意属性必须赋初值，且不能是undefined，否则会失去响应性）。

（2）Vue组件methods选项中定义的方法可以直接定义成类的实例方法。

（3）Vue组件computed选项中定义的计算属性可以直接定义为类实例的Setter或Getter方法。

（4）Vue组件的外部属性、子组件挂载等其他选项可以直接对应地定义在修饰组件的@Options装饰器内。

关于vue-class-component的更多高级用法，我们会在后续使用到的时候进行介绍，感兴趣的读者也可以提前自行查阅相关资料。

12.3 在项目中使用依赖

在Vue项目开发中，额外插件的使用必不可少。后面的章节会介绍各种各样的常用Vue插件，如网络插件、路由插件、状态管理插件等。本节将介绍如何使用Vue CLI工程脚手架来安装和管理插件。

Vue CLI创建的工程使用的是基于插件的架构。通过查看package.json文件，可以发现在开发环境下，其默认安装了需要的工具依赖，主要用来进行代码编译、服务运行和代码检查等。安装依赖包的方式依然是使用npm相关命令。例如，如果需要安装vue-axios依赖，可以在项目工程目录下执行如下命令：

```
npm install --save axios vue-axios
```

注意，如果安装过程中出现权限问题，则需要在命令前添加sudo再执行。

安装完成后，可以看到package.json文件会自动进行更新，更新后的依赖信息如下：

```
"dependencies": {
  "axios": "^1.2.5",
  "core-js": "^3.8.3",
  "vue": "^3.2.13",
  "vue-axios": "^3.5.2",
  "vue-class-component": "^8.0.0-0"
}
```

其实，不止package.json文件会更新，在node_modules文件夹下也会新增axios和vue-axios相关的模块文件。

我们也可以使用图形化工具进行依赖管理，在项目管理器的项目依赖下，可以查看当前项目安装的依赖及其版本，也可以直接在其中安装和卸载插件，如图12-9所示。

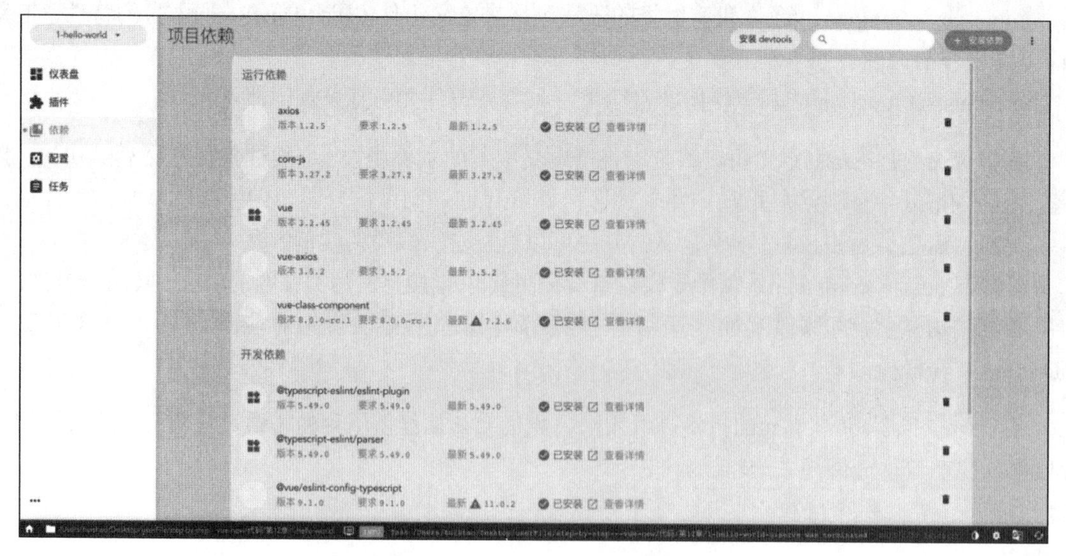

图 12-9 使用图形化工具进行依赖管理

尝试在图形化工具中进行组件的安装，单击页面中的“安装依赖”按钮，可以在所有可用的依赖中进行搜索，选择自己需要的进行安装，如图12-10所示。

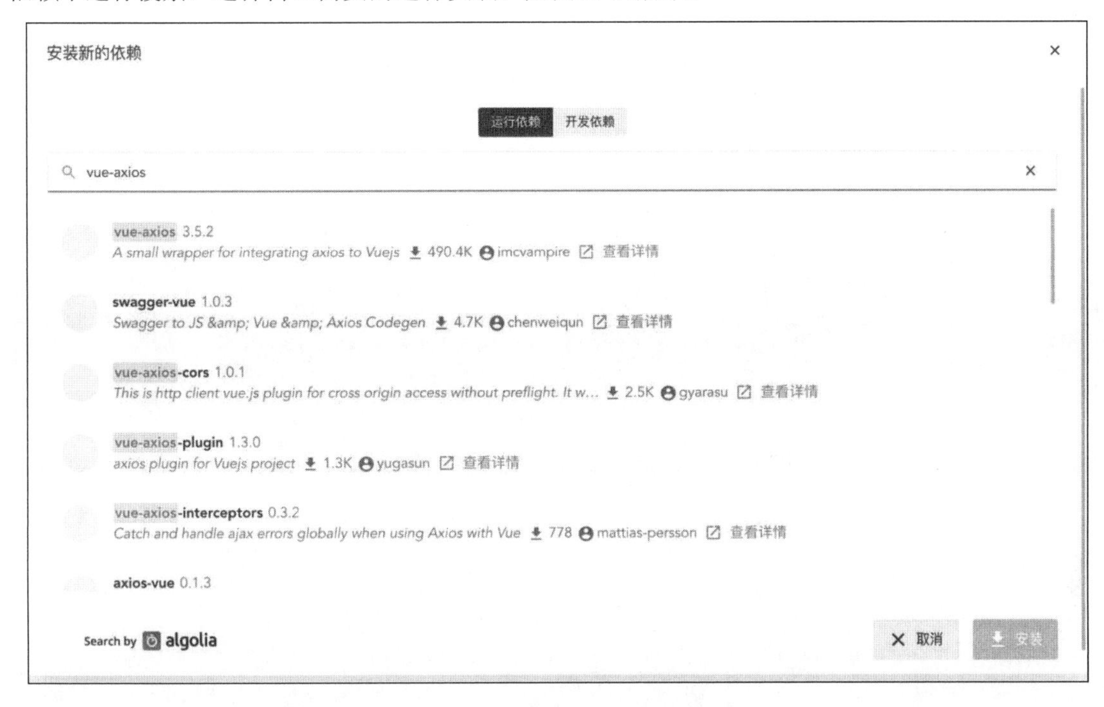

图 12-10　使用图形化工具安装依赖

另外，vue-axios是一个在Vue中用于网络请求的依赖库，后面的章节我们会专门介绍它。

12.4　工 程 构 建

开发完一个Vue项目后，我们需要将其构建成可发布的代码产品。Vue CLI提供了对应的工具链来实现这些功能。

在Vue工程目录下执行如下命令，可以直接将项目代码编译构建成生产包：

```
npm run build
```

构建过程可能需要一段时间，构建完成后，在工程的根目录下将会生成一个名为dist的文件夹，这个文件夹就是我们要发布的软件包，可以看到，这个文件夹下包含一个名为index.html的文件，它是项目的入口文件，除此之外，还包含一些静态资源与CSS、JavaScript等相关文件（TypeScript代码最终也会变成JavaScript代码），这些文件中的代码都是被压缩完成的。

当然，也可以使用图形化管理工具来进行工程构建，如图12-11所示。

注意，不添加任何参数进行构建会按照一些默认的规则进行，例如构建完成后的目标文件将生成在dist文件夹中，默认的构建环境是生产环境（开发环境的依赖不会被添加），在构建时，我们也可以对一些构建参数进行配置，以使用图形化工具为例，可配置的参数如图12-12所示。

图 12-11　使用图形化管理工具进行工程构建

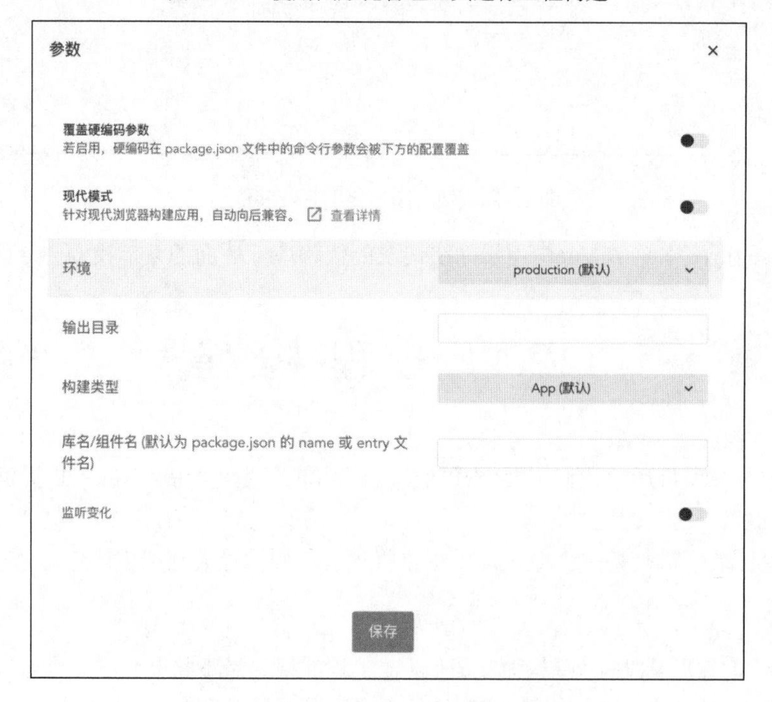

图 12-12　对构建参数进行配置

12.5　新一代前端构建工具Vite

现在，你已经了解了Vue CLI工具的基本使用。Vue CLI是非常优秀的Vue项目构建工具，但它并不是唯一的，如果你追求极致的构建速度，Vite将是不错的选择。

12.5.1　Vite 与 Vue CLI

Vue CLI适合大型商业项目的开发，它是构建大型Vue项目不可或缺的工具，Vue CLI主要包括工程脚手架、带热重载模块的开发服务器、插件系统、用户界面等功能。与Vue CLI类似，Vite也是一个提供项目脚手架和开发服务器的构建工具。不同的是，Vite不是基于Webpack进行编译构建的，它有一套自己的开发构建服务，并且Vite本身并不像Vue CLI那样功能完善且强大，它只专注提供基本构建的功能和开发服务器。因此，Vite更加小巧迅捷，其开发服务器比Vue CLI的开发服务器快10倍左右，这对开发者来说太重要了，开发服务器的响应速度会直接影响开发者的编程体验和开发效率。对于大型项目来说，可能会有成千上万个JavaScript模块，这时构建效率的速度差异就会非常明显。

虽然Vite在“速度”上比Vue CLI强大很多，但其没有用户界面，也没有提供插件管理系统，对于初学者来说不是很友好。在实际项目开发中，到底是要使用Vue CLI还是使用Vite并没有一定的标准，读者可以按需选择。

12.5.2　体验 Vite 构建工具

在创建基于Vite脚手架的Vue项目前，首先要确保我们所使用的Node.js的版本大于12.0.0。在终端执行如下指令可以查看当前使用的Node.js版本：

```
node -v
```

如果终端输出的Node.js版本号并不大于12.0.0，则有两种处理方式，一种是直接从Node.js的官网下载新版本的Node.js软件并安装即可，官网地址如下：

```
http://nodejs.cn/
```

另一种方式是使用NVM来管理Node.js版本，nvm可以在安装的多个版本的Node.js间任意选择所需要使用的，非常方便。关于NVM和Node.js的安装不是本节的重点，这里不再赘述。

确认当前使用的Node.js版本符合要求后，在终端执行如下指令来创建Vue项目工程：

```
npm create vite@latest
```

之后我们需要一步一步渐进式地选择一些配置项，首先需要输入工程名和包名，例如我们可以取名为viteDemo，之后选择要使用的框架，Vite不止支持构建Vue项目，也支持构建基于React等框架的项目，这里我们选择Vue即可，使用的语言依然渲染TypeScript。

项目创建完成后，可以看到生成的工程目录结构如图12-13所示。

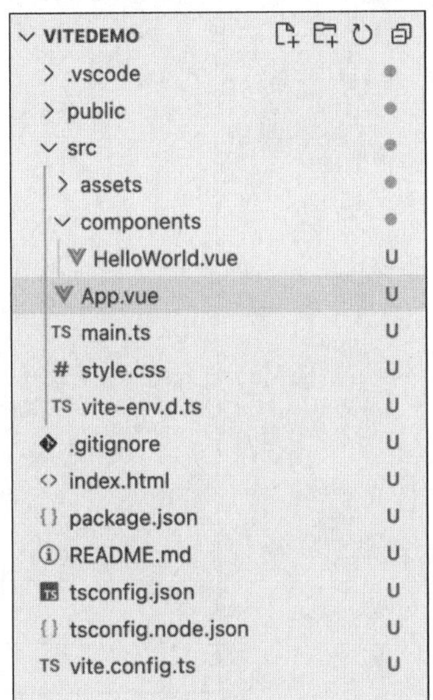

图 12-13　Vite 创建的 Vue 项目工程

从目录结构来看，Vite创建的工程与Vue CLI创建的工程十分类似，其中差别主要在于package.json文件，Vite工程的代码如下：

```
{
  "name": "vitedemo",
  "private": true,
  "version": "0.0.0",
  "type": "module",
  "scripts": {
    "dev": "vite",
    "build": "vue-tsc && vite build",
    "preview": "vite preview"
  },
  "dependencies": {
    "vue": "^3.2.45"
  },
  "devDependencies": {
    "@vitejs/plugin-vue": "^4.0.0",
    "typescript": "^4.9.3",
    "vite": "^4.0.0",
    "vue-tsc": "^1.0.11"
  }
}
```

现在试着运行这个工程，首先全局安装Vite工具：

```
npm install -g vite
```

之后在工程目录下执行npm run dev（第一次执行前别忘记执行npm install指令安装依赖）即可开启开发服务器，执行npm run build即可进行打包操作。此模板工程的运行效果如图12-14所示。

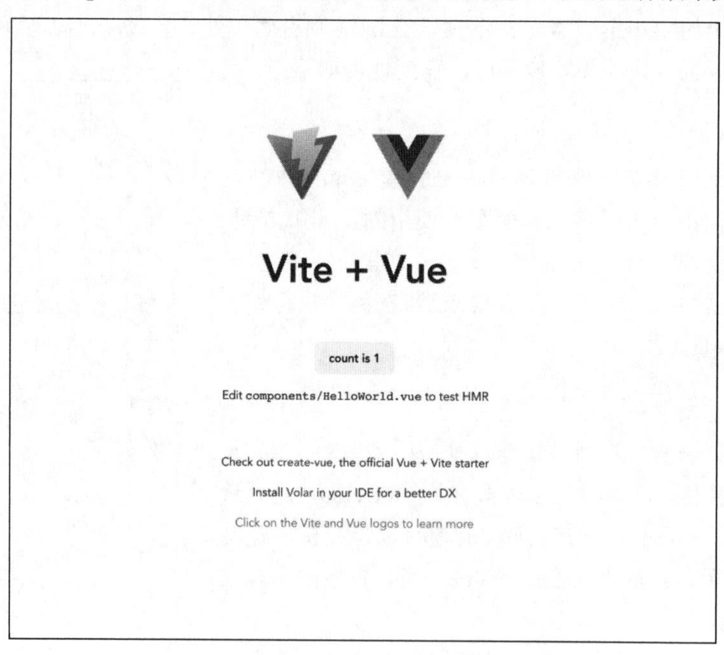

图 12-14　Vite 创建的 Vue 项目模板工程

无论你选择使用Vue CLI构建工具还是更喜欢Vite构建工具都没有关系，本书后面章节所介绍的内容都只专注Vue框架本身的使用，使用任何构建工具都可以完成。

12.6 本章小结

在日常开发中，大多数Vue项目都会采用Vue CLI工具来进行创建、开发、打包和发布。其流程化的工具链可以大大减少开发者的项目搭建和管理负担。

（1）思考Vue CLI是怎样的一种开发工具，如何使用。

提示 Vue CLI是一个基于Vue.js进行快速开发的完整系统。其提供了一套可交互式的项目脚手架，无论是项目开发过程中的环境配置、插件和依赖管理还是工程的构建打包与部署，使用Vue CLI工具都极大地简化了开发者需要做的工作。Vue CLI也提供了一套完全图形化的管理工具，开发者使用起来更加方便直观。另外，其还配套了一个vue-cli-service服务，可以方便开发者在开发环境运行工程。

（2）Vite相比Vue CLI有哪些异同？

提示 尝试从提供的功能、用户交互方式、效率等方面进行比较。

第 13 章 Element Plus 基于 Vue 3 的 UI 组件库

通过前面章节的学习，我们对 Vue 框架本身的知识基本已经掌握。在实际开发中，更多时候需要结合各种基于 Vue 框架开发的第三方模块来完成项目。以最直接的 UI 展现为例，通过使用基于 Vue 的组件库，我们可以快速搭建功能强大、样式美观的页面。本章将介绍一款名为 Element Plus 的前端 UI 框架，其本身是基于 Vue 的 UI 框架，在 Vue 项目中可以完全兼容使用，掌握 Element Plus 框架的使用是 Vue 前端页面开发的重中之重。

Element Plus 框架是 Vue 开发中非常流行的一款 UI 组件库，其可以给用户带来全网一致的使用体验、目的清晰的控制反馈等。对于开发者来说，由于 Element Plus 内置了非常丰富的样式与布局框架，因此使用它可以大大降低开发者页面开发的成本。

通过本章，你将学习到：

- 结合Element Plus框架到Vue项目进行快速页面开发。
- 基础的Element Plus独立组件的应用。
- Element Plus中布局与容器组件的应用。
- Element Plus中表单与相关输入组件的应用。
- Element Plus中列表与导航相关组件。

13.1 Element Plus入门

Element Plus可以直接使用CDN的方式引入，单独使用其提供的组件和样式与渐进式风格的Vue框架十分类似。同样，我们也可以使用npm在Vue CLI等脚手架工具创建的模板工程中依赖Element Plus框架进行使用。本章将介绍Element Plus这两种使用方式，并通过一些简单的组件介绍Element Plus的基本使用方法。

13.1.1　Element Plus的安装与使用

Element Plus支持使用CDN方式进行引入，如果我们在开发简单静态页面时使用了CDN方式引入Vue框架，那么也可以使用同样的方式来引入Element Plus框架。

新建一个名为element.html的测试文件，在其中编写如下基础代码。

【源码见附件代码/第13章/1.element.html】

```
<!DOCTYPE html>
<html lang="en">
<head>
    <meta charset="UTF-8">
    <meta http-equiv="X-UA-Compatible" content="IE=edge">
    <meta name="viewport" content="width=device-width, initial-scale=1.0">
    <title>ElementUI</title>
    <!-- 引入Vue -->
    <script src="https://unpkg.com/vue@3/dist/vue.global.js"></script>
</head>
<body>
    <div id="Application" style="text-align: center;">
        <h1>这里是模板的内容:{{count}}次单击</h1>
        <button v-on:click="clickButton">按钮</button>
    </div>
    <script>
        const App = {
            data() {
                return {
                    count:0, //计数属性
                }
            },
            methods: {
                //单击按钮，进行计数自增
                clickButton() {
                    this.count = this.count + 1
                }
            }
        }
        Vue.createApp(App).mount("#Application")
    </script>
</body>
</html>
```

相信对于上面的示例代码，你一定非常熟悉，在学习Vue的基础知识时，我们经常会使用上面的计数器示例，运行上面的代码，页面上显示的标题和按钮都是原生的HTML元素，样式并不怎么漂亮，下面我们尝试为其添加Element Plus的样式。

首先，在head标签中引入Element Plus框架，示例如下。

【源码见附件代码/第13章/1.element.html】

```
<!-- 图标库 -->
<script src="https://unpkg.com/@element-plus/icons-vue"></script>
<!-- 引入样式 -->
<link rel="stylesheet" href="https://unpkg.com/element-plus/dist/index.css" />
<!-- 引入组件库 -->
<script src="https://unpkg.com/element-plus"></script>
```

之后，在JavaScript代码中对创建的应用实例做一些修改，使其挂载Element Plus相关的功能，示例如下：

【代码片段13-1 源码见附件代码/第13章/1.element.html】

```
let instance = Vue.createApp(App)
//加载ElementPlus模块
instance.use(ElementPlus)
//注册图标组件
for (const [key, component] of Object.entries(ElementPlusIconsVue)) {
    instance.component(key, component)
}
instance.mount("#Application")
```

调用Vue的createApp方法后返回创建的应用实例，调用此实例的use方法来加载ElementPlus模块，注意，Element Plus框架也提供了对应的图标库，这些图标组件需要进行注册才能使用，之后就可以在HTML模板中直接使用Element Plus中内置的组件了，修改HTML代码如下：

【源码见附件代码/第13章/1.element.html】

```
<div id="Application" style="text-align: center;">
    <div style="margin: 40px;"><el-tag>这里是模板的内容:{{count}}次单击</el-tag>
</div>
    <div><el-button v-on:click="clickButton">按钮</el-button></div>
</div>
```

el-tag与el-button是Element Plus中提供的标签组件与按钮组件，运行代码，页面效果如图13-1所示，可以看到组件美观了很多。

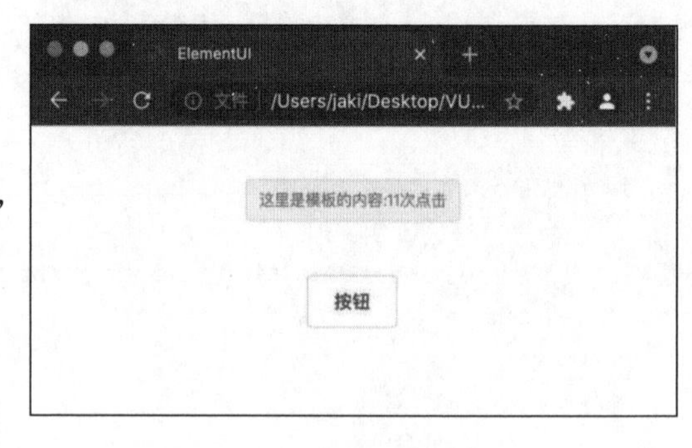

图 13-1 Element Plus 组件示例

上面演示了在单文件中使用Element Plus框架，在完整的Vue工程中使用其也非常方便。使用Vue脚手架工具新建一个HelloWolrd工程，直接在创建好的Vue工程目录下执行如下命令即可：

```
npm install element-plus --save
npm install @element-plus/icons-vue
--save
```

注意，如果有权限问题，在上面的命令前添加sudo即可。执行完成后，可以看到工程下的package.json文件中指定依赖的部分已经被添加了Element Plus框架和图标库：

```
"dependencies": {
  "@element-plus/icons-vue": "^2.1.0",
```

```
    "core-js": "^3.8.3",
    "element-plus": "^2.3.3",
    "vue": "^3.2.13",
    "vue-class-component": "^8.0.0-0"
  }
```

在使用之前，别忘记加载Element Plus模块，修改main.ts文件如下。

【源码见附件代码/第13章/1_hello-world/src/main.ts】

```
//导入相关模块
import { createApp } from 'vue'
import App from './App.vue'
import ElementPlus from 'element-plus'
import 'element-plus/dist/index.css'
import * as ElementPlusIconsVue from '@element-plus/icons-vue'
const instance = createApp(App)
//加载ElementPlus模块
instance.use(ElementPlus)
//注册图标组件
for (const [key, component] of Object.entries(ElementPlusIconsVue)) {
   instance.component(key, component)
}
instance.mount('#app')
```

之后，尝试修改工程中的HelloWorld.vue，在其中使用Element Plus内置的组件，修改HelloWorld.vue文件中的template模板如下：

【代码片段13-2 源码见附件代码/第13章/1_hello-world/src/components/HelloWorld.vue】

```
<template>
  <div class="hello">
    <h1>{{ msg }}</h1>
    <el-empty description="空空如也~~~"></el-empty>
  </div>
</template>
```

其中，el-empty组件是一个空态页组件，用来展示无数据时的页面占位图，运行项目，效果如图13-2所示。

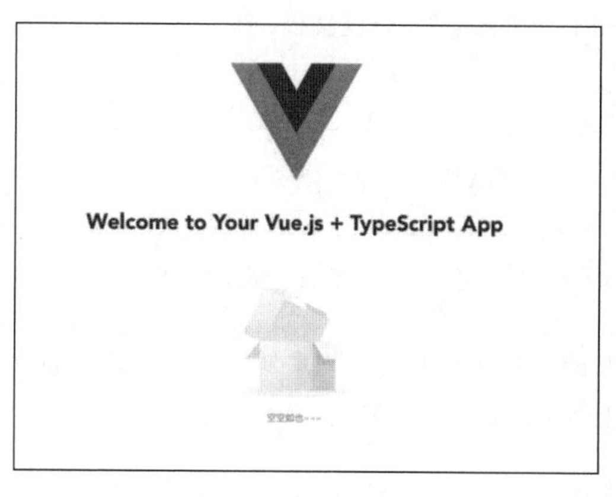

图 13-2　空态组件示例

13.1.2 按钮组件

Element Plus中提供了el-button组件来创建按钮，el-button组件中提供了很多属性来对按钮的样式进行定制。可用属性列举如表13-1所示。

表 13-1 el-button 组件的可用属性

属　性	意　义	值
size	设置按钮尺寸	default：中等尺寸 small：小尺寸 large：大尺寸
type	按钮类型，设置不同的类型会默认配置配套的按钮风格	primary：常规风格 success：成功风格 warning：警告风格 danger：危险风格 info：详情风格
text	是否采用文本样式的按钮	布尔值
plain	是否采用描边风格的按钮	布尔值
round	是否采用圆角按钮	布尔值
circle	是否采用圆形按钮	布尔值
loading	是否采用加载中按钮（附带一个 loading 指示器）	布尔值
disabled	是否为禁用状态	布尔值
autofocus	是否自动聚焦	布尔值
icon	设置图标名称	图标组件

下面通过代码来实操上面列举的属性的用法。

size属性枚举了3种按钮的尺寸，我们可以根据不同的场景为按钮选择合适的尺寸，各种尺寸按钮代码示例如下：

【源码见附件代码/第13章/1_hello-world/src/components/ElementButton.vue】

```
<el-button>默认按钮</el-button>
<el-button size="large">大型按钮</el-button>
<el-button size="small">小型按钮</el-button>
```

渲染效果如图13-3所示。

图 13-3 不同尺寸的按钮组件

提示 本章所涉及的示例代码都按照其类别封装成了示例组件，读者可以运行附件中的源码工程直接查看Element UI组件的渲染效果。

type属性主要控制按钮的风格，el-button组件默认提供了一组风格供开发者选择，不同的风格适用于不同的业务场景，例如danger风格通常用来提示用户这个按钮的单击是一个相对危险的操作。示例代码如下：

【源码见附件代码/第13章/1_hello-world/src/components/ElementButton.vue】

```
<el-button type="primary">常规按钮</el-button>
<el-button type="success">成功按钮</el-button>
<el-button type="info">信息按钮</el-button>
<el-button type="warning">警告按钮</el-button>
<el-button type="danger">危险按钮</el-button>
```

效果如图13-4所示。

图 13-4　各种风格的按钮示例

plain属性控制按钮是填充风格的还是描边风格的，round属性控制按钮是否为圆角的，circle属性设置是否为圆形按钮，loading属性设置当前按钮是否为加载态的，disable属性设置按钮是否为禁用的，示例代码如下：

【源码见附件代码/第13章/1_hello-world/src/components/ElementButton.vue】

```
<el-button type="primary" :plain="true">描边</el-button>
<el-button type="primary" :round="true">圆角</el-button>
<el-button type="primary" :circle="true">圆形</el-button>
<el-button type="primary" :disable="true">禁用</el-button>
<el-button type="primary" :loading="true">加载</el-button>
```

效果如图13-5所示。

图 13-5　按钮的各种配置属性

Element Plus配套的图标库中默认提供了很多内置图标可以直接使用，我们在使用el-button按钮组件时，也可以通过设置其icon属性来使用图标按钮，示例如下：

【源码见附件代码/第13章/1_hello-world/src/components/ElementButton.vue】

```
<el-button type="primary" icon="Share"></el-button>
<el-button type="primary" icon="Delete"></el-button>
<el-button type="primary" icon="Search">图标在前</el-button>
<el-button type="primary">图标在后<el-icon class="el-icon--right"><Upload
/></el-icon></el-button>
```

效果如图13-6所示。

图 13-6　带图标的按钮

13.1.3 标签组件

从展示样式来看，Element Plus中的标签组件与按钮组件非常相似。在Element Plus中使用el-tag组件来创建标签，其中可用属性列举如表13-2所示。

表 13-2 el-tag 组件的可用属性

属 性	意 义	值
type	设置标签类型	success：成功风格 info：详情风格 warning：警告风格 danger：危险风格
size	标签的尺寸	default：中等尺寸 small：小尺寸 large：大尺寸
hit	是否描边	布尔值
color	标签的背景色	字符串
effect	设置标签样式主题	dark：暗黑主题 light：明亮主题 plain：通用主题
closable	标签是否可关闭	布尔值
disable-transitions	使用禁用渐变动画	布尔值
click	单击标签的触发事件	函数
close	单击标签上的关闭按钮的触发事件	函数

el-tag组件的type属性和size属性的用法与el-button组件相同，这里不再赘述，hit属性用来设置标签是否带描边，color属性用来定制标签的背景颜色，示例代码如下：

【源码见附件代码/第13章/1_hello-world/src/components/ElementTag.vue】

```
<el-tag>普通标签</el-tag>
<el-tag :hit="true">描边标签</el-tag>
<el-tag color="purple">紫色背景标签</el-tag>
```

效果如图13-7所示。

图 13-7 标签组件示例

closable属性用来控制标签是不是可关闭的，通过设置这个属性，标签组件会自带删除按钮，在许多实际的业务场景中，我们都需要灵活地进行标签的添加和删除。

在模板工程的components文件夹下新建一个名为EtagDemo.vue的组件文件，编写如下代码：

【代码片段13-3 源码见附件代码/第13章/1_hello-world/src/components/ETagDemo.vue】

```
<template>
    <div>
      <template v-for="(tag,index) in tags" :key="tag">
        <el-tag :closable="true" @close="closeTag(index)">{{tag}}</el-tag>
        <span style="padding:10px"></span>
      </template>
      <el-input style="width: 90px"
              v-if="show"
              v-model="inputValue"
              @keyup.enter="handleInputConfirm"
              @blur="handleInputConfirm"
              size="small">
      </el-input>
      <el-button size="small" v-else @click="showInput">新建标签 +</el-button>
    </div>
</template>
<script lang="ts">
import { Options, Vue } from 'vue-class-component';
//Options装饰器的作用是将类修饰成Vue组件
@Options({})
export default class ETagDemo extends Vue {
    //组件中的数据(对应原data中返回的)
    tags: string[] = ["男装","女装","帽子","鞋子"]
    //控制输入框是否展示
    show = false
    //绑定到输入框中的内容
    inputValue = ""
    //下面是组件中的方法(对应原method中定义的)
    //关闭某个tag
    closeTag(index: number) {
       this.tags.splice(index, 1);
    }
    //展示输入框
    showInput() {
       this.show = true
    }
    //处理确认输入操作
    handleInputConfirm(){
       let inputValue = this.inputValue
       if (inputValue) {
          this.tags.push(inputValue)
       }
       this.show = false
       this.inputValue = ''
    }
}
</script>
```

上面的代码中，我们使用了类风格的写法来定义Vue组件，注意定义ETagDemo组件后，需要在App.vue文件中引入，修改App.vue文件代码如下：

【源码见附件代码/第13章/1_hello-world/src/App.vue】

```
<template>
  <img alt="Vue logo" src="./assets/logo.png">
  <HelloWorld msg="Welcome to Your Vue.js + TypeScript App"/>
  <ETagDemo />
</template>
<script lang="ts">
import { Options, Vue } from 'vue-class-component';
import HelloWorld from './components/HelloWorld.vue';
import ETagDemo from './components/ETagDemo.vue';
@Options({
  components: {
    HelloWorld,
    ETagDemo //挂载ETagDemo子组件
  }
})
export default class App extends Vue {}
</script>
```

运行上面的代码，效果如图13-8所示。

图 13-8 动态编辑标签示例

当单击标签上的关闭按钮时，对应的标签会被删除，当单击新建标签时，当前位置会展示一个输入框，el-input是Element Plus中提供的输入框组件。

关于标签组件，Element Plus还提供了一种类似复选框的标签组件el-check-tag组件，这个组件的使用非常简单，只需要设置其checked属性来控制其是否选中即可，示例如下：

【源码见附件代码/第13章/1_hello-world/src/components/ElementTag.vue】

```
<el-check-tag :checked="true">足球</el-check-tag>
<el-check-tag :checked="false">篮球</el-check-tag>
```

效果如图13-9所示。

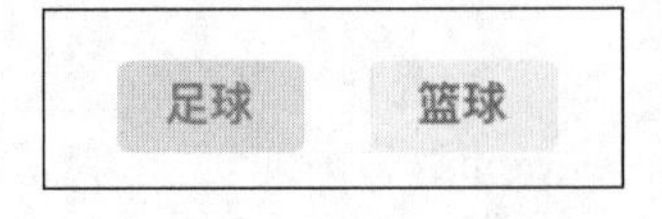

图 13-9 el-check-tag 组件示例

13.1.4 空态图与加载占位图组件

当页面没有数据或者页面正在加载数据时，通常需要一个空态图或占位图来提示用户。针对这两种场景，Element Plus分别提供了el-empty与el-skeleton组件。

el-empty用来定义空态图组件，当页面没有数据时，我们可以使用这个组件来进行占位提示。el-empty组件的可用属性列举如表13-3所示。

表 13-3　el-empty 组件的可用属性

属　性	意　义	值
image	设置空态图所展示的图片，若不设置则为默认图	字符串
image-size	设置图片展示的大小	数值
description	设置描述文本	字符串

用法示例如下：

【源码见附件代码/第13章/1_hello-world/src/components/ElementEmpty.vue】

```
<el-empty description="设置空态图的描述文案" :image-size="400"></el-empty>
```

页面渲染效果如图13-10所示。

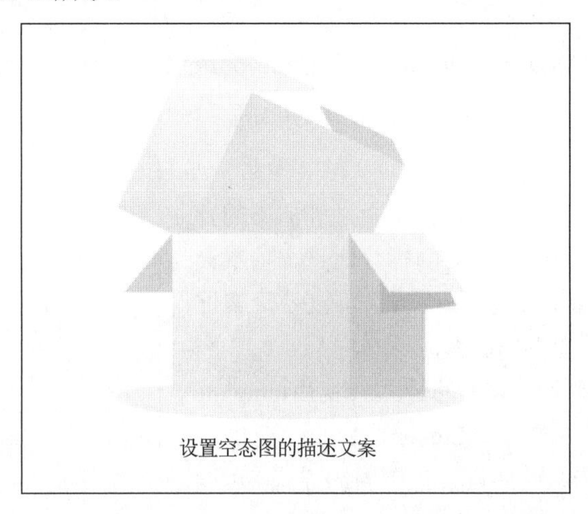

图 13-10　空态图组件的渲染样式

el-empty组件还提供了许多插槽，使用这些插槽可以更加灵活地定制出所需要的空态图样式。示例代码如下：

【源码见附件代码/第13章/1_hello-world/src/components/ElementEmpty.vue】

```
<el-empty>
  <!-- image具名插槽用来替换默认的图片部分 -->
  <template v-slot:image>
    <div>这里是自定义图片位置</div>
  </template>
  <!-- description具名插槽用来替换默认的描述部分 -->
  <template v-slot:description>
    <h3>自定义描述内容</h3>
  </template>
  <!-- 默认的插槽用来在空态图的尾部追加内容 -->
  <el-button>看看其他内容</el-button>
</el-empty>
```

如以上代码所示，el-empty组件内实际上定义了3个插槽，默认的插槽可以向空态图组件的尾部追加元素，image具名插槽用来完全自定义组件的图片部分，description具名插槽用来完全自定义组件的描述部分。

在Element Plus中，数据加载的过程可以使用骨架屏来占位。使用骨架屏往往比单纯地使用一个加载动画的用户体验要好很多。el-skeleton组件常用的属性列举如表13-4所示。

表 13-4 el-skeleton 组件常用的属性

属　性	意　义	值
animated	是否使用动画	布尔值
count	渲染多少个骨架模板	数值
loading	是否展示真实的元素	布尔值
rows	骨架屏额外渲染的行数	整数
throttle	防抖属性，设置延迟渲染的时间	整数，单位为毫秒

示例代码如下：

【源码见附件代码/第13章/1_hello-world/src/components/ElementEmpty.vue】

```
<el-skeleton :rows="10" :animated="true"></el-skeleton>
```

页面效果如图13-11所示。

图 13-11 骨架屏渲染效果

注意，rows属性设置的行数是骨架屏中额外渲染的行数，在实际的页面展示效果中，渲染的行数比这个参数设置的数值多1。配置animated参数为true时，可以使骨架屏展示闪动的效果，加载过程更加逼真。

我们也可以完全自定义骨架屏的样式，使用template具名插槽即可。十分方便的是，Element Plus还提供了el-skeleton-item组件，这个组件通过设置不同的样式，可以非常灵活地定制出与实际要渲染的元素相似的骨架屏，示例代码如下：

【源码见附件代码/第13章/1_hello-world/src/components/ElementEmpty.vue】

```
<el-skeleton :animated="true">
  <template #template>
    <!-- 定义标题骨架 -->
    <el-skeleton-item variant="h1" style="width: 100px; height: 30px; padding:0"/>
    <!-- 定义图片骨架 -->
    <el-skeleton-item variant="image" style="width: 240px; height: 240px;
padding:0" />
    <!-- 定义段落骨架 -->
    <el-skeleton-item variant="p" style="width: 30%; padding:0;
margin-top:20px"/>
    <el-skeleton-item variant="p" style="width: 90%; padding:0"/>
    <el-skeleton-item variant="p" style="width: 90%; padding:0"/>
  </template>
</el-skeleton>
```

渲染效果如图13-12所示。

el-skeleton组件中默认的插槽用来渲染真正的页面元素，通过组件的loading属性控制展示加载中的占位元素还是真正的功能元素，例如使用一个延时函数来模拟请求数据的过程，示例代码如下：

图13-12　自定义骨架屏布局样式

【代码片段13-4　源码见附件代码/第13章/1_hello-world/src/components/SkeletonDemo.vue】

HTML模板代码：

```
<el-skeleton :rows="1" :animated="true" :loading="loading">
  <h1>这里是真实的页面元素</h1>
  <p>{{message}}</p>
</el-skeleton>
```

TypeScript逻辑代码：

```
import { Options, Vue } from 'vue-class-component';
//定义组件
@Options({})
export default class HelloWorld extends Vue {
  loading = true                          //控制是否展示loading状态
  message?: string                        //模拟请求到的数据
  mounted() {
    setTimeout(this.getData, 3000);      //延迟3秒后执行getData方法
  }
  getData() {
    this.message = "这里是请求到的数据"
    //解除loading状态
    this.loading = false
  }
}
```

最后需要注意，throttle属性是el-skeleton组件提供的一个防抖属性，如果设置了这个属性，其骨架屏的渲染会被延迟，这在实际开发中非常有用。很多时候，我们的数据请求是非常快的，这样在页面加载时会出现骨架屏一闪而过的抖动现象，有了防抖处理，当数据的加载速度很快时，可以极大地提高用户体验。

13.1.5　图片与头像组件

针对加载图片的元素，Element Plus提供了el-image组件，相比原生的image标签，这个组件封装了一些加载过程的回调以及处理相关占位图的插槽。el-image组件的常用属性列举如表13-5所示。

表 13-5 el-image 组件的常用属性

属 性	意 义	值
fit	设置图片的适应方式	fill：拉伸充满 contain：缩放到完整展示 cover：简单覆盖 none：不做任何拉伸处理 scale-down：缩放处理
hide-on-click-modal	开启预览功能时，是否可以通过单击遮罩来关闭预览	布尔值
lazy	是否开启懒加载	布尔值
preview-src-list	设置图片预览功能	数组
src	图片资源地址	字符串
load	图片加载成功后的回调	函数
error	图片加载失败后的回调	函数

示例代码如下：

【源码见附件代码/第13章/1_hello-world/src/components/ElementImage.vue】

```
<el-image style="width:500px"
src="http://huishao.cc/img/head-img.png"></el-image>
```

el-image组件本身的使用比较简单，更多时候使用el-image组件是为了方便添加图片加载中或加载失败时的占位元素，使用placeholder插槽来设置加载中的占位内容，使用error插槽来设置加载失败的占位内容，示例如下：

【源码见附件代码/第13章/1_hello-world/src/components/ElementImage.vue】

```
<el-image style="width:500px" src="http://huishao.cc/img/head-img.png">
  <template #placeholder>
    <h1>加载中...</h1>
  </template>
  <template #error>
    <h1>加载失败</h1>
  </template>
</el-image>
```

el-avatar组件是Element Plus中提供的一个更加面向应用层的图片组件，其专门用于展示头像类的元素，示例代码如下：

【源码见附件代码/第13章/1_hello-world/src/components/ElementImage.vue】

```
<!-- 使用文本类型的头像 -->
<el-avatar style="margin:20px">用户</el-avatar>
<!-- 使用图标类型的头像 -->
<el-avatar style="margin:20px" icon="User"></el-avatar>
<!-- 使用图片类型的头像 -->
<el-avatar style="margin:20px" :size="100" src="http://huishao.cc/img/
avatar.jpg"></el-avatar>
<el-avatar style="margin:20px" src="http://huishao.cc/img/avatar.jpg">
</el-avatar>
```

```
<el-avatar style="margin:20px" shape="square"  src="http://huishao.cc/img/
avatar.jpg"></el-avatar>
```

el-avatar组件支持使用文本、图标和图片来进行头像的渲染，同时也可以设置shape属性来定义头像的形状，支持圆形和方形，上面示例代码的运行效果如图13-13所示。

图 13-13　头像组件效果示例

同样，对于el-avatar组件，我们也可以使用默认插槽来完全自定义头像内容，在Element Plus框架中，大部分组件都非常灵活，除其默认提供的一套默认样式外，也支持开发者完全对其进行定制。

13.2　表单类组件

表单类组件一般指可以进行用户交互，可以根据用户的操作而改变页面逻辑的相关组件。Element Plus中对常用的交互组件都有封装，例如单选框、多选框、选择列表、开关等。

13.2.1　单选框与多选框

在Element Plus中，使用el-radio组件来定义单选框，其支持多种样式，使用起来非常简单。el-radio的常规用法示例如下：

【源码见附件代码/第13章/1_hello-world/src/components/ElementForm.vue】

```
<el-radio v-model="radio1" label="0">男</el-radio>
<el-radio v-model="radio1" label="1">女</el-radio>
```

同属一组的单选框其v-model需要绑定到相同的组件属性上，当选中某个选项时，属性对应的值为单选框label所设置的值，注意不要忘记在组件中定义radio1属性，其类型为string。效果如图13-14所示。

图 13-14　单选框组件示例

当选项比较多时，也可以直接使用el-radio-group组件来进行包装，之后只需要对el-radio-group组件进行数据绑定即可，示例如下：

【源码见附件代码/第13章/1_hello-world/src/components/ElementForm.vue】

```
<el-radio-group v-model="radio2">
  <el-radio label="1">选项1</el-radio>
  <el-radio label="2">选项2</el-radio>
```

```
  <el-radio label="3">选项3</el-radio>
  <el-radio label="4">选项4</el-radio>
</el-radio-group>
```

除el-radio可以创建单选框外，Element Plus中还提供了el-radio-button组件来创建按钮样式的单选组件，示例如下：

【源码见附件代码/第13章/1_hello-world/src/components/ElementForm.vue】

```
<el-radio-group v-model="city">
  <el-radio-button label="1">北京</el-radio-button>
  <el-radio-button label="2">上海</el-radio-button>
  <el-radio-button label="3">广州</el-radio-button>
  <el-radio-button label="4">深圳</el-radio-button>
</el-radio-group>
```

效果如图13-15所示。

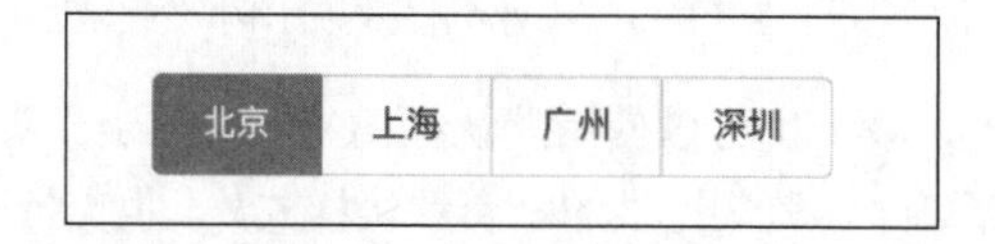

图 13-15　按钮样式的单选组件

el-radio组件的常用属性列举如表13-6所示。

表 13-6　el-radio 组件的常用属性

属　性	意　义	值
disabled	是否禁用	布尔值
border	是否显示描边	布尔值
change	选择内容发生变化时的触发事件	函数

el-radio-group组件的常用属性列举如表13-7所示。

表 13-7　el-radio-group 组件的常用属性

属　性	意　义	值
disabled	是否禁用	布尔值
test-color	设置按钮样式的选择组件的文本颜色	字符串
fill	设置按钮样式的选择组件的填充颜色	字符串
change	选择内容发生变化时的触发事件	函数

多选框组件使用el-checkbox创建，其用法与单选框类似，基础的用法示例如下：

【源码见附件代码/第13章/1_hello-world/src/components/ElementForm.vue】

```
<el-checkbox label="1" v-model="checkBox1">A</el-checkbox>
<el-checkbox label="2" v-model="checkBox2">B</el-checkbox>
<el-checkbox label="3" v-model="checkBox3">C</el-checkbox>
<el-checkbox label="4" v-model="checkBox4">D</el-checkbox>
```

注意，对于el-checkbox组件来说，如果其绑定的属性在单独的el-checkbox上，则需要使用布尔类型的属性对其进行双向绑定，使用布尔值的true和false来表示多选项选中与否。运行代码，渲染效果如图13-16所示。

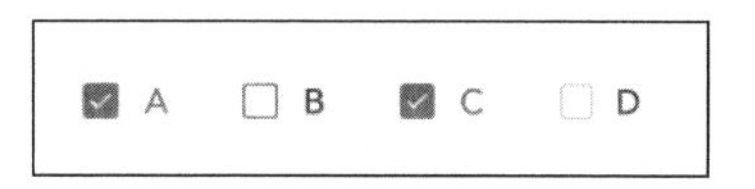

图 13-16　复选框组件示例

对每个单独的多选项进行数据绑定非常麻烦，需要绑定很多个独立属性，与单选框类似，一组复选框也可以使用el-checkbox-group组件进行包装，这样就可以使用一个数组类型的属性来进行数据绑定了，并且可以通过设置min和max属性来设置最少/最多可以选择多少个选项，示例如下：

【源码见附件代码/第13章/1_hello-world/src/components/ElementForm.vue】

```
<el-checkbox-group v-model="checkBox" :min="1" :max="3">
    <el-checkbox label="1">A</el-checkbox>
    <el-checkbox label="2">B</el-checkbox>
    <el-checkbox label="3">C</el-checkbox>
    <el-checkbox label="4">D</el-checkbox>
</el-checkbox-group>
```

对应地，在组件中需要定义checkBox属性如下：

```
checkBox: string[] = []
```

绑定在el-checkbox-group的属性需要为字符串数组类型。

Element Plus中对应地提供了el-checkbox-button组件创建按钮样式的复选框，其用法与单选框类似，我们可以通过编写实际代码来测试与学习其用法，这里就不再赘述了。

13.2.2　标准输入框组件

在Element Plus框架中，输入框是一种非常复杂的UI组件，el-input组件提供了非常多的属性供开发者定制。输入框一般用来展示用户的输入内容，可以使用v-model对其进行数据绑定，el-input组件的常用属性列举如表13-8所示。

表 13-8　el-input 组件的常用属性

属　性	意　义	值
type	输入框的类型	text：文本框 textarea：文本区域
maxlength	设置最大文本长度	数值
minlength	设置最小文本长度	数值
show-word-limit	是否显示输入字数统计	布尔值
placeholder	输入框默认的提示文本	字符串
clearable	是否展示清空按钮	布尔值
show-password	是否展示密码保护按钮	布尔值
disabled	是否禁用此输入框	布尔值
size	设置尺寸，只有在非 textarea 类型下有效	default：中等尺寸 small：小尺寸 large：大尺寸
prefix-icon	输入框前缀图标	字符串
suffix-icon	输入框尾部图标	字符串

（续表）

属　性	意　义	值

autosize	是否自适应内容高度	当设置为布尔值时，是否自动适应
		当设置为如下格式对象时：
		`{`
		`minRows:控制展示的最小行数`
		`maxRows:控制展示的最大行数`
		`}`

autocomplete	是否自动补全	布尔值
resize	设置能否被用户拖曳缩放	none：进行缩放 both：支持水平和竖直方向缩放 horizontal：支持水平缩放 vertical：支持竖直方向缩放
autofocus	是否自动获取焦点	布尔值
label	输入框关联的标签文案	字符串
blur	输入框失去焦点时触发	函数
focus	输入框获取焦点时触发	函数
change	输入框失去焦点或用户按回车键时触发	函数
input	在输入的值发生变化时触发	函数
clear	在用户单击输入框的清空按钮后触发	函数

输入框的基础使用示例如下：

【源码见附件代码/第13章/1_hello-world/src/components/ElementForm.vue】

```
<el-input v-model="inputValue"
placeholder="请输入内容"
:disabled="false"
:show-password="true"
:clearable="true"
prefix-icon="Search"
type="text"/>
```

代码运行效果如图13-17所示。

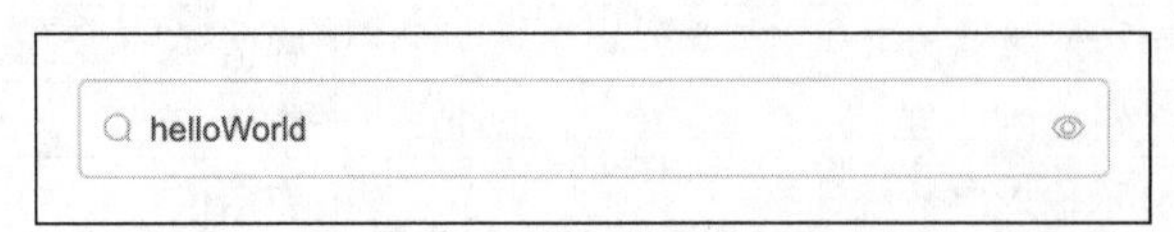

图 13-17　输入框样式示例

el-input组件内部封装了许多有用的插槽，使用插槽可以为输入框定制前置内容、后置内容或者图标。插槽名称列举如表13-9所示。

表 13-9　插槽名称

名　称	说　明
prefix	输入框头部内容，一般为图标
suffix	输入框尾部内容，一般为图标

（续表）

名　称	说　明
prepend	输入框前置内容
append	输入框后置内容

前置内容和后置内容在有些场景下非常实用，示例代码如下：

【源码见附件代码/第13章/1_hello-world/src/components/ElementForm.vue】

```
<el-input v-model="inputValue" type="text">
  <template #prepend>Http://</template>
  <template #append>.com</template>
</el-input>
```

效果如图13-18所示。

图 13-18 为输入框增加前置内容和后置内容

13.2.3　带推荐列表的输入框组件

读者一定遇到过这样的场景，当激活某个输入框时，其会自动弹出推荐列表供用户进行选择。在Ellement Plus框架中提供了el-autocomplete组件来支持这种场景。el-autocomplete组件的常用属性列举如表13-10所示。

表 13-10　el-autocomplete 组件的常用属性

属　性	意　义	值
placeholder	输入框的占位文本	字符串
disabled	设置是否禁用	布尔值
debounce	获取输入建议的防抖动延迟	数值，单位为毫秒
placement	弹出建议菜单的位置	top、top-start、top-end、bottom、bottom-start、bottom-end
fetch-suggestions	当需要从网络请求建议数据时，设置此函数	函数类型为 Function(queryString, callback)，当获取建议数据后，使用 callback 参数进行返回
trigger-on-focus	是否在输入框获取焦点时自动显示建议列表	布尔值
prefix-icon	头部图标	字符串
suffix-icon	尾部图标	字符串
hide-loading	是否隐藏加载时的 loading 图标	布尔值
highlight-first-item	是否对建议列表中的第一项进行高亮处理	布尔值
value-key	建议列表中用来展示的对象键名	字符串，默认为 value
select	单击选中建议项时触发	函数
change	输入框中的值发生变化时触发	函数

示例代码如下：

【源码见附件代码/第13章/1_hello-world/src/components/ElementForm.vue】

```
<el-autocomplete v-model="inputValue"
     :fetch-suggestions="queryData"
     placeholder="请输入内容"
     @select="selected"
     :highlight-first-item="true"
></el-autocomplete>
```

在TypeScript逻辑部分，首先定义一个interface接口来描述推荐项：

```
interface RecommendObj  {
  value: string
}
```

对应的完善Vue组件定义如下：

【代码片段13-5 源码见附件代码/第13章/1_hello-world/src/components/ElementForm.vue】

```
export default class ElementForm extends Vue {
  inputValue = ""
  //模拟推荐数据的请求
  queryData(queryString:string, callback: (list: RecommendObj[]) => void) {
      let array = []
      if (queryString.length > 0) {
        array.push({value:queryString})
      }
      //添加一些测试数据
      array.push(...[{value:"衣服"},{value:"裤子"},{value:"帽子"},{value:"鞋子"}])
      callback(array)
  }
  //选中某个推荐项后，使用alert提示
  selected(obj:RecommendObj) {
    alert(obj.value)
  }
}
```

运行代码效果如图13-19所示。

注意，如以上代码所示，在queryData函数中调用callback回调时需要传递一组数据，此数组中的数据都是实现了RecommendObj接口的对象，在渲染列表时，默认会取对象的value属性的值作为列表中渲染的值，也可以自定义这个要取值的键名，配置组件的value-key属性即可。

el-input组件支持的属性和插槽，el-autocomplete组件也都是支持的，可以通过prefix、suffix、prepend和append这些插槽来对el-autocomplete组件中的输入框进行定制。

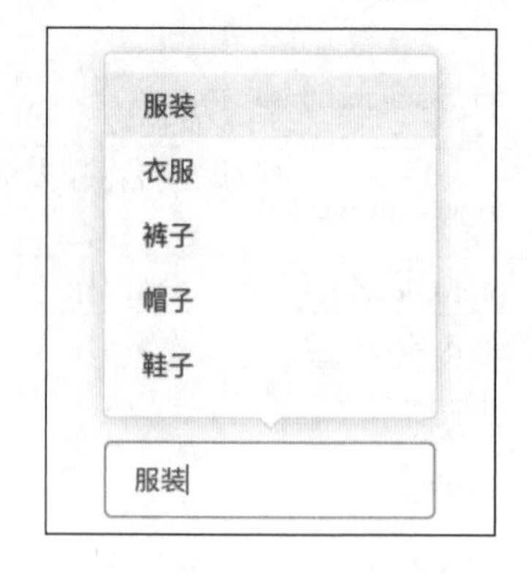

图 13-19　提供建议列表的输入框

13.2.4　数字输入框

数字输入框专门用来输入数值，我们在电商网站进行购物时，经常会遇到此类输入框，例如商品数量的选择、商品尺寸的选择等。Element Plus中使用el-input-number组件来创建数字输入框，其常用属性列举如表13-11所示。

表 13-11　el-input-number 组件的常用属性

属　性	意　义	值
min	设置允许输入的最小值	数值
max	设置允许输入的最大值	数值
step	设置步长	数值
step-strictly	设置是否只能输入步长倍数的值	布尔值
precision	数值精度	数值
size	计数器尺寸	large、small
disabled	是否禁用输入框	布尔值
controls	是否使用控制按钮	布尔值
controls-positon	设置控制按钮的位置	right
placeholder	设置输入框的默认提示文案	字符串
change	输入框的值发生变化时触发	函数
blur	输入框失去焦点时触发	函数
focus	输入框获得焦点时触发	函数

一个简单的数字输入框示例如下：

【代码片段13-6　源码见附件代码/第13章/1_hello-world/src/components/ElementForm.vue】

```
    <el-input-number :min="1" :max="10" :step="1"
v-model="numValue"></el-input-number>
```

注意，一般会将el-input-number绑定的数据设置为number类型。

效果如图13-20所示。

图 13-20　数字输入框示例

13.2.5　选择列表

选择列表组件是一种常用的用户交互元素，其可以提供一组选项供用户进行选择，可以单选，也可以多选。Element Plus中使用el-select来创建选择列表组件，el-select组件的功能非常丰富，常用属性列举如表13-12所示。

表 13-12　el-select 组件的常用属性

属　性	意　义	值
multiple	是否支持多选	布尔值
disabled	是否禁用	布尔值

（续表）

属　性	意　义	值
size	输入框尺寸	default：默认为中等尺寸 small：小尺寸 large：大尺寸
clearable	是否可清空选项	布尔值
collapse-tags	多选时，是否将选中的值以文字的形式展示	布尔值
multiple-limit	设置多选时最多可选择的项目数	数值，若设置为 0，则不做限制
placeholder	输入框的占位文案	字符串
filterable	是否支持搜索	布尔值
allow-create	是否允许用户创建新的条目	布尔值
filter-method	搜索方法	函数
remote	是否为远程搜索	布尔值
remote-method	远程搜索方法	函数
loading	是否正在从远程获取数据	布尔值
loading-text	数据加载时需要展示的文本	字符串
no-match-text	当没有搜索到结果时显示的文案	字符串
no-data-text	选项为空时显示的文字	字符串
automatic-dropdown	对于不支持搜索的选择框，是否在获取焦点时自动弹出选项	布尔值
clear-icon	自定义清空图标	字符串
change	选中值发生变化时触发的事件	函数
visible-change	下拉框出现/隐藏时触发的事件	函数
remove-tag	多选模式下，移除标签时触发的事件	函数
clear	用户单击清空按钮后触发的事件	函数
blur	选择框失去焦点时触发的事件	函数
focus	选择框获取焦点时触发的事件	函数

示例代码如下：

【源码见附件代码/第13章/1_hello-world/src/components/ElementForm.vue】

```
<el-select :multiple="true" :clearable="true" v-model="selectedValue">
  <el-option v-for="item in options"
  :value="item.value"
  :label="item.label"
  :key="item.value">
  </el-option>
</el-select>
```

对应的TypeScript代码如下，在组件类中添加如下两个属性：

```
//el-select当前选中的选项的值
selectedValue = ""
//el-select中可以选择的选项
options = [{
  value: '选项1',
  label: '足球'
```

```
}, {
  value: '选项2',
  label: '篮球',
  disabled: true
}, {
  value: '选项3',
  label: '排球'
}, {
  value: '选项4',
  label: '乒乓球'
}, {
  value: '选项5',
  label: '排球'
}]
```

代码运行效果如图13-21所示。

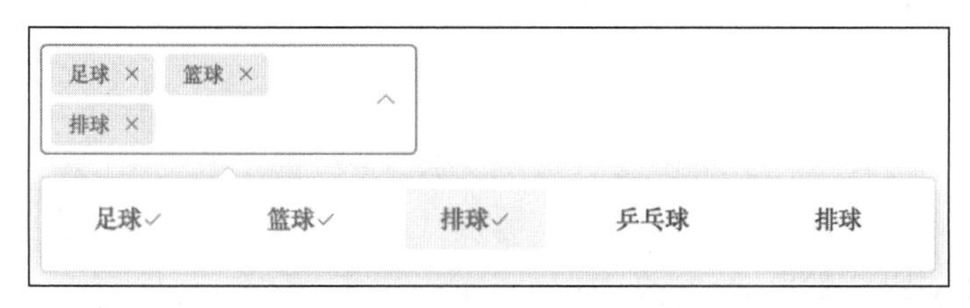

图 13-21　选择列表组件示例

如以上代码所示，选择列表组件中选项的定义是通过el-option组件来完成的，此组件的可配置属性有value、label和disabled。其中value通常设置为选项的值，label设置为选项的文案，disabled控制选项是否禁用。

选择列表也支持进行分组，我们可以将同类的选项进行归并，示例如下：

【源码见附件代码/第13章/1_hello-world/src/components/ElementForm.vue】

```
<el-select :multiple="true" :clearable="true" v-model="selectedValue2">
  <el-option-group v-for="group in options2"
  :key="group.label"
  :label="group.label">
    <el-option v-for="item in group.options"
    :value="item.value"
    :label="item.label"
    :key="item.value">
    </el-option>
  </el-option-group>
</el-select>
```

对应的属性数据如下：

```
selectedValue2 = ""
options2 = [{
  label:"球类",
  options:[{
    value: '选项1',
    label: '足球'
```

```
    }, {
      value: '选项2',
      label: '篮球',
      disabled: true
    }, {
      value: '选项3',
      label: '排球'
    }, {
      value: '选项4',
      label: '乒乓球'
    }]
  },{
    label:"休闲",
    options:[{
      value: '选项5',
      label: '散步'
    }, {
      value: '选项6',
      label: '游泳',
    }]
  }]
```

代码运行效果如图13-22所示。

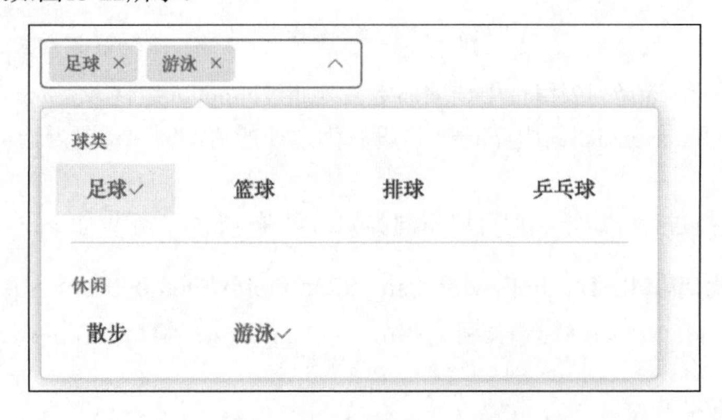

图 13-22　对选择列表进行分组

关于选择列表组件的搜索相关功能，这里不再演示，在实际使用时，只需要实现对应的搜索函数来返回搜索的结果列表即可。

13.2.6　多级列表组件

el-select组件创建的选择列表都是单列的，在很多实际应用场景中，我们需要使用多级的选择列表，在Element Plus框架中提供了el-cascader组件来提供支持。

当数据集成有清晰的层级结构时，可以通过使用el-cascader组件来让用户逐级查看和选择选项。el-cascader组件使用简单，其常用属性列举如表13-13所示。

表 13-13　el-cascader 组件的常用属性

属　　性	意　　义	值
options	可选项的数据源	数组
props	配置对象，后面会介绍如何配置	对象
size	设置尺寸	default、small、large
placeholder	设置输入框的占位文本	字符串
disabled	设置是否禁用	布尔值
clearable	设置是否支持清空选项	布尔值
show-all-levels	设置输入框中是否展示完整的选中路径	布尔值
collapse-tags	设置多选模式下是否隐藏标签	布尔值
separator	设置选项分隔符	字符串
filterable	设置是否支持搜索	布尔值
filter-method	自定义搜索函数	函数
debounce	设置防抖间隔	数值，单位毫秒
before-filter	调用搜索函数前的回调	函数
change	当选中项发生变化时回调的函数	函数
expand-change	当展开的列表发生变化时回调的函数	函数
blur	当输入框失去焦点时回调的函数	函数
focus	当输入框获得焦点时回调的函数	函数
visible-change	下拉菜单出现/隐藏时回调的函数	函数
reemove-tag	在多选模式下，移除标签时回调的函数	函数

在表13-13列出的属性列表中，props属性需要设置为一个配置对象，此配置对象可以对选择列表是否可多选、子菜单的展开方式等进行设置，props对象的可配置键及其意义如表13-14所示。

表 13-14　props 对象的可配置键及其意义

键	意　　义	值
expandTrigger	设置子菜单的展开方式	click：单击展开 hover：鼠标触碰展开
multiple	是否支持多选	布尔值
emitPath	当选中的选项发生变化时，是否返回此选项的完整路径数组	布尔值
lazy	是否对数据懒加载	布尔值
lazyLoad	懒加载时的动态数据获取函数	函数
value	指定选项的值为数据源对象中的某个属性	字符串，默认值为'value'
label	指定标签渲染的文本为数据源对象中的某个属性	字符串，默认值为'label'
children	指定选项的子列表为数据源对象中的某个属性	字符串，默认为'children'

下面的代码演示多级列表组件的基本使用，首先准备一组测试的数据源数据。

【源码见附件代码/第13章/1_hello-world/src/components/ElementForm.vue】

```
cascadervalue = ""
datas = [
  {
   value: "父1",
```

```
    label: "运动",
    children: [
      {
        value: "子1",
        label: "足球",
      },
      {
        value: "子2",
        label: "篮球",
      },
    ],
  },
  {
    value: "父2",
    label: "休闲",
    children: [
      {
        value: "子1",
        label: "游戏",
      },
      {
        value: "子2",
        label: "魔方",
      },
    ],
  },
]
```

编写HTML结构代码如下：

```
<el-cascader
  v-model="cascaderValue"
  :options="datas"
  :props="{ expandTrigger: 'hover' }"
></el-cascader>
```

运行上面的代码，效果如图13-23所示。

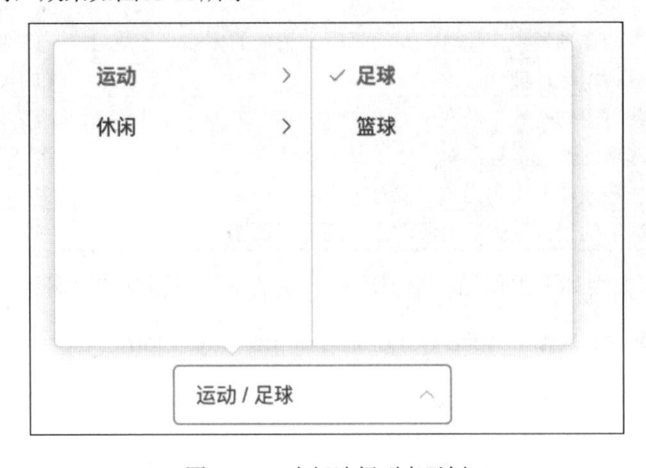

图 13-23　多级选择列表示例

13.3　开关与滑块组件

开关是很常见的一种页面元素，其有开和关两种状态来支持用户交互。在Element Plus中使用el-switch来创建开关组件。开关组件的状态只有两种，如果需要使用连续状态的组件，那么可以使用el-slider组件，这个组件能够渲染出进度条与滑块，方便用户对进度进行调节。

13.3.1　开关组件

el-switch组件支持开发者对开关颜色、背景颜色等进行定制，常用属性列举如表13-15所示。

表 13-15　el-switch 组件的常用属性

属　性	意　义	值
disabled	设置是否禁用	布尔值
loading	设置是否加载中	布尔值
width	设置按钮的宽度	数值
active-text	设置开关打开时的文字描述	字符串
inactive-text	设置开关关闭时的文字描述	字符串
active-value	设置开关打开时的值	布尔值/字符串/数值
inactive-value	设置开关关闭时的值	布尔值/字符串/数值
active-color	设置开关打开时的背景色	字符串
inactive-color	设置开关关闭时的背景色	字符串
validate-event	改变开关状态时，是否触发表单校验	布尔值
before-change	开关状态变化之前会调用的函数	函数
change	开关状态发生变化后调用的函数	函数

下面的代码演示几种基础的标签样式：

【源码见附件代码/第13章/1_hello-world/src/components/ElementSwitch.vue】

```
<div>
<el-switch
    v-model="switch1"
    active-text="会员"
    inactive-text="非会员"
    active-color="#00FF00"
    inactive-color="#FF0000"
  ></el-switch>
</div>
<div>
  <el-switch
    v-model="switch2"
    active-text="加载中"
    :loading="true"
```

```
    ></el-switch>
  </div>
  <div>
    <el-switch
      v-model="switch3"
      inactive-text="禁用"
      :disabled="true"
    ></el-switch>
  </div>
```

代码运行效果如图13-24所示。

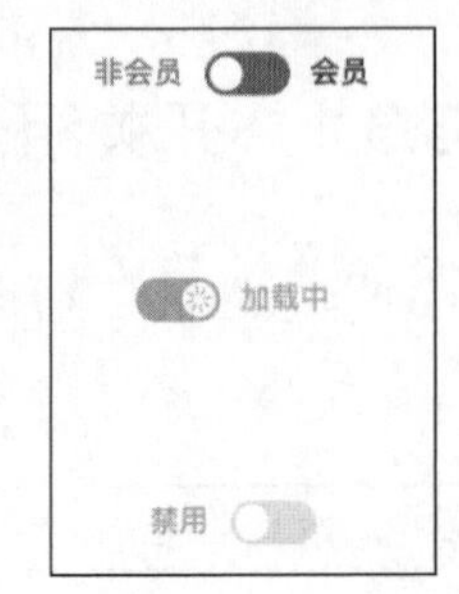

图 13-24 开关组件示例

13.3.2 滑块组件

当页面元素有多种状态时，我们可以尝试使用滑块组件来实现。滑块组件既支持承载连续变化的值，也支持承载离散变化的值。同时，滑块组件支持结合输入框一起使用，可谓非常强大。el-slider组件的常用属性列举如表13-16所示。

表 13-16 el-slider 组件的常用属性

属 性	意 义	值
min	设置滑块的最小值	数值
max	设置滑块的最大值	数值
disabled	设置是否禁用滑块	布尔值
step	设置滑块步长	数值
show-input	设置是否显示输入框	布尔值
show-input-controls	设置显示的输入框是否有控制按钮	布尔值
input-size	设置输入框尺寸	large、default、small
show-stops	是否显示间断点	布尔值
show-tooltip	是否显示刻度提示	布尔值
format-tooltip	对刻度信息进行格式化	函数
range	设置是否为范围选择模式	布尔值
vertical	设置是否为竖向模式	布尔值
height	设置竖向模式时滑块组件的高度	字符串
marks	设置标记	对象
change	滑块组件值发生变化时调用的函数，只在鼠标拖曳结束触发	函数
input	滑块组件值发生变化时调用的函数，在鼠标拖曳过程中也会触发	函数

滑块组件默认的取值范围为0～100，几乎无须设置任何额外属性，就可以对滑块组件进行使用，示例如下。

【源码见附件代码/第13章/1_hello-world/src/components/ElementSlider.vue】

```
<el-slider v-model="sliderValue"></el-slider>
```

组件的渲染效果如图13-25所示。

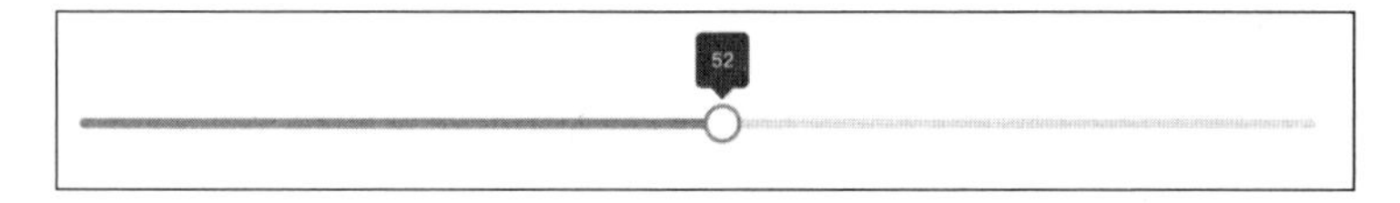

图 13-25 滑块组件示例

当我们对滑块进行拖曳时，当前的值会显示在滑块上方，对于显示的文案，可以通过format-tooltip属性来进行定制，例如要显示百分比，示例如下。

【源码见附件代码/第13章/1_hello-world/src/components/ElementSlider.vue】

```
<el-slider v-model="sliderValue" :format-tooltip="format"></el-slider>
```

format函数实现如下：

```
//对显示的文案进行格式化
format(value:number): string {
  return '${value}%'
}
```

如果滑块组件可选中的值为离散的，可以通过step属性来进行控制，在上面代码的基础上，若只允许选择以10%为间隔的值，示例如下：

```
<el-slider
  v-model="sliderValue"
  :format-tooltip="format"
  :step="10"
  :show-stops="true"
></el-slider>
```

效果如图13-26所示。

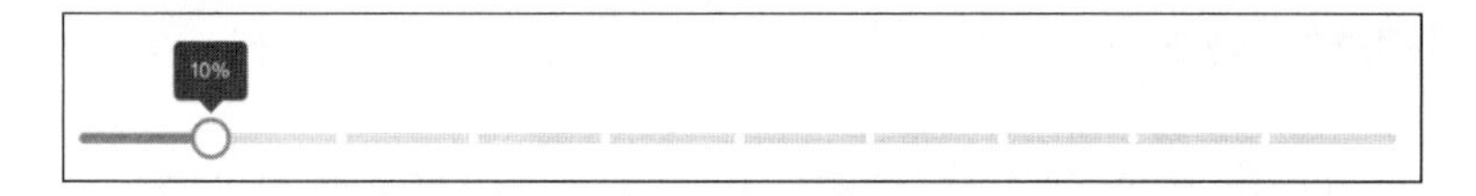

图 13-26 离散值的滑块组件示例

如果设置了show-input属性的值为true，则页面还会渲染出一个输入框，输入框中输入的值与滑块组件的值之间是联动的，如图13-27所示。

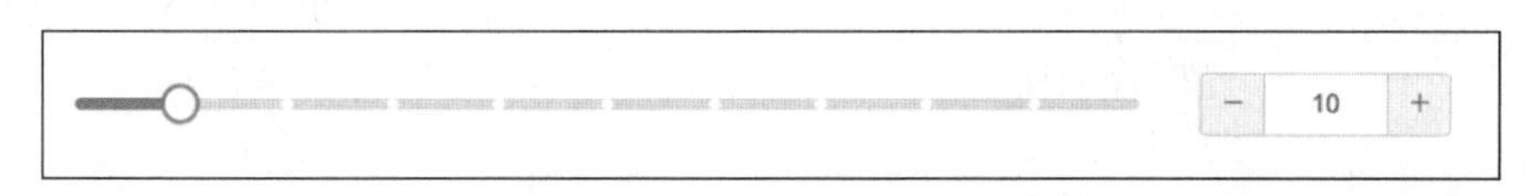

图 13-27 带输入框的滑块组件示例

el-slider组件也支持进行范围选择，当我们需要让用户选中一段范围时，可以设置其range属性为true，效果如图13-28所示。

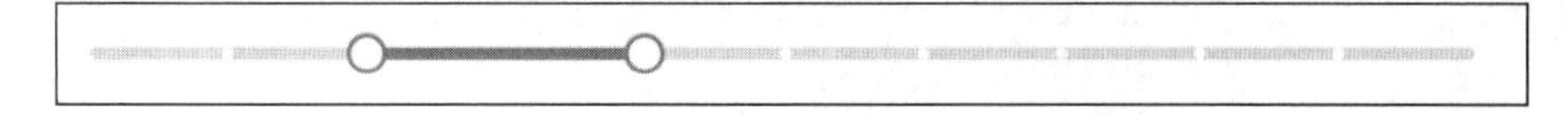

图 13-28 支持范围选择的滑块组件示例

最后，我们再来看el-slider组件的marks属性，这个属性可以为滑块的进度条配置一组标记，对于某些重要节点，我们可以使用标记进行突出展示。示例如下。

【源码见附件代码/第13章/1_hello-world/src/components/ElementSlider.vue】

```
marks = {
  0: "起点",
  50: "半程啦! ",
  90: {
    style: {
      color: "#ff0000",
    },
    label: "就到终点啦",
  }
}
```

运行代码，效果如图13-29所示。

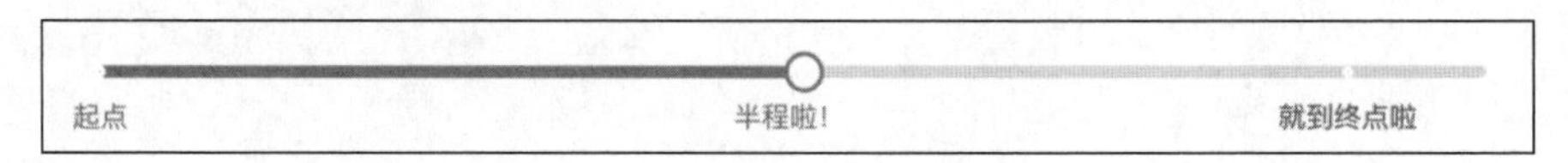

图 13-29　为滑块组件添加标记示例

13.4　选择器组件

选择器组件的使用场景与选择列表类似，只是其场景更加定制化，Element Plus中提供了时间日期、颜色相关的选择器，在需要的场景中直接使用即可。

13.4.1　时间选择器

el-time-picker组件用来创建时间选择器，其可以方便用户选择一个时间点或时间范围。el-time-picker组件中的常用属性列举如表13-17所示。

表 13-17　el-time-picker 组件的常用属性

属　性	意　义	值
readonly	设置是否只读	布尔值
disabled	设置是否禁用	布尔值
clearable	设置是否显示清楚按钮	布尔值
size	设置输入框尺寸	default、small、large
placeholder	设置占位内容	字符串
start-placeholder	在范围选择模式下，设置起始时间的占位内容	字符串
end-placeholder	在范围选择模式下，设置结束时间的占位内容	字符串
is-range	设置是否为范围选择模式	布尔值
arrow-control	设置是否使用箭头进行时间选择	布尔值

（续表）

属　性	意　义	值
range-separator	设置范围选择时的分隔符	字符串
format	显示在输入框中的时间格式	字符串，默认为 HH:mm:ss
default-value	设置选择器打开时默认显示的时间	时间对象
prefix-icon	设置头部图标	字符串
clear-icon	自定义清空图标	字符串
disabled-hours	禁止选择某些小时	函数
disabled-minutes	禁止选择某些分钟	函数
disabled-seconds	禁止选择某些秒	函数
change	用户选择的值发生变化时触发	函数
blur	输入框失去焦点时触发	函数
focus	输入框获取焦点时触发	函数

下面的代码演示el-time-picker组件的基本使用方法：

【源码见附件代码/第13章/1_hello-world/src/components/ElementPicker.vue】

```
<el-time-picker
  :is-range="true"
  v-model="time"
  range-separator="~"
  :arrow-control="true"
  start-placeholder="开始时间"
  end-placeholder="结束时间"
>
</el-time-picker>
```

效果如图13-30所示。

图 13-30　时间选择器效果示例

注意，el-time-picker创建的时间选择器的样式是表格类型的，Element Plus框架中还提供了一个el-time-select组件，这个组件渲染出的选择器样式是列表样式的。el-time-picker绑定的属性time类型为string。

13.4.2 日期选择器

el-time-picker组件提供了对时间选择的支持，如果要选择日期，可以使用el-data-picker组件。此组件会渲染出一个日历视图，方便用户在日历视图上进行日期的选择。el-data-picker组件的常用属性列举如表13-18所示。

表 13-18 el-data-picker 组件的常用属性

属　性	意　义	值
readonly	设置是否只读	布尔值
disabled	设置是否禁用	布尔值
editable	设置文本框是否可编辑	布尔值
clearable	设置是否显示清楚按钮	布尔值
size	设置输入框组件的尺寸	large、default、small
placeholder	设置输入框的占位内容	字符换
start-placeholder	在范围选择模式下，设置起始日期的占位内容	字符串
end-placeholder	在范围选择模式下，设置结束日期的占位内容	字符串
type	日历的类型	year、month、date、dates、week、datetime、datetimerange、daterange、monthrange
format	日期的格式	字符串，默认为 YYYY-MM-DD
range-separator	设置分隔符	字符串
default-value	设置默认日期	Date 对象或可被解析为 Date 的字符串
prefix-icon	设置头部图标	字符串
clear-icon	自定义清空图标	字符串
validate-event	输入时是否触发表单的校验	布尔值
disabled-date	设置需要禁用的日期	函数
change	用户选择的日期发生变化时触发的函数	函数
blur	输入框失去焦点时触发的函数	函数
focus	输入框获取焦点时触发的函数	函数

el-data-picker组件的简单用法示例如下。

【源码见附件代码/第13章/1_hello-world/src/components/ElementPicker.vue】

```
<el-date-picker
  v-model="date"
  type="daterange"
  range-separator="至"
  start-placeholder="开始日期"
  end-placeholder="结束日期"
  >
</el-date-picker>
```

运行代码，页面效果如图13-31所示。

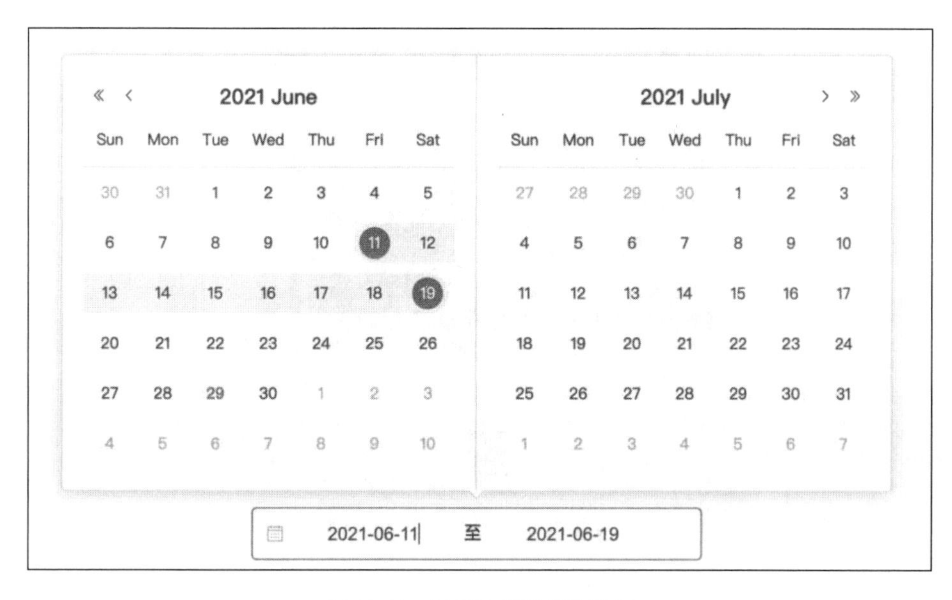

图 13-31　日期选择器组件示例

注意，当el-data-picker组件的type属性设置为datatime时，其可以同时支持选择日期和时间，使用非常方便。

13.4.3　颜色选择器

颜色选择器能够提供一个调色板组件，方便用户在调色板上进行颜色的选择。在某些场景下，如果页面支持用户进行颜色定制，可以使用颜色选择器组件。颜色选择器使用el-color-picker组件创建，常用的属性列举如表13-19所示。

表 13-19　el-color-picker 组件常用的属性

属　性	意　义	值
disabled	设置是否禁用	布尔值
size	设置尺寸	default、small、large
show-alpha	设置是否支持透明度选择	布尔值
color-format	设置颜色格式	hsl、hsv、hex、rgb
predefine	设置预定义颜色	数组

颜色选择器的简单使用示例如下：

【源码见附件代码/第13章/1_hello-world/src/components/ElementPicker.vue】

```
<el-color-picker :show-alpha="true" v-model="color"></el-color-picker>
```

效果如图13-32所示。

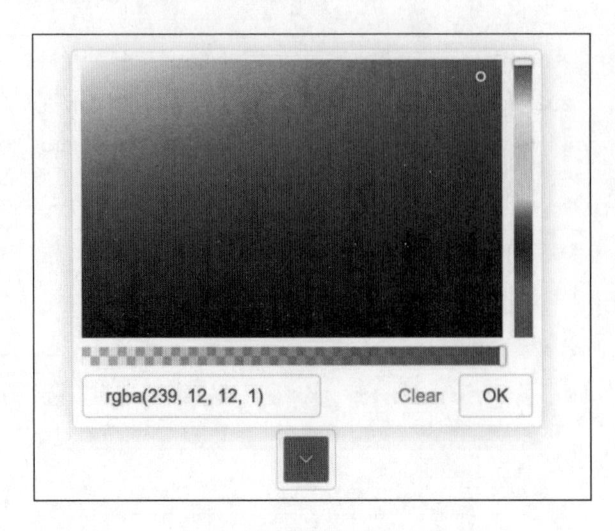

图 13-32　颜色选择器示例

13.5　提示类组件

Element Plus框架中提供了许多提示类的组件，这类组件在实际开发中应用非常频繁。当我们需要对某些用户的操作做出提示时，就可以使用这类组件。Element Plus框架中提供的提示类组件交互非常友好，主要包括警告组件、加载提示组件、消息提醒组件、通知和弹窗组件等。

13.5.1　警告组件

警告组件用来在页面上展示重要的提示信息，页面产生了错误、用户交互处理产生了失败等场景都可以使用警告组件来提示用户。警告组件使用el-alert创建，其有4种类型，分别可以使用在操作成功提示、普通信息提示、行为警告提示和操作错误提示场景下。

el-alert警告组件的常用属性列举如表13-20所示。

表 13-20　el-alert 警告组件的常用属性

属　性	意　义	值
title	设置标题	字符串
type	设置类型	success、warning、info、error
description	设置描述文案	字符串
closeable	设置是否可以关闭提示	布尔值
center	设置文本是否居中显示	布尔值
close-text	自定义关闭按钮的文本	字符串
show-icon	设置是否显示图标	布尔值
effect	设置风格主题	light、dark
close	关闭提示时触发的事件	函数

下面的代码演示不同类型的警告提示样式。

【源码见附件代码/第13章/1_hello-world/src/components/ElementAlert.vue】

```
<el-alert title="成功提示的文案" type="success"> </el-alert>
<br />
<el-alert title="消息提示的文案" type="info"> </el-alert>
<br />
<el-alert title="警告提示的文案" type="warning"> </el-alert>
<br />
<el-alert title="错误提示的文案" type="error"> </el-alert>
```

效果如图13-33所示。单击提示栏上的关闭按钮，提示栏会自动被消除。

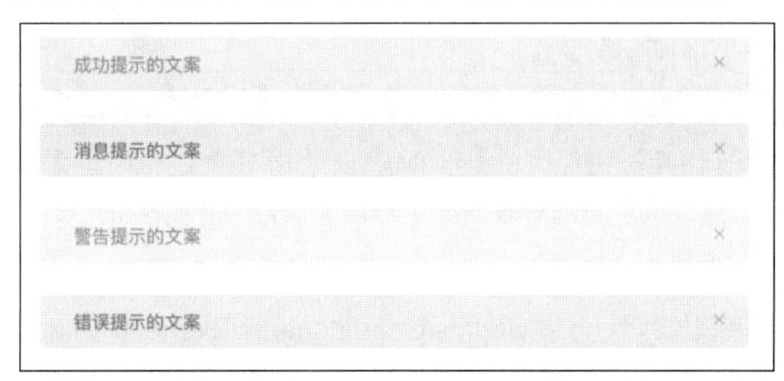

图 13-33　警告提示组件示例

注意，el-alert组件是一种常驻的提示组件，除非用户手动单击关闭，否则提示框不会自动关闭，如果需要使用悬浮式的提示组件，Element Plus中也提供了相关的方法，13.5.2节再介绍。

13.5.2　消息提示

Element Plus中提供了主动触发消息提示的方法，当触发消息提示时，页面顶部会出现一个提示栏，展示3秒后自动消失。简单示例如下。

【源码见附件代码/第13章/1_hello-world/src/components/ElementPicker.vue】

```
<el-button @click="popTip">弹出信息提示</el-button>
```

实现popTip方法如下：

```
//弹出消息提示
popTip() {
  (this as any).$message({
   message: "提示内容",
   type: "warning",
  });
}
```

注意，Element Plus为Vue中的app.config.globalProperties全局注册了$message方法，因此在Vue组件内部，我们可以直接使用this进行调用来触发消息提示。但是TypeScript在编译时类型必须明确，当前组件类中并未显式地定义$message方法，因此编译会报错，一种方式是将要用到的Element Plus中的方法进行TypeScript声明，另一种方式是将this转换成any类型后再调用，上面的代码采用的是第二种方式。

$message方法的可配置参数列举如表13-21所示。

表 13-21 $message 方法的可配置参数

参 数 名	意义	值
message	设置提示的消息文字	字符串或 VNode
type	设置提示组件的类型	success、warning、info、error
duration	设置展示时间	数值，单位为毫秒，默认为 3000
showClose	是否展示关闭按钮	布尔值
center	设置文字是否居中	布尔值
onClose	提示栏关闭时回调的函数	函数
offset	设置出现提示栏的位置距离窗口顶部的偏移量	数值

$message方法适用于对用户进行简单提示的场景，如果需要进行用户交互，则Element Plus中提供了另一个$msgbox方法，这个方法触发的提示框功能类似于系统的alert、confirm和prompt方法，可以进行用户交互。示例如下：

【源码见附件代码/第13章/1_hello-world/src/components/ElementPicker.vue】

```
popAlert() {
  (this as any).$msgbox({
    title: "提示",
    message: "详细的提示内容",
    type: "warning",
    showCancelButton: true,
    showConfirmButton: true,
    showInput: true,
  });
}
```

运行代码，效果如图13-34所示。

图 13-34 提示弹窗示例

$msgbox方法的可配置参数列举如表13-22所示。

表 13-22　$msgbox 方法的可配置参数

参 数 名	意　义	值
title	设置提示框标题	字符串
message	设置提示框展示的信息	字符串
type	设置提示框类型	success、info、warning、error
callback	用户交互的回调，当用户单击提示框上的按钮时会触发	函数
show-close	设置是否展示关闭按钮	布尔值
before-close	提示框关闭前的回调	函数
lock-scroll	是否在提示框出现时将页面滚动锁定	布尔值
show-cancel-button	设置是否显示取消按钮	布尔值
show-confirm-button	设置是否显示确认按钮	布尔值
cancel-button-text	自定义取消按钮的文本	字符串
confirm-button-text	自定义确认按钮的文本	字符串
close-on-click-modal	设置是否可以通过单击遮罩关闭当前的提示框	布尔值
close-on-press-escape	设置是否可以通过按 ESC 键来关闭当前提示框	布尔值
show-input	设置是否展示输入框	布尔值
input-placeholder	设置输入框的占位文案	字符串
input-value	设置输入框的初始文案	字符串
input-validator	设置输入框的校验方法	函数
input-error-message	设置校验不通过时展示的文案	字符串
center	设置布局是否居中	布尔值
round-button	设置是否使用圆角按钮	布尔值

13.5.3　通知组件

通知用来全局进行系统提示，可以像消息提醒一样在出现一定时间后自动关闭，也可以像提示栏那样常驻，只有用户手动才能关闭。在Vue组件中，可以直接调用全局方法$notify方法来触发通知，常用的参数定义列举如表13-23所示。

表 13-23　$notify 方法的常用参数

参 数 名	意　义	值
title	设置通知的标题	字符串
message	设置通知的内容	字符串
type	设置通知的样式	success、warning、info、error
duration	设置通知的显示时间	数值，若设置为 0，则不会自动消失
position	设置通知的弹出位置	top-right、top-left、bottom-right、bottom-left
show-close	设置是否展示关闭按钮	布尔值
on-close	通知关闭时回调的函数	函数
on-click	单击通知时回调的函数	函数
offset	设置通知距离页面边缘的偏移量	数值

示例代码如下：

【源码见附件代码/第13章/1_hello-world/src/components/ElementPicker.vue】

```
notify() {
  (this as any).$notify({
    title: "通知标题",
    message: "通知内容",
    type: "success",
    duration: 3000,
    position: "top-right",
  });
}
```

页面效果如图13-35所示。

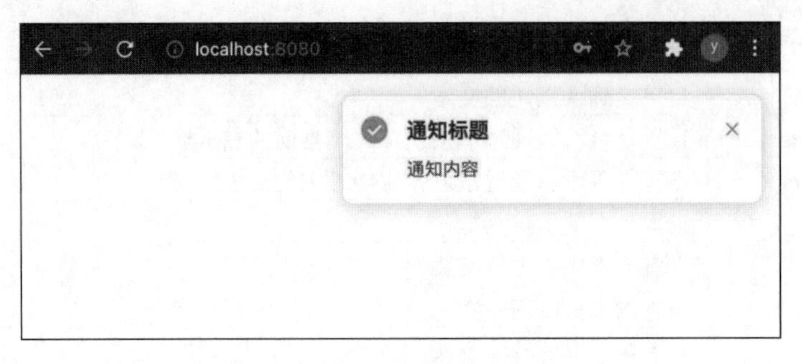

图 13-35　通知组件示例

13.6　数据承载相关组件

前面已经学习了很多轻量美观的UI组件，本节将介绍更多专门用来承载数据的容器类组件，例如表格组件、导航组件、卡片和折叠面板组件等。使用这些组件来组织页面数据非常方便。

13.6.1　表格组件

表格组件能够承载大量的数据信息，因此在实际开发中，需要展示大量数据的页面都会使用表格组件。在Element Plus中，使用el-table与el-table-column组件来构建表格。首先，编写如下示例代码：

【源码见附件代码/第13章/1_hello-world/src/components/ElementContainer.vue】

```
<el-table :data="tableData">
  <el-table-column prop="name" label="姓名"></el-table-column>
  <el-table-column prop="age" label="年龄"></el-table-column>
  <el-table-column prop="subject" label="科目"></el-table-column>
</el-table>
```

tableData数据结构如下：

```
tableData = [
  {
    name: "小王",
    age: 29,
    subject: "Java",
  },
  {
    name: "小李",
    age: 30,
    subject: "C++",
  },
  {
    name: "小张",
    age: 28,
    subject: "JavaScript",
  },
]
```

其中，el-table-column用来定义表格中的每一列，其prop属性设置此列要渲染的数据对应表格数据中的键名，label属性设置列头信息，代码运行效果如图13-36所示。

姓名	年龄	科目
小王	29	Java
小李	30	C++
小张	28	JavaScript

图 13-36　表格组件示例

el-table和el-table-column组件也提供了很多属性供开发者进行定制，列举如下。

el-table组件常用属性如表13-24所示。

表 13-24　el-table 组件的常用属性

属　性	意　义	值
data	设置列表的数据源。	数组
height	设置表格的高度，如果设置了这个属性，表头会被固定	数值
max-height	设置表格的最大高度	数值
stripe	设置表格是否有斑马纹，即相邻的行有颜色差异	布尔值
border	设置表格是否有边框	布尔值
size	设置表格的尺寸	medium、small、mini
fit	设置列的宽度是否自适应	布尔值
show-header	设置是否显示表头	布尔值
highlight-current-row	设置是否高亮显示当前行	布尔值

（续表）

属　性	意　义	值
row-class-name	用来设置行的 class 属性，需要设置为回调函数	Function({row, rowIndex}) 可以指定不同的行使用不用的 className，返回字符串
row-style	用来设置行的 style 属性，需要设置为回调函数	Function({row, rowIndex}) 可以指定不同的行使用不同的 style，返回样式对象
cell-class-name	用来设置具体单元格的 className	Function({row, column, rowIndex, columnIndex})
cell-style	用来设置具体单元格的 style 属性	Function({row, column, rowIndex, columnIndex})
header-row-class-name	设置表头行的 className	Function({row, rowIndex})
header-row-style	设置表头行的 style 属性	Function({row, rowIndex})
header-cell-class-name	设置表头单元格的 className	Function({row, column, rowIndex, columnIndex})
header-cell-style	设置表头单元格的 style 属性	Function({row, column, rowIndex, columnIndex})
row-key	用来设置行的 key 值	Function(row)
empty-text	设置空数据时展示的占位内容	字符串
default-expand-all	设置是否默认展开所有行	布尔值
expand-row-keys	设置要默认展开的行	数组
default-sort	设置排序方式	ascending：升序 descending：降序
show-summary	是否在表格尾部显示合计行	布尔值
sum-text	设置合计行第一列的文本	字符串
summary-method	用来定义合计方法	Function({ columns, data })
span-method	用来定义合并行或列的方法	Function({ row, column, rowIndex, columnIndex })
lazy	是否对子节点进行懒加载	布尔值
load	数据懒加载方法	函数
tree-props	渲染嵌套数据的配置选项	对象
select	选中某行数据时回调的函数	函数
select-all	全选后回调的函数	函数
selection-change	选择项发生变化时回调的函数	函数
cell-mouse-enter	鼠标覆盖到单元格时回调的函数	函数
cell-mouse-leave	鼠标离开单元格时回调的函数	函数
cell-click	当某个单元格被单击时回调的函数	函数
cell-dblclick	当某个单元格被双击时回调的函数	函数
row-click	当某一行被单击时回调的函数	函数
row-contextmenu	当某一行被右击时回调的函数	函数

（续表）

属　性	意　义	值
row-dblclick	当某一行被双击时回调的函数	函数
header-click	表头被单击时回调的函数	函数
header-contextmenu	表头被右击时回调的函数	函数
sort-change	排序发生变化时回调的函数	函数
filter-change	筛选条件发生变化时回调的函数	函数
current-change	表格当前行发生变化时回调的函数	函数
header-dragend	拖曳表头改变列宽度时回调的函数	函数
expand-change	当某一行展开会关闭时回调的函数	函数

通过上面的属性列表可以看到，el-table组件非常强大，除能够渲染常规的表格外，还支持行列合并、合计、行展开、多选、排序和筛选等，这些功能很多需要结合el-table-column来使用，el-table-column组件的常用属性列举如表13-25所示。

表 13-25　el-table-column 组件的常用属性

属　性	意　义	值
type	设置当前列的类型，默认无类型，则为常规的数据列	selection：多选类型 index：标号类型 expand：展开类型
index	自定义索引	函数：Function(index)
column-key	设置列的 key 值，用来进行筛选	字符串
label	设置显示的标题	字符串
prop	设置此列对应的数据字段	字符串
width	设置列的宽度	字符串
min-width	设置列的最小宽度	字符串
fixed	设置此列是否固定，默认不固定	left：固定左侧 right：固定右侧
render-header	使用函数来渲染列的标题部分	Function({ column, $index })
sortable	设置对应列是否可排序	布尔值
sort-method	自定义数据排序的方法	函数
sort-by	设置以哪个字段进行排序	字符串
resizable	设置是否可以通过拖曳来改变此列的宽度	布尔值
filter-method	自定义过滤数据的方法	函数

13.6.2　导航组件

导航组件为页面提供导航功能的菜单，导航组件一般出现在页面的顶部或侧部，单击导航组件上不同的栏目页面会对应跳转到指定的页面。在Element Plus中，使用el-menu、el-sub-menu与el-menu-item来定义导航组件。

下面的示例代码演示顶部导航的基本使用方法。

【源码见附件代码/第13章/1_hello-world/src/components/ElementContainer.vue】

```
<el-menu mode="horizontal">
  <el-menu-item index="1">首页</el-menu-item>
  <el-sub-menu index="2">
    <template #title>广场</template>
    <el-menu-item index="2-1">音乐</el-menu-item>
    <el-menu-item index="2-2">视频</el-menu-item>
    <el-menu-item index="2-3">游戏</el-menu-item>
    <el-sub-menu index="2-4">
      <template #title>体育</template>
      <el-menu-item index="2-4-1">篮球</el-menu-item>
      <el-menu-item index="2-4-2">足球</el-menu-item>
      <el-menu-item index="2-4-3">排球</el-menu-item>
    </el-sub-menu>
  </el-sub-menu>
  <el-menu-item index="3" :disabled="true">个人中心</el-menu-item>
  <el-menu-item index="4">设置</el-menu-item>
</el-menu>
```

如以上代码所示，el-sub-menu的title插槽用来定义子菜单的标题，其内部可以继续嵌套子菜单组件，el-menu组件的mode属性可以设置导航的布局方式为水平或竖直。运行上面的代码，效果如图13-37所示。

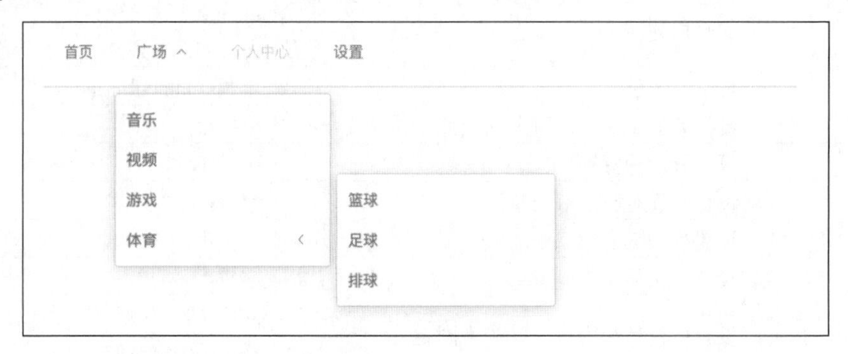

图 13-37　导航组件示例

el-menu组件非常简洁，提供的可配置属性不多，列举如表13-26所示。

表 13-26　el-menu 组件的可配置属性

属　性	意　义	值
mode	设置菜单模式	vertical：竖直 horizontal：水平
collapse	是否水平折叠收起菜单，只在 vertical 模式下有效	布尔值
background-color	设置菜单的背景色	字符串
text-color	设置菜单的文字颜色	字符串
active-text-color	设置当前菜单激活时的文字颜色	字符串
default-active	设置默认激活的菜单	字符串
default-openeds	设置需要默认展开的子菜单，需要设置为子菜单 index 的列表	数组
unique-opened	是否只保持一个子菜单展开	布尔值

（续表）

属　性	意　义	值
menu-trigger	设置子菜单展开的触发方式，只在 horizontal 模式下有效	hover：鼠标覆盖展开 click：鼠标单击展开
router	是否使用路由模式	布尔值
collapse-transition	是否开启折叠动画	布尔值
select	选中某个菜单项时回调的函数	函数
open	子菜单展开时回调的函数	函数
close	子菜单收起时回调的函数	函数

el-sub-menu组件的常用属性列举如表13-27所示。

表 13-27　el-sub-menu 组件的常用属性

属　性	意　义	值
index	唯一标识	字符串
show-timeout	设置展开子菜单的延时	数值，单位为毫秒
hide-timeout	设置收起子菜单的延时	数值，单位为毫秒
disabled	设置是否禁用	布尔值

el-menu-item组件的常用属性列举如表13-28所示。

表 13-28　el-menu-item 组件的常用属性

属　性	意　义	值
index	唯一标识	字符串
route	路由对象	对象
disabled	设置是否禁用	布尔值

导航组件最重要的作用是用来进行页面管理，大多数时候，我们都会结合路由组件进行使用，通过导航与路由，页面的跳转管理非常简单方便。当前Web应用一般都不只有一个功能模块，导航组件在单页面应用中非常常见。

13.6.3　标签页组件

标签组件用来将页面分割成几个部分，单击不同的标签可以对页面内容进行切换。使用el-tabs组件来创建标签页组件。简单的使用示例如下：

【源码见附件代码/第13章/1_hello-world/src/components/ElementContainer.vue】

```
<el-tabs type="border-card">
  <el-tab-pane label="页面1" name="1">页面1</el-tab-pane>
  <el-tab-pane label="页面2" name="2">页面2</el-tab-pane>
  <el-tab-pane label="页面3" name="3">页面3</el-tab-pane>
  <el-tab-pane label="页面4" name="4">页面4</el-tab-pane>
</el-tabs>
```

运行代码效果如图13-38所示，单击不同的标签将会切换不同的内容。

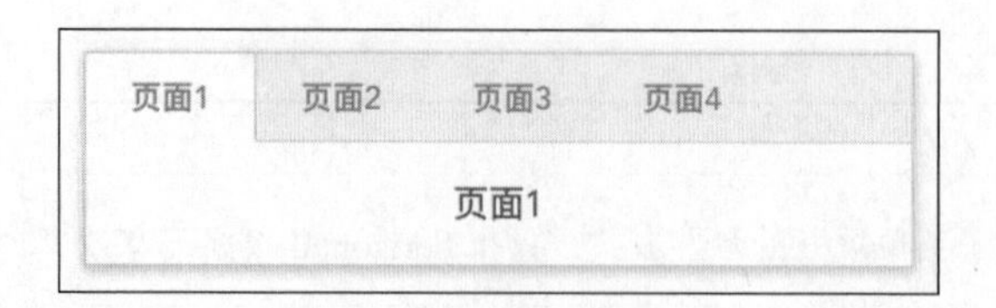

图 13-38 标签页组件示例

el-tabs组件的常用属性列表如表13-29所示。

表 13-29 el-tabs 组件的常用属性

属　性	意　义	值
closable	设置标签是否可关闭	布尔值
addable	标签是否可增加	布尔值
editable	标签是否可编辑（增加和删除）	布尔值
tab-position	标签栏所在的位置	top、right、bottom、left
stretch	设置标签是否自动撑开	布尔值
before-leave	当标签即将切换时回调的函数	函数
tab-click	当某个标签被选中时回调的函数	函数
tab-remove	当某个标签被移除时回调的函数	函数
tab-add	单击新增标签按钮时回调的函数	函数
edit	单击新增或移除按钮后回调的函数	函数

el-tab-pane组件用来定义具体的每个标签卡，常用属性列举如表13-30所示。

表 13-30 el-tab-pane 组件的常用属性

属　性	意　义	值
label	设置标签卡的标题	字符串
disabled	设置当前标签卡是否禁用	布尔值
name	与标签卡绑定的 value 数据	字符串
closable	设置此标签卡	布尔值
lazy	设置标签是否延迟渲染	布尔值

对于el-tab-pane组件，可以通过其内部的label插槽来自定义标题内容。

13.6.4 抽屉组件

抽屉组件是一种全局的弹窗组件，在流行的网页应用中非常常见。当用户打开抽屉组件时，会从页面的边缘滑出一个内容面板，我们可以灵活定制内容面板的内容来实现产品的需求。示例代码如下：

【源码见附件代码/第13章/1_hello-world/src/components/ElementContainer.vue】

```
<div style="margin:300px">
  <el-button @click="drawer = true" type="primary">
    点我打开抽屉
  </el-button>
```

```
</div>
<el-drawer
  title="抽屉面板的标题"
  v-model="drawer"
  direction="ltr">
  抽屉面板的内容
</el-drawer>
```

注意对应在TypeScript的组件类中定义布尔类型drawer属性。

上面的代码中，我们使用按钮控制抽屉的打开，el-drawer组件的direction属性可以设置抽屉的打开方向。运行代码，效果如图13-39所示。

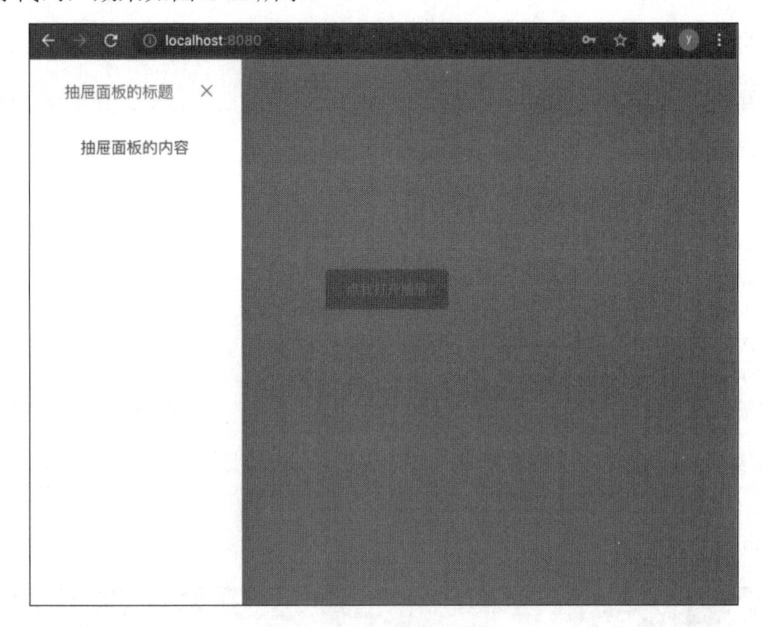

图 13-39　抽屉组件示例

13.6.5　布局容器组件

布局容器用来方便、快速地搭建页面基本结构。观察当前流行的网站页面，其实可以发现，其布局结构十分相似。一般都是由头部模块、尾部模块、侧栏模块和主内容模块构成。

在Element Plus中，使用el-container创建布局容器，其内部的子元素一般是el-header、el-aside、el-main或el-footer。其中el-header定义头部模块，el-aside定义侧边栏模块，el-main定义主内容模块，el-footer定义尾部模块。

el-container组件可配置的属性只有一个，如表13-31所示。

表 13-31　el-container 组件可配置的属性

属　性	意　义	值
directtion	设置子元素的排列方式	horizontal：水平 vertical：竖直

el-header组件和el-footer组件默认会水平撑满页面，可以设置其渲染高度，如表13-32所示。

表 13-32　设置高度

属　性	意　义	值
height	设置高度	字符串

el-aside组件默认高度会撑满页面，可以设置其宽度，如表13-33所示。

表 13-33　设置宽度

属　性	意　义	值
width	设置宽度	字符串

示例代码如下：

【源码见附件代码/第13章/1_hello-world/src/components/ElementContainer.vue】

```
<el-container>
  <el-header height="80px" style="background-color:gray">Header</el-header>
  <el-container>
    <el-aside width="200px" style="background-color:red">Aside</el-aside>
    <el-container>
      <el-main>
          <div style="height:300px;background-color:#f1f1f1">内容</div>
      </el-main>
      <el-footer height="80px" style="background-color:gray">Footer</el-footer>
    </el-container>
  </el-container>
</el-container>
```

运行效果如图13-40所示。

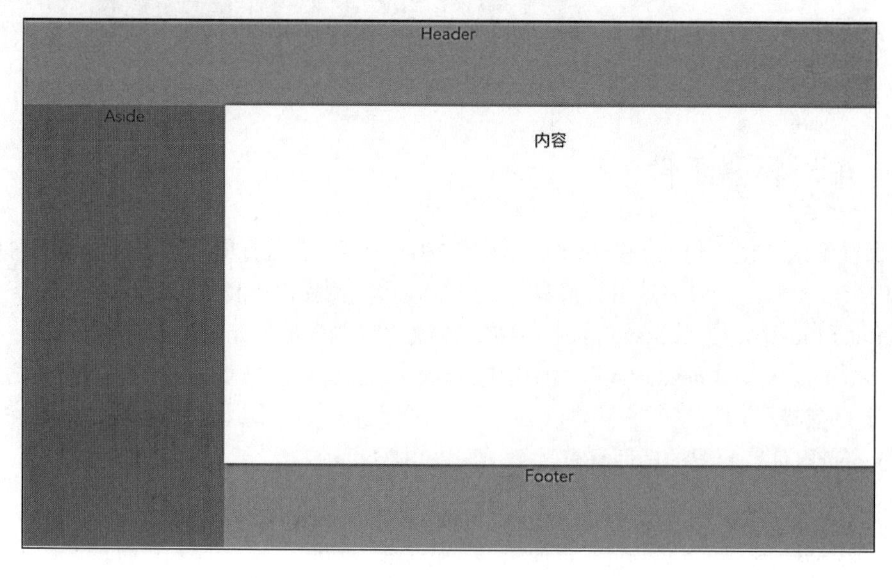

图 13-40　布局容器示例

13.7　实战：教务系统学生表

本章的内容有些繁杂，并且几乎介绍的每个UI组件都有很多不同的配置属性，如果你坚持学习到了此处，那么首先恭喜你，已经能够运用所学的内容完成大部分网站页面开发。本节将通过一个简单的学生列表页面帮助你实践应用之前所学习的表格组件、容器组件、导航组件等。

我们想要实现的页面是这样的：页面由3部分构成，顶部的标题栏展示当前页面的名称；左侧的侧边栏用来进行年级和班级的选择；中间的内容部分又分为上下两部分，上部分为标题栏，显示一些控制按钮，如新增学生信息、搜索学生信息，下部分为当前班级完整的学生列表，展示的信息有名字、年龄、性别以及添加信息的日期。页面布局草图如图13-41所示。

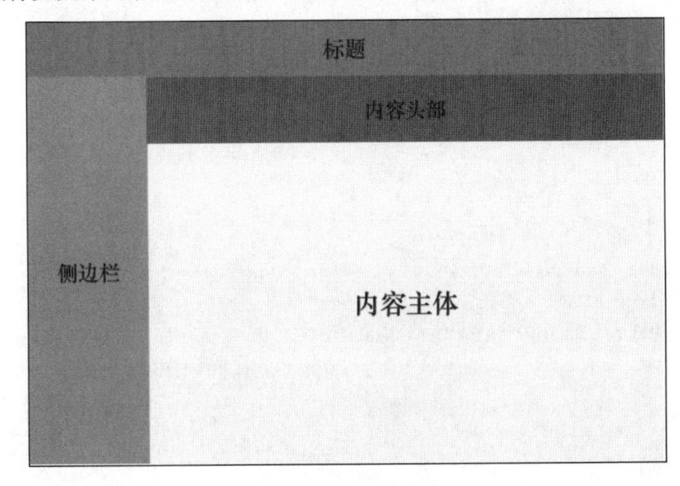

图13-41　页面布局草图

新建一个Vue工程，引入Element Plus相关的组件后，将模板文件HelloWorld.vue中的内容清空，来编写本节的示例代码。

首先编写HTML代码如下：

【代码片段13-6　源码见附件代码/第13章/2_office_demo/src/components/HelloWorld.vue】

```
<template>
  <el-container>
    <el-header height="80px" style="padding:0">
      <div class="header">教务系统学生管理</div>
    </el-header>
    <el-container>
      <el-aside width="200px">
          <el-menu class="aside" @select="selectFunc"
default-active="1" :unique-opened="true">
             <el-sub-menu index="1">
                 <template #title>
                     <span>七年级</span>
                 </template>
                 <el-menu-item index="1">1班</el-menu-item>
```

```
            <el-menu-item index="2">2班</el-menu-item>
            <el-menu-item index="3">3班</el-menu-item>
          </el-sub-menu>
          <el-sub-menu index="2">
            <template #title>
              <span>八年级</span>
            </template>
            <el-menu-item index="4">1班</el-menu-item>
            <el-menu-item index="5">2班</el-menu-item>
            <el-menu-item index="6">3班</el-menu-item>
          </el-sub-menu>
          <el-sub-menu index="3">
            <template #title>
              <span>九年级</span>
            </template>
            <el-menu-item index="7">1班</el-menu-item>
            <el-menu-item index="8">2班</el-menu-item>
            <el-menu-item index="9">3班</el-menu-item>
          </el-sub-menu>
        </el-menu>
      </el-aside>
      <el-container>
        <el-header height="80px" style="padding:0;margin:0">
          <el-container class="subHeader">
            <div class="desc">{{desc}}</div>
            <el-button style="width:100px;height:30px;margin:20px">新增记录
</el-button>
          </el-container>
        </el-header>
        <el-main style="margin:0;padding:0">
          <div class="content">
            <el-table :data="stus">
              <el-table-column
              prop="name"
              label="姓名">
              </el-table-column>
              <el-table-column
              prop="age"
              label="年龄">
              </el-table-column>
              <el-table-column
              prop="sex"
              label="性别">
              </el-table-column>
              <el-table-column
              prop="date"
              label="录入日期">
              </el-table-column>
            </el-table>
          </div>
        </el-main>
```

```
        <el-footer height="30px" class="footer">Vue框架搭建，ElementPlus提供组件支
持</el-footer>
      </el-container>
    </el-container>
  </el-container>
</template>
```

上面的代码对要完成的页面的基本骨架进行了搭建，为了使页面看起来更加协调美观，补充CSS代码如下：

【代码片段13-7　源码见附件代码/第13章/2_office_demo/src/components/HelloWorld.vue】

```
<style scoped>
.header {
   font-size: 30px;
   line-height: 80px;
   background-color: #f1f1f1;
}
.aside {
   background-color: wheat;
   height: 600px;
}
.subHeader {
   background-color:cornflowerblue;
}
.desc {
   font-size: 25px;
   line-height: 80px;
   color: white;
   width: 800px;
}
.content {
   height: 410px;
}
.footer {
   background-color:dimgrey;
   color: white;
   font-size: 17px;
   line-height: 30px;
}
</style>
```

最后，完成核心的TypeScript逻辑代码，提供一些测试数据并实现菜单的交互逻辑，代码如下：

【代码片段13-8　源码见附件代码/第13章/2_office_demo/src/components/HelloWorld.vue】

```
<script lang="ts">
import { Options, Vue } from 'vue-class-component';
//此接口用来描述学生信息
interface Student {
  name: string
  age: number
  sex: string
```

```
  date: string
}
@Options({})
export default class HelloWorld extends Vue {
  //定义属性数据
  desc = "七年级1班学生统计"
  stus:Student[] = [
      {
          name:"小王",
          age:14,
          sex:"男",
          date:"2020年8月15日"
      },{
          name:"小张",
          age:15,
          sex:"男",
          date:"2020年5月15日"
      },{
          name:"小秋",
          age:15,
          sex:"女",
          date:"2020年8月15日"
      }
  ]
  //定义方法
  selectFunc(index: number) {
    let strs = ["七","八","九"]
    let rank = strs[Math.floor((index-1) / 3)]
    this.desc = '${rank}年级${((index-1) % 3) + 1}班学生统计'
  }
}
</script>
```

最终，页面的运行效果如图13-42所示。

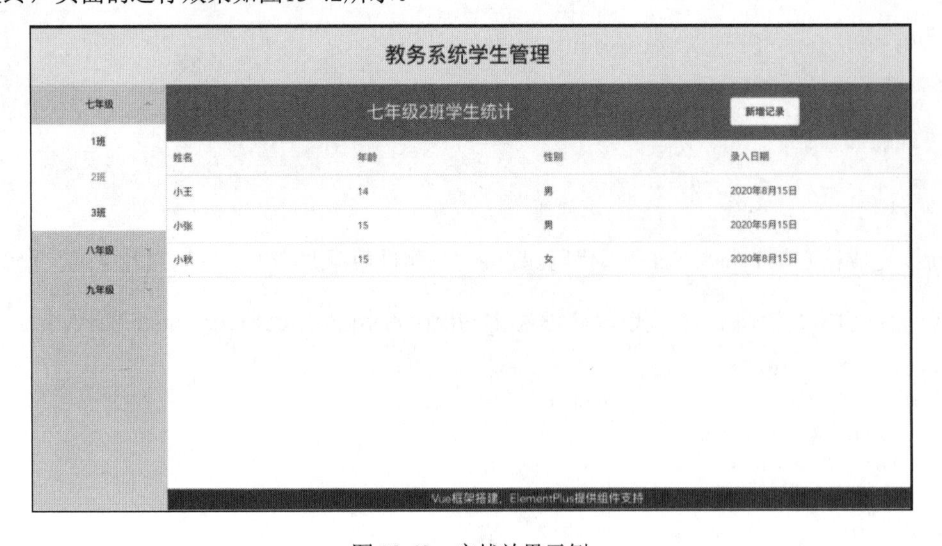

图 13-42　实战效果示例

Vue结合Eelment Plus进行页面的搭建，就是如此简单便捷。

13.8　本章小结

本章介绍了非常多的实用页面组件，要想熟练地使用这些组件进行页面的搭建，大量练习是必不可少的，建议读者网上找几个感兴趣的网页，模仿其使用Vue + Element Plus进行实现，这会使你受益良多。

观察一下电商购物网站“京东”的首页，你会发现其有一个用来进行商品分类的导航模块。尝试模仿它来实现一个类似的网页。

提示　练习使用导航容器组件。

第 14 章 基于 Vue 的网络框架 vue-axios 的应用

互联网应用自然离不开网络，我们在浏览器中浏览的任何网页数据几乎都是通过网络传输的，对于开发独立的网站应用来说，页面本身和页面要渲染的数据通常是分别传输的。浏览器首先根据用户输入的地址来获取静态的网页文件、依赖的相关脚本代码等（也可以理解为将程序运行需要的代码下载下来），之后再由脚本代码进行其他数据的获取逻辑。对于Vue 应用来说，我们通常使用 vue-axios 来进行网络数据的请求。

通过本章，你将学习到：

- 如何利用互联网上的接口数据来构建自己的应用。
- vue-axios模块的安装和数据请求。
- vue-axios的接口配置与高级用法。
- 具有网络功能的Vue应用的基本开发方法。

14.1 使用vue-axios请求天气数据

本节将介绍如何使用互联网上提供的免费API资源来实现生活小工具类应用。互联网的免费资源其实非常多，我们可以用其来实现新闻推荐、天气预报、问答机器人等非常多有趣的应用。本节将以天气预报数据为例，介绍如何使用vue-axios获取这些数据。

14.1.1 使用互联网上免费的数据服务

互联网上有许多第三方的API接口，使用这些服务我们可以方便地开发个人使用的小工具应用，也可以方便地进行编程技能的学习和测试。“聚合数据”是一个非常优秀的数据提供商，其可以提供涵盖各个领域的数据接口服务。官方网址如下：

```
https://www.juhe.cn
```

要使用聚合数据提供的接口服务，首先注册一个“聚合数据”网站的会员，注册过程本身是完全免费的，并且其提供的免费API接口服务也足够我们之后的学习使用。注册会员的网址如下：

```
https://www.juhe.cn/register
```

在注册页面，需要填写一些基本的信息，可以选择使用电子邮箱注册或者使用手机号注册，使用电子邮箱注册的页面如图14-1所示。

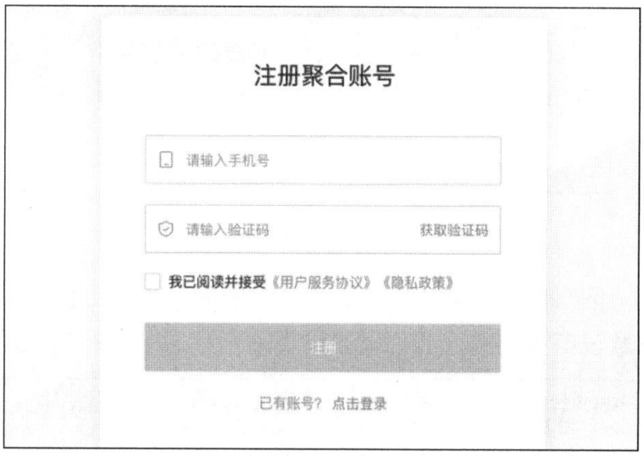

图 14-1　注册“聚合数据”会员

注意，在注册前请务必阅读《聚合用户服务协议》与《聚合隐私协议》，并且填写真实有效的邮箱地址，要真正完成注册过程，需要登录邮箱进行验证。

注册成功后，还需要通过实名认证才能使用“聚合数据”提供的接口服务，在个人中心的实名认证页面，根据提示提供对应的身份认证信息，等待审核通过即可。

下面我们可以查找一款感兴趣的API接口服务，如图14-2所示。

图 14-2　选择感兴趣的 API 接口服务

以天气预报服务为例。申请使用后，可以在“个人中心”→“数据中心”→“我的API”栏目中看到此数据服务，需要对其中的请求Key进行记录，后面我们在调用此接口服务时需要使用，如图14-3所示。

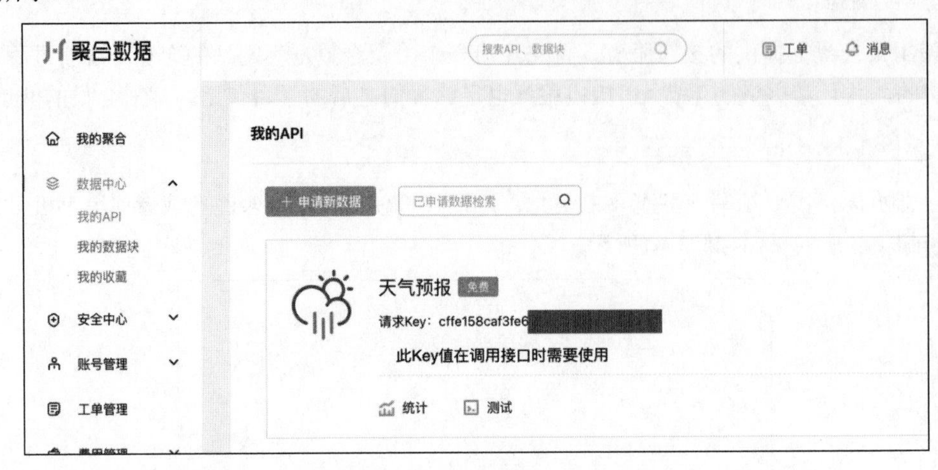

图 14-3　获取接口服务的 Key 值

之后，进入“天气预报”服务的详情页，在详情页会提供此接口服务的接口地址、请求方式、请求参数说明和返回参数说明等信息，我们需要根据这些信息来进行应用的开发，如图14-4所示。

图 14-4　接口文档示例

现在，我们可以尝试使用终端进行接口的请求测试，在终端输入如下指令：

```
    curl http://apis.juhe.cn/simpleWeather/query\?city\=%E8%8B%8F%E5%B7%9E\
&key\=cffe158caf3fe63aa2959767aXXXXX
```

注意，其中参数key对应的值为前面记录的应用的Key值，city对应的为要查询的城市的名称，需要对其进行UrlEncode编码。如果终端正确输出了我们请求的天气预报信息，则恭喜你，已经成功做完准备工作，可以进行后面的学习了。

提示　对于UrlEncde编码，你可以使用如下网页工具：http://www.jsons.cn/urlencode/。

14.1.2　使用 vue-axios 进行数据请求

axios本身是一个基于promise实现的HTTP客户端工具，vue-axios是针对Vue对axios进行了一层简单的包装。在Vue应用中，使用其进行网络数据的请求非常简单。

首先，使用脚手架工具新建一个Vue项目，在工程下执行如下指令进行vue-axios模块的安装：

```
npm install --save axios vue-axios
```

安装完成后，可以检查package.json文件中是否已经添加了vue-axios的依赖。还记得我们使用Element Plus框架时的步骤吗？使用vue-axios与其类似，首先在main.ts文件中对其进行导入和注册，代码如下：

【代码片段14-1　源码见附件代码/第14章/1_net-demo/src/main.ts】

```
//导入相关模块
import { createApp } from 'vue'
import axios from 'axios'
import VueAxios from 'vue-axios'
import App from './App.vue'
//创建App实例
const app = createApp(App)
//注册网络组件
app.use(VueAxios, axios)
//挂载根组件
app.mount('#app')
```

注意，在导入自定义的组件之前，先进行vue-axios模块的导入。之后，以任意一个组件为例，在其生命周期方法中编写如下代码进行请求的测试：

【代码片段14-2　源码见附件代码/第14章/1_net-demo/src/components/App.vue】

```
<script lang="ts">
import { Options, Vue } from 'vue-class-component';
import HelloWorld from './components/HelloWorld.vue';
//将类注解为Vue组件
@Options({
  components: {
    HelloWorld,
  },
})
export default class App extends Vue {
  //mounted生命周期方法
  mounted(): void {
```

```
      let api = "http://apis.juhe.cn/simpleWeather/
query?city=%E8%8B%8F%E5%B7%9E&key=cffe158caf3fe63aa2959767a503xxxx"
      //使用get方法来进行网络数据的获取
      this.axios.get(api).then((response)=>{
         console.log(response)
      })
    }
  }
  </script>
```

运行代码，打开浏览器的控制台，你会发现请求并没有按照我们的预期方式成功完成，控制台会输出如下信息：

```
  Access to XMLHttpRequest at 'http://apis.juhe.cn/simpleWeather/
query?city=%E8%8B%8F%E5%B7%9E&key=cffe158caf3fe63aa2959767a503bxxx' from origin
'http://192.168.34.13:8080' has been blocked by CORS policy: No
'Access-Control-Allow-Origin' header is present on the requested resource.
```

出现此问题的原因是产生了跨域请求，在Vue Cli创建的项目中更改全局配置可以解决此问题。首先在Vue项目的根目录下创建vue.config.js文件，在其中编写如下配置项：

【源码见附件代码/第14章/1_net-demo/vue.config.js】

```
  module.exports = {
    devServer: {
      proxy: {
        //对以/myApi开头的请求进行代理
        '/myApi': {
          //将请求目标指定到接口服务地址
          target: 'http://apis.juhe.cn/',
          //设置允许跨域
          changeOrigin: true,
          //设置非HTTPS请求
          secure:false,
          //重写路径，将/myApi即之前的内容清除
          pathRewrite:{
                    '^/myApi':''
                 }
        }
      }
    }
  }
```

修改请求数据的测试代码如下：

【源码见附件代码/第14章/1_net-demo/vue.config.js】

```
  mounted(): void {
    let city = "上海"
    city = encodeURI(city)
    let api = '/simpleWeather/query?city=${city}&key=
cffe158caf3fe63aa2959767a503xxxx'
    this.axios.get("/myApi" + api).then((response)=>{
```

```
        console.log(response)
    })
  }
```

如以上代码所示，我们将请求的API接口前的地址强制替换成了字符串“/myApi”，这样请求就能进入我们配置的代理逻辑中，实现跨域请求，还有一点需要注意，我们要请求的城市是上海，真正发起请求时，需要将城市进行URI编码，重新运行Vue项目，在浏览器控制台可以看到，我们已经能够正常访问接口服务了，如图14-5所示。

```
∨ {data: {…}, status: 200, statusText: 'OK', headers: AxiosHeaders, config: {…}, …}
  > config: {transitional: {…}, adapter: Array(2), transformRequest: Array(1), transformResponse: Array(1), timeout: 0, …}
  ∨ data: {reason: '查询成功!', result: {…}, error_code: 0}
      error_code: 0
      reason: '查询成功!'
    ∨ result: {city: '上海', realtime: {…}, future: Array(5)}
        city: '上海'
      ∨ future: (5) [{…}, {…}, {…}, {…}, {…}]
        > 0: {date: '2023-05-07', temperature: '15/17℃', weather: '小雨转阴', wid: {…}, direct: '西北风转北风'}
        > 1: {date: '2023-05-08', temperature: '14/21℃', weather: '多云', wid: {…}, direct: '东北风'}
        > 2: {date: '2023-05-09', temperature: '15/23℃', weather: '晴转多云', wid: {…}, direct: '东北风转东风'}
        > 3: {date: '2023-05-10', temperature: '16/23℃', weather: '阴', wid: {…}, direct: '东风'}
        > 4: {date: '2023-05-11', temperature: '17/23℃', weather: '阴', wid: {…}, direct: '东南风'}
          length: 5
        > [[Prototype]]: Array(0)
```

图 14-5　请求到了天气预报数据

通过示例代码可以看到，使用vue-axios进行数据的请求非常简单，在组件内部直接使用this.axios.get方法即可发起GET请求，当然也可以使用this.axios.post方法发起POST请求，此方法会返回Pormise对象，之后可以异步获取请求成功后的数据或失败的原因。下一节将介绍更多vue-axios中提供的功能接口。

14.2　vue-axios实用功能介绍

本节将介绍vue-axios中提供的功能接口，这些API接口可以帮助开发者快速对请求进行配置的处理。

14.2.1　通过配置的方式进行数据请求

vue-axios中提供了许多快捷的请求方法，在14.1节中，我们编写的请求示例代码中使用的就是其提供的快捷方法。如果要直接进行GET请求，使用如下方法即可：

```
axios.get(url[, config])
```

其中，url参数是要请求的接口，config参数是选填的，用来配置请求的额外选项。与此方法类似，vue-axios中还提供了下面的常用快捷方法：

```
//快捷发起POST请求，data设置请求的参数
axios.post(url[, data[, config]])
//快捷发起DELETE请求
axios.delete(url[, config])
//快捷发起HEAD请求
```

```
axios.head(url[, config])
//快捷发起OPTIONS请求
axios.options(url[, config])
//快捷发起PUT请求
axios.put(url[, data[, config]])
//快捷发起PATCH请求
axios.patch(url[, data[, config]])
```

除使用这些快捷方法外，也可以完全通过自己的配置来进行数据请求，示例如下：

```
let city = "上海"
city = encodeURI(city)
let api = '/simpleWeather/query?city=${city}&key= cffe158caf3fe63aa2959767a503xxxx'
this.axios({
   method:'get',
   url:"/myApi" + api,
}).then((response)=>{
   console.log(response.data)
})
```

通过这种配置方式进行的数据请求效果与使用快捷方法一致，注意，在配置时必须设置请求的method方法。

大多数时候，在同一个项目中，使用的请求很多配置都是相同的，对于这种情况，可以创建一个新的axios请求实例，之后所有的请求都使用这个实例来发起，实例本身的配置会与快捷方法的配置合并，这样既能够复用大多数相似的配置，又可以实现某些请求的定制化，示例如下：

```
//统一配置URL前缀、超时时间和自定义的请求头
const instance =this. axios.create({
   baseURL: '/myApi',
   timeout: 1000,
   headers: {'X-Custom-Header': 'custom'}
});
let city = "上海"
city = encodeURI(city)
let api = '/simpleWeather/query?city=${city}&key= cffe158caf3fe63aa2959767a503xxxx'
instance.get(api).then((response)=>{
   console.log(response.data)
})
```

如果需要让某些配置作用于所有请求，即需要重设axios的默认配置，可以使用axios的defaults属性进行配置，例如：

```
this.axios.defaults.baseURL = '/myApi'
let city = "上海"
city = encodeURI(city)
let api = '/simpleWeather/query?city=${city}&key= cffe158caf3fe63aa2959767a503xxxx'
this.axios.get(api).then((response)=>{
   console.log(response.data);
})
```

在对请求配置进行合并时，会按照一定的优先级进行选择，优先级排序如下：

```
axios默认配置 < defaults属性配置 < 请求时的config参数配置
```

14.2.2　请求的配置与响应数据结构

在axios中，无论使用配置的方式进行数据请求还是使用快捷方法进行数据请求，我们都可以传一个配置对象来对请求进行配置，此配置对象可配置的参数非常丰富，列举如表14-1所示。

表 14-1　配置对象可配置的参数

参　数	意　义	值
url	设置请求的接口 URL	字符串
method	设置请求方法	字符串，默认为'get'
baseURL	设置请求的接口前缀，会拼接在 URL 之前	字符串
transformRequest	用来拦截请求，在发起请求前进行数据的修改	函数，此函数会传入（data, headers）两个参数，将修改后的 data 返回即可
transformResponse	用来拦截请求回执，在收到请求回执后会调用	函数，此函数会传入（data）作为参数，将修改后的 data 返回即可
headers	自定义请求头数	对象
paramsSerializer	自定义参数的序列化方法	函数
data	设置请求提要发送的数据	字符、对象、数组等
timeout	设置请求的超时时间	数值、单位为毫秒、若设置为 0，则永不超时
withCredentials	设置跨域请求时是否需要凭证	布尔值
auth	设置用户信息	对象
responseType	设置响应数据的数据类型	字符串，默认为'json'
responseEncoding	设置响应数据的编码方式	字符串，默认为'utf8'
maxContentLength	设置允许响应的最大字节数	数值
maxBodyLength	设置请求内容的最大字节数	数值
validateStatus	自定义请求结束的状态是成功还是失败	函数，会传入请求到的（status）状态码作为参数，需要返回布尔值决定请求是否成功

通过表14-1列出的配置属性基本可以满足各种场景下的数据请求需求。当一个请求被发出后，axios会返回一个Promise对象，通过此Promise对象可以异步等待数据返回，axios返回的数据是一个包装好的对象，其中包装的属性列举如表14-2所示。

表 14-2　包装的属性

属　性	意　义	值
data	接口服务返回的响应数据	对象
status	接口服务返回的 HTTP 状态码	数值
statusText	接口服务返回的 HTTP 状态信息	字符串
headers	响应头数据	对象
config	axios 设置的请求配置信息	对象
request	请求实例	对象

尝试在浏览器中打印这些数据，观察这些数据中的信息。

14.2.3 拦截器的使用

拦截器的功能在于其允许开发者在请求发起前或请求完成后进行拦截，从而在这些时机添加一些定制化的逻辑。举一个很简单的例子，在请求发送前，我们可以激活页面的Loading特效，在请求完成后移除Loading特效，同时，如果请求的结果是异常的，可能还需要进行一个弹窗提示，而这些逻辑对于项目中的大部分请求来说都是通用的，这时就可以使用拦截器。

要对请求的开始进行拦截，示例代码如下：

```
//创建新的axios实例
const instance = this.axios.create({
  baseURL: '/myApi',
  timeout: 1000,
  headers: {'X-Custom-Header': 'custom'}
});
//设置拦截器，统一在请求前进行弹窗，如果请求错误，则统一捕获处理
instance.interceptors.request.use((config)=>{
    alert("请求将要开始")
    return config
},(error)=>{
    alert("请求出现错误")
    return Promise.reject(error)
})
//发起请求
let city = "上海"
city = encodeURI(city)
let api =
'/simpleWeather/query?city=${city}&key=cffe158caf3fe63aa2959767a503xxxxx'
instance.get(api).then((response)=>{
    console.log(response)
})
```

运行上面的代码，在请求开始前会有弹窗提示。

也可以在请求完成后进行拦截，示例代码如下：

```
instance.interceptors.response.use((response)=>{
    alert(response.status)
    return response
},(error)=>{
    return Promise.reject(error)
})
```

在拦截器中，也可以对响应数据进行修改，将修改后的数据返回给请求调用处使用。

注意，请求拦截器的添加是和axios请求实例绑定的，后续此实例发起的请求都会被拦截器拦截，但是我们可以使用如下方式在不需要拦截器的时候将其移除：

```
//定义拦截器时，会返回当前拦截器的实例对象
let i = instance.interceptors.request.use((config)=>{
    alert("请求将要开始")
    return config
```

```
},(error)=>{
    alert("请求出现错误")
    return Promise.reject(error)
})
//将拦截器移除
instance.interceptors.request.eject(i)
```

14.3 实战：天气预报应用

本节将结合聚合数据提供天气预报接口服务，尝试开发一款天气预报网页应用。前面，如果你观察过天气预报接口返回的数据结构，会发现其中包含两部分数据，一部分是当前的天气信息数据，另一部分是未来几天的天气数据。在页面设计时，也可以分成两个模块，分别展示当日天气信息和未来几日的天气信息。

14.3.1 搭建页面框架

创建一个名为Weather.vue的组件文件，编写HTML模板代码如下：

【代码片段14-3 源码见附件代码/第14章/1_net-demo/src/components/Weather.vue】

```
<template>
    <el-container class="container">
        <el-header>
            <el-input placeholder="请输入" class="input" v-model="city">
                <template #prepend>城市名: </template>
            </el-input>
        </el-header>
        <el-main class="main">
            <div class="today">
                今天:
                <span>{{this.todayData.weather ?? this.plc}}
{{this.todayData.temperature ?? this.plc}}</span>
                <span style="margin-left:20px">{{this.todayData.direct ??
this.plc}}</span>
                <span style="margin-left:100px">{{this.todayData.date}}</span>
            </div>
            <div class="real">
                <span class="temp">{{this.realtime.temperature ?? this.plc}}°
</span>
                <span class="realInfo">{{this.realtime.info ?? this.plc}}</span>
                <span class="realInfo" style="margin-left:20px">
{{this.realtime.direct ?? this.plc}}</span>
                <span class="realInfo" style="margin-left:20px">
{{this.realtime.power ?? this.plc}}</span>
            </div>
            <div class="real">
```

```
            <span class="realInfo">空气质量: {{this.realtime.aqi ?? this.plc}}°
</span>
            <span class="realInfo" style="margin-left:20px">湿度:
{{this.realtime.humidity ?? this.plc}}</span>
          </div>
          <div class="future">
            <div class="header">5日天气预报</div>
            <el-table :data="futureData" style="margin-top:30px">
              <el-table-column prop="date" label="日期"></el-table-column>
              <el-table-column prop="temperature" label="温度">
</el-table-column>
              <el-table-column prop="weather" label="天气"></el-table-column>
              <el-table-column prop="direct" label="风向"></el-table-column>
            </el-table>
          </div>
        </el-main>
      </el-container>
    </template>
```

如以上示例代码所示，从布局结构上，页面分为头部和主体部分两部分，头部布局了一个输入框，用来输入要查询天气的城市名称；主体部分又分为上下两部分，上面部分展示当前的天气信息，下面部分为一个列表，展示未来几天的天气信息。

实现简单的CSS样式代码如下：

【代码片段14-4 源码见附件代码/第14章/1_net-demo/src/components/Weather.vue】

```
<style scoped>
.container {
   background: linear-gradient(rgb(13, 104, 188), rgb(54, 131, 195));
}
.input {
   width: 300px;
   margin-top: 20px;
}
.today {
   font-size: 20px;
   color: white;
}
.temp {
   font-size: 79px;
   color: white;
}
.realInfo {
   color: white;
}
.future {
   margin-top: 40px;
}
.header {
   color: white;
   font-size: 27px;
```

```
}
</style>
```

14.3.2　实现天气预报应用核心逻辑

天气预报组件的TypeScript逻辑代码非常简单，只需要监听用户输入的城市名，进行接口请求，当接口数据返回后，用其来动态渲染页面即可，示例代码如下：

【代码片段14-5　源码见附件代码/第14章/1_net-demo/src/components/Weather.vue】

```
<script lang="ts">
import { watch } from 'vue';
import { Options, Vue } from 'vue-class-component';
//定义昼夜温度模型
interface DayNightModel {
    dat?: string
    night: string
}
//定义天气信息模型接口
interface WeatherModel {
    //天气
    weather?: string
    //温度
    temperature?: string
    //风向
    direct?: string
    //日期
    date?: string
    //昼夜温度模型
    wid?: DayNightModel
}
//定义实时气象信息模型
interface RealtimeModel {
    //温度
    temperature?: string
    //天气详情
    info?: string
    //风向
    direct?: string
    //风级
    power?: string
    //体感数值
    aqi?: string
    //湿度
    humidity?: string
}
@Options({
    //定义Vue属性监听
    watch: {
        city() {
            //当选择的城市发生变化时，重新请求数据
```

```
            this.requestData()
        }
    }
})
export default class HelloWorld extends Vue {
    city = "上海"
    weatherData?: any
    //当日信息
    todayData: WeatherModel | null = null
    //默认文案
    plc = "暂无数据"
    //实时信息
    realtime: RealtimeModel | null = null
    futureData: WeatherModel[] = []
    mounted(): void {
        //组件挂载时，进行默认数据的初始化
        this.axios.defaults.baseURL = '/myApi'
        this.requestData()
    }
    //进行数据请求
    requestData() {
        let city = encodeURI(this.city)
        //构造URL
        let api = '/simpleWeather/query?city=${city}&key=
cffe158caf3fe63aa2959767a503xxxx'
        //进行数据请求
        this.axios.get(api).then((response)=>{
            this.weatherData = response.data
            this.todayData = this.weatherData?.result.future[0]
            this.realtime = this.weatherData?.result.realtime
            this.futureData = this.weatherData?.result.future
            console.log(response.data)
        })
    }
}
</script>
```

上面代码中的DayNightModel、WeatherModel和RealtimeModel是根据API文档所定义的接口模型。

至此，一个功能完整的实用天气预报应用就开发完成了。可以看到，使用Vue及其生态内的其他UI支持模块、网络支持模块等开发一款应用程序真的非常方便。本项目中使用了Element Plus作为UI框架，不要忘记安装它。

运行编写好的组件代码，效果如图14-6所示。

图 14-6　天气预报应用页面效果

14.4 本章小结

本章介绍了基于Vue的网络请求框架vue-axios，并且通过一个简单的实战项目练习了Vue具有网络功能的应用的开发方法。相信，有了网络技术的加持，你可以使用Vue开发出更多有趣而实用的应用。

本章示例中所使用的网络API服务是免费的，每日会有限额，这些仅供学习使用是足够的，互联网上提供的API服务可能会有变化，如果你在使用时发现此API不可用，可以找相似的服务代替。

简述为何要使用vue-axios的方式来请求数据并渲染到页面，而不直接将数据嵌入前端代码中？

提示 使用Vue开发的前端项目主要职责是进行数据的渲染和用户的交互，而数据的提供主要是与数据库进行交互的，使用后端服务程序来专门提供数据好处很多。首先将前端与数据库进行了隔离，前端通过后端接口来进行数据的访问，更加安全。另外，前后端分离的开发方式能够更有效地组织代码，更利于大型项目的迭代。

第 15 章 Vue 路由管理

路由是用来管理页面切换或跳转的一种方式。Vue 十分适合用来创建单页面应用。所谓单页面应用，不是指“只有一个页面”的应用，而是从开发角度来讲的一种架构方式，单页面只有一个主应用入口，通过组件的切换来渲染不同的功能页面。当然，对于组件切换，我们可以借助 Vue 的动态组件功能，但其管理起来非常麻烦且不易维护，幸运的是，Vue 有配套的路由管理方案：Vue Router，可以更加自然地进行功能页面的管理。

通过本章，你将学习到：

- Vue Router模块的安装与简单使用。
- 动态路由、嵌套路由的用法。
- 路由的传参方法。
- 为路由添加导航守卫。
- Vue Router的进阶用法。

15.1 Vue Router的安装与简单使用

Vue Router是Vue官方的路由管理器，与Vue框架本身深度契合。Vue Router主要包含如下功能：

- 路由支持嵌套。
- 可以模块化地进行路由配置。
- 支持路由参数、查询和通配符。
- 提供了视图过渡效果。
- 能够精准地进行导航控制。

本节就来一起安装Vue Router模块，并对其功能做简单的体验。

15.1.1　Vue Router 的安装

与Vue框架本身一样，Vue Router支持使用CDN的方式引入，也支持使用NPM的方式进行安装。在本章的示例中，我们采用Vue CLI创建的项目来做演示，将采用NPM的方式来安装Vue Router。如果你需要使用CDN的方式引入，地址如下：

```
https://unpkg.com/vue-router@4
```

使用Vue CLI创建一个示例的Vue项目工程，使用终端在项目根目录下执行如下指令来安装Vue Router模块：

```
npm install vue-router@4 -s
```

稍等片刻，安装完成后，在项目的package.json文件中会自动添加Vue Router的依赖，例如：

```
"dependencies": {
  "core-js": "^3.8.3",
  "vue": "^3.2.13",
  "vue-class-component": "^8.0.0-0",
  "vue-router": "^4.1.6"
}
```

15.1.2　一个简单的 Vue Router 的使用示例

我们一直在讲路由的作用是页面管理，在实际应用中，需要做的其实非常简单：将定义好的Vue组件绑定到指定的路由，然后通过路由指定在何时或何处渲染这个组件。

首先，创建两个简单的示例组件。在工程的components文件夹下新建两个文件，分别命名为Demo1.vue和Demo2.vue，在其中编写如下示例代码。

Demo1.vue：

【源码见附件代码/第15章/1_router_demo/src/components/Demo1.vue】

```
<template>
    <h1>示例页面1</h1>
</template>
<script lang="ts">
import { Options, Vue } from 'vue-class-component';
@Options({})
export default class Demo1 extends Vue {}
</script>
```

Demo2.vue：

【源码见附件代码/第15章/1_router_demo/src/components/Demo2.vue】

```
<template>
    <h1>示例页面2</h1>
</template>
<script lang="ts">
```

```
import { Options, Vue } from 'vue-class-component';
@Options({})
export default class Demo2 extends Vue {}
</script>
```

Demo1和Demo2这两个组件作为示例使用，非常简单。修改App.vue文件如下：

【代码片段15-1 源码见附件代码/第15章/1_router_demo/src/App.vue】

```
<template>
  <h1>HelloWorld</h1>
  <p>
    <!-- route-link是路由跳转组件，用to来指定要跳转的路由 -->
    <router-link to="/demo1">页面一</router-link>
    <br/>
    <router-link to="/demo2">页面二</router-link>
  </p>
  <!-- router-view是路由的页面出口，路由匹配到的组件会渲染在此  -->
  <router-view></router-view>
</template>
<script lang="ts">
import { Options, Vue } from 'vue-class-component';
@Options({})
export default class HelloWorld extends Vue {}
</script>
```

如以上代码所示，router-link组件是一个自定义的链接组件，它比常规的a标签要强大很多，其允许在不重新加载页面的情况下更改页面的URL。router-view用来渲染与当前URL对应的组件，我们可以将其放在任何位置，例如带顶部导航栏的应用，其页面主体内容部分就可以放置为router-view组件，通过导航栏上按钮的切换来替换内容组件。

修改项目中的main.ts文件，在其中进行路由的定义与注册，示例代码如下：

【代码片段15-2 源码见附件代码/第15章/1_router_demo/src/main.ts】

```
//导入Vue框架中的createApp方法
import { createApp } from 'vue'
//导入Vue Router模块中的createRouter和createWebHashHistory方法
import { createRouter, createWebHashHistory } from 'vue-router'
//导入自定义的根组件
import App from './App.vue'
//导入路由需要用到的自定义组件
import Demo1 from './components/Demo1.vue'
import Demo2 from './components/Demo2.vue'
//挂载根组件
const app = createApp(App)
//定义路由
const routes = [
  { path: '/demo1', component: Demo1 },
  { path: '/demo2', component: Demo2 },
]
//创建路由对象
const router = createRouter({
```

```
  history: createWebHashHistory(), //历史记录使用Hash模式
  routes: routes
})
//注册路由
app.use(router)
//进行应用挂载
app.mount('#app')
```

运行上面的代码，单击页面中的两个切换按钮，可以看到对应的内容组件也会发生切换，如图15-1所示。

图 15-1　Vue Router 体验

15.2　带参数的动态路由

我们已经了解到，不同的路由可以匹配到不同的组件，从而实现页面的切换。有些时候，我们需要将同一类型的路由匹配到同一个组件，通过路由的参数来控制组件的渲染。例如对于“用户中心”这类页面组件，不同的用户渲染信息是不同的，这时就可以通过为路由添加参数来实现。

15.2.1　路由参数匹配

我们先编写一个示例的用户中心组件，此组件非常简单，直接通过解析路由中的参数来显示当前用户的昵称和编号。在工程的components文件夹下，新建一个名为User.vue的文件，在其中编写如下代码：

【源码见附件代码/第15章/1_router_demo/src/components/User.vue】

```
<template>
    <h1>姓名: {{$route.params.username}}</h1>
    <h2>id:{{$route.params.id}}</h2>
</template>
<script lang="ts">
import { Options, Vue } from 'vue-class-component';
@Options({})
```

```
export default class User extends Vue {}
</script>
```

如以上代码所示，在组件内部，可以使用$route属性获取全局的路由对象，路由中定义的参数可以在此对象的params属性中获取到。在main.ts中定义路由如下：

【源码见附件代码/第15章/1_router_demo/src/main.ts】

```
import User from './components/User.vue'
const routes = [
    { path: '/user/:username/:id', component:User }
]
```

在定义路由的路径path时，使用冒号来标记参数，如以上代码中定义的路由路径，username和id都是路由的参数，如下路径会被自动匹配：

```
/user/小王/8888
```

其中“小王”会被解析到路由的username属性，“8888”会被解析到路由的id属性。

现在，运行Vue工程，尝试在浏览器中输入如下格式的地址：

```
http://localhost:8080/#/user/小王/8888
```

图 15-2　解析路由中的参数

你会看到，页面的加载效果如图15-2所示。

注意，在使用带参数的路由时，对应相同组件的路由在进行导航切换时，相同的组件并不会被销毁再创建，这种复用机制使得页面的加载效率更高。但这也表明，页面切换时，组件的生命周期方法都不会被再次调用，如果需要通过路由参数来请求数据，之后渲染页面需要特别注意，不能在生命周期方法中实现数据请求逻辑。例如修改HelloWorld.vue组件的模板代码如下：

【源码见附件代码/第15章/1_router_demo/src/components/HelloWorld.vue】

```
<template>
    <h1>HelloWorld</h1>
    <p>
      <router-link to="/user/小王/8888">小王</router-link>
      <br/>
      <router-link to="/user/小李/6666">小李</router-link>
    </p>
    <router-view></router-view>
</template>
```

修改User.vue代码如下：

【源码见附件代码/第15章/1_router_demo/src/components/User.vue】

```
<template>
    <h1>姓名：{{$route.params.username}}</h1>
    <h2>id:{{$route.params.id}}</h2>
</template>
<script lang="ts">
import { Options, Vue } from 'vue-class-component';
```

```
    @Options({})
    export default class User extends Vue {
        mounted() {
            alert('组件加载，请求数据。路由参数为name:${this.$route.params.username}
id:${this.$route.params.id}')
        }
    }
    </script>
```

我们模拟在组件挂载时根据路由参数来进行数据的请求，运行代码可以看到，单击页面上的链接进行组件切换时，User组件中显示的用户名称的用户编号都会实时刷新，但是alert弹窗只有在User组件第一次加载时才会弹出，后续不会再弹出。对于这种场景，我们可以采用导航守卫的方式来处理，每次路由参数有更新，都会回调守卫函数，修改User.vue组件中的TypeScript代码如下：

【代码片段15-3 源码见附件代码/第15章/1_router_demo/src/components/User.vue】

```
    <script lang="ts">
    import { Options, Vue } from 'vue-class-component';
    import { RouteLocationNormalized } from 'vue-router';
    @Options({})
    export default class User extends Vue {
        //路由钩子方法，当路由参数更新时会调用
        beforeRouteUpdate(to: RouteLocationNormalized, from: RouteLocationNormalized) {
            console.log(to,from)
            alert('组件加载，请求数据。路由参数为name:${to.params.username}
id:${to.params.id}')
        }
    }
    //为组件注册路由钩子
    User.registerHooks(["beforeRouteUpdate"])
    </script>
```

注意，之所以调用registerHooks来注册路由钩子方法，是因为我们采用vue-class-component模式来编写Vue组件，如果直接采用原生的模式编写，此方法直接定义在methods选项中即可。

再次运行代码，当同一个路由的参数发生变化时，也会由alert弹出提示。beforeRouteUpdate函数在路由将要更新时会调用，其传入的两个参数，to是更新后的路由对象，from是更新前的路由对象。

15.2.2 路由匹配的语法规则

在进行路由参数匹配时，Vue Router允许参数内部使用正则表达式来进行匹配。首先来看一个例子。在15.2.1节中，我们提供了User组件做路由示范，将其页面模板部分的代码修改如下：

```
    <template>
        <h1>用户中心</h1>
        <h1>姓名: {{$route.params.username}}</h1>
    </template>
```

同时，在components文件夹下新建一个名为UserSetting.vue的文件，在其中编写如下代码：

【源码见附件代码/第15章/1_router_demo/src/components/UserSetting.vue】

```
<template>
    <h1>用户设置</h1>
    <h2>id:{{$route.params.id}}</h2>
</template>
<script lang="ts">
import { Options, Vue } from 'vue-class-component';
@Options({})
export default class UserSetting extends Vue {}
</script>
```

我们将User组件作为用户中心页面来使用，而UserSetting组件作为用户设置页面来使用，这两个页面所需要的参数不同，用户中心页面需要用户名参数，用户设置页面需要用户编号参数。在main.ts文件中定义路由如下：

```
const routes = [
    { path: '/user/:username', component:User },
    { path: '/user/:id', component:UserSetting }
]
```

你会发现，上面代码中定义的两个路由除参数名不同外，其格式完全一样，这种情况下，我们是无法访问用户设置页面的，所有符合UserSetting组件的路由规则同时也符合User组件。为了解决这个问题，最简单的方式是加一个静态的前缀路径，例如：

```
const routes = [
    { path: '/user/info/:username', component:User },
    { path: '/user/setting/:id', component:UserSetting }
]
```

这是一个好方法，但并不是唯一的方法，对于本示例来说，用户中心页面和用户设置页面所需要参数的类型有明显的差异，我们预设用户编号必须是数值，用户名则不能是纯数字，因此可以通过正则约束来实现不同类型的参数匹配到对应的路由组件，示例如下：

```
const routes = [
    { path: '/user/:username', component:User },
    { path: '/user/:id(\\d+)', component:UserSetting }
]
```

这样，对于“/user/6666”这样的路由就会匹配到UserSetting组件，“/user/小王”这样的路由就会匹配到User组件。

在正则表达式中，符号“*”可以用来匹配0个或多个前面的模式，符号“+”可以用来匹配一个或多个前面的模式。在定义路由时，使用这两个符号可以实现多级参数。在components文件夹下新建一个名为Category.vue的示例组件，编写如下代码：

【源码见附件代码/第15章/1_router_demo/src/components/Category.vue】

```
<template>
    <h1>类别</h1>
    <h2>{{$route.params.cat}}</h2>
</template>
<script lang="ts">
```

```
import { Options, Vue } from 'vue-class-component';
@Options({})
export default class Category extends Vue {}
</script>
```

在main.ts中增加如下路由定义：

```
{ path: '/category/:cat*', component:Category}
```

注意，别忘了在main.ts文件中对Category组件进行引入。当我们采用多级匹配的方式来定义路由时，路由中传递的参数会自动转换成一个数组，例如路由"/category/一级/二级/三级"可以匹配到上面定义的路由，匹配成功后，cat参数为一个数组，其中数据为["一级", "二级", "三级"]。

有时候，页面组件所需要的参数并不都是必传的，以用户中心页面为例，当传了用户名参数时，其需要渲染登录后的用户中心状态，当没有传用户名参数时，其可能需要渲染未登录时的状态。这时，可以将此username参数定义为可选的，示例如下：

```
{ path: '/user/:username?', component:User }
```

参数被定义为可选后，路由中不包含此参数的时候也可以正常匹配指定的组件。

15.2.3　路由的嵌套

前面定义了很多路由，但是真正渲染路由的地方只有一个，即只有一个<router-view></router-view>出口，这类路由实际上都是顶级路由。在实际开发中，我们的项目可能非常复杂，除根组件中需要路由外，一些子组件中可能也需要路由，Vue Router提供了嵌套路由技术来支持这类场景。

以之前创建的User组件为例，假设组件中有一部分用来渲染用户的好友列表，这部分也可以用组件来完成。首先在components文件夹下新建一个名为Friends.vue的文件，编写代码如下：

【源码见附件代码/第15章/1_router_demo/src/components/Friends.vue】

```
<template>
    <h1>好友列表</h1>
    <h1>好友人数：{{$route.params.count}}</h1>
</template>
<script lang="ts">
import { Options, Vue } from 'vue-class-component';
@Options({})
export default class Friends extends Vue {}
</script>
```

Friends组件只会在用户中心使用，我们可以将其作为一个子路由进行定义。首先修改User.vue中的模板代码如下：

```
<template>
    <h1>用户中心</h1>
    <h1>姓名：{{$route.params.username}}</h1>
    <router-view></router-view>
</template>
```

注意，User组件本身也是由路由管理的，我们在User组件内部使用的<router-view> </router-view>标签实际上定义的是二级路由的页面出口。在main.ts中定义二级路由如下：

```
const routes = [
  {
    path: '/user/:username?',
    component:User,
    children:[
      {
        path: 'friends/:count',
        component: Friends
      }
    ]
  }
]
```

注意，在定义路由时，不要忘记在main.ts中引入此组件。之前在定义路由时，只使用了path和component属性，其实每个路由对象本身也可以定义子路由对象，理论上讲，我们可以根据自己的需要来定义路由嵌套的层数，通过路由的嵌套可以更好地对路由进行分层管理。如以上代码所示，当我们访问如下路径时，页面效果如图15-3所示。

```
/user/小王/friends/6
```

图 15-3　路由嵌套示例

15.3 页 面 导 航

导航本身是指页面间的跳转和切换。router-link组件就是一种导航组件。我们可以设置其属性to来指定要执行的路由。除使用route-link组件外，还有其他的方式进行路由控制，任意可以添加交互方法的组件都可以实现路由管理。本节将介绍通过函数的方式进行路由跳转。

15.3.1 使用路由方法

当我们成功向Vue应用注册路由后，在任何Vue实例中，都可以通过$route属性访问路由对象。

通过调用路由对象的push方法可以向history栈中添加一个新记录。同时，用户也可以通过浏览器的返回按钮返回上一个路由URL。

首先，修改App.vue文件代码如下：

【代码片段15-4 源码见附件代码/第15章/1_router_demo/src/components/App.vue】

```
<template>
  <h1>HelloWorld</h1>
  <p>
    <el-button type="primary" @click="toUser">用户中心</el-button>
  </p>
  <router-view></router-view>
</template>
<script lang="ts">
import { Options, Vue } from 'vue-class-component';
@Options({})
export default class App extends Vue {
  toUser() {
    this.$router.push({
      path:"/user/小王"
    })
  }
}
</script>
```

如以上代码所示，我们使用按钮组件代替之前的router-link组件，在按钮的单击方法中进行路由的跳转操作。push方法可以接收一个对象，对象中通过path属性配置其URL路径。push方法也支持直接传入一个字符串作为URL路径，代码如下：

```
this.$router.push("/user/小王")
```

也可以通过路由名加参数的方式让Vue Router自动生成URL，要使用这种方法进行路由跳转，在定义路由的时候需要对路由进行命名，代码如下：

```
const routes = [
  {
    path: '/user/:username?',
    name: 'user',
    component:User
  }
]
```

之后，可以使用如下方式进行路由跳转：

```
this.$router.push({
  name: 'user',
  params: {
    username:'小王'
  }
})
```

如果路由需要查询参数，可以通过query属性进行设置，示例如下：

```
//会被处理成 /user?name=xixi
```

```
this.$router.push({
  path: '/user',
  query: {
    name:'xixi'
  }
})
```

注意，在调用push方法配置路由对象时，如果设置了path属性，则params属性会被自动忽略。push方法本身也会返回一个Pormise对象，我们可以用其来处理路由跳转成功之后的逻辑，示例如下：

```
this.$router.push({
  name: 'user',
  params: {
    username:'小王'
  }
}).then(()=>{
  //跳转完成后要做的逻辑
})
```

15.3.2 导航历史控制

当我们使用router-link组件或push方法切换页面时，新的路由实际上会被放入history导航栈中，用户可以灵活地使用浏览器的前进和后退功能在导航栈路由中进行切换。对于有些场景，我们不希望导航栈中的路由增加，这时候可以配置replace参数或直接调用replace方法来进行路由跳转，这种方式跳转的页面会直接替换当前的页面，即跳转前页面的路由从导航栈中删除。

```
this.$router.push({
    path: '/user/小王',
    replace: true
})
this.$router.replace({
    path: '/user/小王'
})
```

Vue Router也提供了另一个方法，让我们可以灵活选择跳转到导航栈中的某个位置，示例如下：

```
//跳转到后1个记录
this.$router.go(1)
//跳转到后3个记录
this.$router.go(3)
//跳转到前1个记录
this.$router.go(-1)
```

15.4 关于路由的命名

我们知道，在定义路由时，除path外，还可以设置name属性，name属性为路由提供了名称，使用名称进行路由切换比直接使用path进行切换有很明显的优势：避免硬编码URL、可以自动处理参数的编码等。

15.4.1　使用名称进行路由切换

与使用path路径进行路由切换类似，router-link组件和push方法都可以根据名称进行路由切换。以前面编写的代码为例，定义用户中心的名称为user，使用如下方法可以直接进行切换：

```
this.$router.push({
    name: 'user',
    params:{
      username:"小王"
    }
})
```

使用router-link组件切换示例如下：

```
<router-link :to="{ name: 'user', params: { username: '小王' }}">小王</router-link>
```

15.4.2　路由视图命名

路由视图命名是指对router-view组件进行命名，router-view组件用来定义路由组件的出口，前面讲过，路由支持嵌套，router-view可以进行嵌套。通过嵌套，允许在Vue应用中出现多个router-view组件。但是对于有些场景，我们可能需要在同级展示多个路由视图，例如顶部导航区和主内容区两部分都需要使用路由组件，这时候就需要在同级使用router-view组件，要定义同级的每个router-view要展示的组件，可以对其进行命名。

修改App.vue文件中的模板代码，将页面的布局分为头部和内容主体两部分，代码如下：

【源码见附件代码/第15章/1_router_demo/src/App.vue】

```
<template>
   <el-container>
     <el-header height="80px">
       <router-view name="topBar"></router-view>
     </el-header>
     <el-main>
       <router-view name="main"></router-view>
     </el-main>
   </el-container>
</template>
```

在mian.ts文件中定义一个新的路由，设置如下：

```
const routes = [{
   path: '/home/:username/:id',
   components: {
     topBar: User,
     main: UserSetting
   }
}]
```

之前定义路由时，一个路径只对应一个组件，其实也可以通过components来设置一组组件，

components需要设为一个对象，其中的键表示页面中路由视图的名称，值为要渲染的组件，在上面的例子中，页面的头部会被渲染为User组件，主体部分会被渲染为UserSetting组件，如图15-4所示。

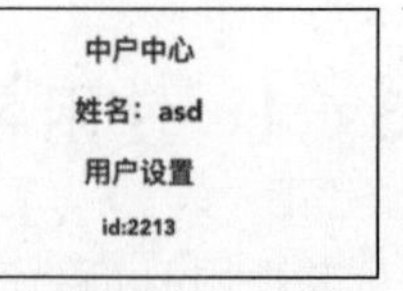

图 15-4　进行路由视图的命名

注意，对于没有命名的router-view组件，其名字会被默认分配为default，编写组件模板如下：

```
<template>
    <el-container>
      <el-header height="80px">
        <router-view name="topBar"></router-view>
      </el-header>
      <el-main>
        <router-view></router-view>
      </el-main>
    </el-container>
</template>
```

使用如下方式定义路由效果是一样的：

```
const routes = [
  {
    path: '/home/:username/:id',
    components: {
      topBar: User,
      default: UserSetting
    }
  }
]
```

提示　在嵌套的子路由中，也可以使用视图命名路由，对于结构复杂的页面，我们可以先将其按照模块进行拆分，梳理清晰路由的组织关系再进行开发。

15.4.3　使用别名

别名提供了一种路由路径映射的方式，也就是说我们可以自由将组件映射到一个任意的路径上，而不用受到嵌套结构的限制。

可以尝试为一个简单的一级路由来设置别名，修改用户设置页面的路由定义如下：

```
const routes = [
  { path: '/user/:id(\\d+)', component:UserSetting, alias: '/setting/:id' }
]
```

下面两个路径的页面渲染效果将完全一样：

```
http://localhost:8080/#/setting/6666/
http://localhost:8080/#/user/6666/
```

注意，别名和重定向并不完全一样，别名不会改变用户在浏览器中输入的路径本身，对于多级嵌套的路由来说，我们可以使用别名在路径上对其进行简化。如果原路由有参数配置，一定要注意别名也需要对应地包含这些参数。在为路由配置别名时，alias属性可以直接设置为别名字符串，也可以设置为数组同时配置一组别名，例如：

```
const routes = [
  { path: '/user/:id(\\d+)', component:UserSetting, alias: ['/setting/:id',
'/s/:id'] }
]
```

15.4.4 路由重定向

重定向也是通过路由配置来完成的，与别名的区别在于，重定向会将当前路由映射到另一个路由上，页面的URL会发生改变。例如，当用户访问路由'/d/1'时，需要页面渲染'/demo1'路由对应的组件，配置方式如下：

```
const routes = [
  { path: '/demo1', component: Demo1 },
  { path: '/d/1', redirect: '/demo1'},
]
```

redirect也支持配置为对象，设置对象的name属性可以直接指定命名路由，例如：

```
const routes = [
  { path: '/demo1', component: Demo1, name:'Demo' },
  { path: '/d/1', redirect: {name : 'Demo'}}
]
```

上面示例代码中都是采用静态方式配置路由重定向的，在实际开发中，更多时候会采用动态方式配置重定向，例如对于需要用户登录才能访问的页面，当未登录的用户访问此路由时，我们自动将其重定向到登录页面，下面的示例代码模拟了这一过程：

【代码片段15-5】

```
const routes = [
  { path: '/demo1', component: Demo1, name:'Demo' },
  { path: '/demo2', component: Demo2 },
  { path: '/d', redirect: to => {
     console.log(to) //to是路由对象
     //随机数模拟登录状态
     let login = Math.random() > 0.5
     if (login) {
       return { path:'/demo1'}
     } else {
       return { path:'/demo2'}
     }
   }
  }
]
```

15.5 关于路由传参

通过前面的学习，我们对Vue Router的基本使用已经有了初步的了解，在进行路由跳转时，可以通过参数的传递来进行后续的逻辑处理。在组件内部，之前使用$route.params的方式来获取路由传递的参数，这种方式虽然可行，但组件与路由紧紧地耦合在了一起，并不利于组件的复用性。本节就来讨论路由的另一种传参方式——使用属性的方式进行参数传递。

还记得我们编写的用户设置页面是如何获取路由传递的id参数的吗？代码如下：

```
<template>
    <h1>用户设置</h1>
    <h2>id:{{$route.params.id}}</h2>
</template>
```

由于在组件的模板内部之前使用了$route属性，这导致此组件的通用性大大降低，首先，我们将其所有耦合路由的地方去除，修改如下：

```
<template>
    <h1>用户设置</h1>
    <h2>id:{{id}}</h2>
</template>
<script lang="ts">
import { Options, Vue } from 'vue-class-component';
@Options({
    props: {
        id: String
    }
})
export default class UserSetting extends Vue {
    id?: string
}
</script>
```

现在，UserSetting组件能够通过外部传递的属性来实现内部逻辑，后面需要做的只是将路由的传参映射到外部属性上。Vue Router默认支持这一功能。路由配置方式如下：

```
const routes = [
  { path: '/user/:id(\\d+)', component:UserSetting, props:true }
]
```

在定义路由时，将props设置为true，则路由中传递的参数会自动映射到组件定义的外部属性，使用十分方便。

对于有多个页面出口的同级命名视图，我们需要对每个视图的props单独进行设置，示例如下：

```
const routes = [
  {
    path: '/home/:username/:id',
    components: {
```

```
      topBar: User,
      default: UserSetting,
    },
    props: {topBar:true, default:true}
  }
]
```

如果组件内部需要的参数与路由本身没有直接关系，也可以将props设置为对象，此时props设置的数据将按原样传递给组件的外部属性，例如：

```
const routes = [
  { path: '/user/:id(\\d+)', component:UserSetting, props:{id:'000'} },
]
```

如以上代码所示，此时路由中的参数将被弃用，组件中获取到的id属性值将固定为000。

props还有一种更强大的使用方式，可以直接将其设置为一个函数，函数中返回要传递到组件的外部属性对象，这种方式动态性很好，示例如下：

```
const routes = [
  { path: '/user/:id(\\d+)', component:UserSetting, props:route => {
    return {
      id:route.params.id,
      other:'other'
    }
  }}
]
```

15.6　路由导航守卫

关于导航守卫，前面也使用过，顾名思义，其主要作用是在进行路由跳转时决定通过此次跳转或拒绝此次跳转。在Vue Router中有多种方式来定义导航守卫。

15.6.1　定义全局的导航守卫

在main.ts文件中，使用createRouter方法来创建路由实例，此路由实例可以使用beforeEach方法来注册全局的前置导航守卫，之后当有导航跳转触发时，都会被此导航守卫所捕获，示例如下：

```
const router = createRouter({
    history: createWebHashHistory(),
    routes: routes          //我们定义的路由配置对象
  })
router.beforeEach((to, from) => {
    console.log(to)         //将要跳转到的路由对象
    console.log(from)       //当前将要离开的路由对象
    return false            //返回true表示允许此次跳转，返回false表示禁止此次跳转
})
app.use(router)
```

当注册的beforeEach方法返回的是布尔值时，其用来决定是否允许此次导航跳转，如以上代码所示，所有的路由跳转都将被禁止。

更多时候，我们会在beforeEach方法中返回一个路由配置对象来决定要跳转的页面，这种方式更加灵活，例如可以将登录态校验的逻辑放在全局的前置守卫中处理，非常方便。示例如下：

```
const routes = [
  { path: '/user/:id(\\d+)',name:'setting', component:UserSetting, props:true},
]
const router = createRouter({
  history: createWebHashHistory(),
  routes: routes                                        //我们定义的路由配置对象
})
router.beforeEach((to, from) => {
  console.log(to)                                       //将要跳转到的路由对象
  console.log(from)                                     //当前将要离开的路由对象
  if (to.name != 'setting') {                           //防止无限循环
    return {name:'setting',params:{id:"000"}}           //返回要跳转到的路由
  }
})
```

与定义全局前置守卫类似，我们也可以注册全局导航后置回调。与前置守卫不同的是，后置回调不会改变导航本身，但是其对页面的分析和监控十分有用。示例如下：

```
const router = createRouter({
  history: createWebHashHistory(),
  routes: routes //我们定义的路由配置对象
})
router.afterEach((to, from, failure) => {
  console.log("跳转结束")
  console.log(to)
  console.log(from)
  console.log(failure)
})
```

路由实例的afterEach方法中设置的回调函数除接收to和from参数外，还会接收一个failure参数，通过它开发者可以对导航的异常信息进行记录。

15.6.2 为特定的路由注册导航守卫

如果只有特定的场景需要在页面跳转过程中实现相关逻辑，我们也可以为指定的路由注册导航守卫。有两种注册方式，一种是在配置路由时进行定义，另一种是在组件中进行定义。

在对导航进行配置时，可以直接为其设置beforeEnter属性，示例如下：

```
const routes = [
  {
    path: '/demo1', component: Demo1, name: 'Demo', beforeEnter: (router:any) => {
      console.log(router)
      return false
    }
  }
]
```

如以上代码所示，当用户访问“/demo1”路由对应的组件时都会被拒绝。注意，beforeEnter设置的守卫只有在进入路由时会触发，路由的参数变化并不会触发此守卫。

在编写组件时，我们也可以实现一些方法来为组件定制守卫函数，示例代码如下：

```
<template>
    <h1>示例页面1</h1>
</template>
<script lang="ts">
import { Options, Vue } from 'vue-class-component';
import { RouteLocationNormalized, NavigationGuardNext } from 'vue-router';
@Options({})
export default class Demo1 extends Vue {
  beforeRouteEnter(to:RouteLocationNormalized, from:RouteLocationNormalized) {
    console.log(to, from, "前置守卫")
    return true
  }
  beforeRouteUpdate(to:RouteLocationNormalized, from:RouteLocationNormalized) {
    console.log(to, from, "路由参数有更新时的守卫")
  }
  beforeRouteLeave(to:RouteLocationNormalized, from:RouteLocationNormalized) {
    console.log(to, from, "离开页面")
  }
}
Demo1.registerHooks([
    "beforeRouteEnter",
    "beforeRouteUpdate",
    "beforeRouteLeave"
])
</script>
```

如以上代码所示，beforeRouterEnter是组件的导航前置守卫，在通过路由切换到当前组件时被调用，在这个函数中，我们可以做拦截操作，也可以做重定向操作。注意，此方法只有在第一次切换此组件时会被调用，路由参数的变化不会重复调用此方法。beforeRouteUpdate方法在当前路由发生变化时会被调用，例如路由参数的变化等都可以在此方法中捕获到。beforeRouteLeave方法会在将要离开当前页面时被调用。还有一点需要特别注意，在beforeRouteEnter中不能使用this来获取当前组件实例，因为在导航守卫确认通过前，新的组件还没有被创建。如果你真的需要在导航被确认时使用当前组件实例处理一些逻辑，可以通过next参数注册回调方法，示例如下：

```
    beforeRouteEnter(to:RouteLocationNormalized, from:RouteLocationNormalized,
next:NavigationGuardNext) {
      console.log(to, from, "前置守卫")
      next((w) => {
          console.log(w) //w为当前组件实例
      })
      return true
    }
```

当前置守卫确认了此次跳转后，next参数注册的回调方法会被执行，并且会将当前组件的实例作为参数传入。在beforeRouteUpdate和beforeRouteLeave方法中可以直接使用this关键字来获取当前组件实例，无须额外的操作。

下面来总结Vue Router导航跳转的全过程。

（1）导航被触发，可以通过router-link组件触发，也可以通过$router.push或直接改变URL触发。

（2）在将要失活的组件中调用beforeRouteLeave守卫函数。

（3）调用全局注册的beforeEach守卫。

（4）如果当前使用的组件没有变化，就调用组件内的beforeRouteUpdate守卫。

（5）调用在定义路由时配置的beforeEnter守卫函数。

（6）异步解析路由组件。

（7）在被激活的组件中调用beforeRouteEnter守卫。

（8）导航被确认。

（9）调用全局注册的afterEach守卫。

（10）触发DOM更新，页面进行更新。

（11）调用组件的beforeRouteEnter函数中的next参数注册的回调函数。

15.7 动态路由

到目前为止，我们使用的所有路由都是采用静态配置的方式定义的，即先在main.ts中完成路由的配置，之后在项目中使用。但某些情况下，我们可能需要在运行的过程中动态地添加或删除路由，Vue Router中也提供了方法支持动态地对路由进行操作。

在Vue Router中，动态操作路由的方法主要有两个：addRoute和removeRoute。addRoute用来动态添加一条路由；对应地，removeRoute用来动态删除一条路由。首先，修改Demo1.vue文件如下：

【源码见附件代码/第15章/1_router_demo/src/components/Dome1.vue】

```
<template>
  <h1>示例页面1</h1>
  <el-button type="primary" @click="click">跳转Demo2</el-button>
</template>
<script lang="ts">
import { Options, Vue } from 'vue-class-component';
import Demo2 from './Demo2.vue'
@Options({})
export default class Demo1 extends Vue {
  created(): void {
    this.$router.addRoute({
      path: "/demo2",
      component: Demo2,
    })
  }
  click() {
     this.$router.push("/demo2");
  }
}
</script>
```

我们在Demo1组件中布局了一个按钮元素，在Demo1组件创建完成后，使用addRoute方法动态添加了一条路由，当单击页面上的按钮时，切换到Demo2组件。修改main.ts文件中配置路由的部分如下：

```
const router = createRouter({
  history: createWebHashHistory(),
  routes: [
    {
      path: '/demo1', component: Demo1,
    }
  ]
})
```

可以尝试一下，如果直接在浏览器中访问“/demo2”页面会报错，因为此时注册的路由列表中并没有此项路由记录，但是如果先访问“/demo1”页面，再单击页面上的按钮进行路由跳转，则能够正常跳转。

在下面几种场景下会触发路由的删除。

当使用addRoute方法动态添加路由时，如果添加了重名的路由，旧的就会被删除，例如：

```
this.$router.addRoute({
  path: "/demo2",
  component: Demo2,
  name:"Demo2"
});
this.$router.addRoute({
  path: "/d2",
  component: Demo2,
  name:"Demo2"
});
```

上面的代码中，路径为“/demo”的路由将会被删除。

在调用addRoute方法时，它其实会返回一个删除回调，我们也可以通过此删除回调来直接删除所添加的路由，代码如下：

```
let call = this.$router.addRoute({
  path: "/demo2",
  component: Demo2,
  name: "Demo2",
});
//直接移除此路由
call();
```

另外，对于命名了的路由，也可以通过名称来对路由进行删除，示例如下：

```
this.$router.addRoute({
  path: "/demo2",
  component: Demo2,
  name: "Demo2",
});
this.$router.removeRoute("Demo2");
```

注意，当路由被删除时，其所有的别名和子路由也会同步被删除。在Vue Router中，还提供了方法来获取现有的路由，例如：

```
console.log(this.$router.hasRoute("Demo2"));
console.log(this.$router.getRoutes());
```

其中，hasRouter方法用来检查当前已经注册的路由中是否包含某个路由，getRoutes方法用来获取包含所有路由的列表。

15.8 本章小结

本章介绍了Vue Router模块的使用方法，路由技术在实际项目开发中应用广泛，随着网页应用的功能越来越强大，前端代码也将越来越复杂，因此如何高效、清晰地根据业务模块组织代码变得十分重要，路由就是一种非常优秀的页面组织方式，通过路由我们可以将页面按照组件的方式进行拆分，组件内只关注内部的业务逻辑，组件间通过路由来进行交互和跳转。

通过本章的学习，相信你已经有了开发大型前端应用的基础能力，可以尝试模仿流行的互联网应用，通过路由来搭建一些页面进行练习，加油！

（1）如果同一个页面中有多个模块可以动态地进行配置，一般需要怎么做？

提示 尝试从命名路由方面进行分析。

（2）子路由通常有哪些应用场景？

提示 在开发项目时，我们可以先将项目按照大的功能模块进行拆分，每个功能模块的主页分配一个一级路由，当然，大多数模块都不可能只有一个页面，模块内进行页面切换时，可以通过分配子路由实现。

第 16 章 Vue 状态管理

首先，Vue 框架本身就有状态管理的能力，我们在开发 Vue 应用页面时，视图上渲染的数据就是通过状态来驱动的。本章主要讨论基于 Vue 的状态管理框架 Vuex，Vuex 是一个专为 Vue 定制的状态管理模块，其集中式地储存和管理应用的所有组件的状态，使这些状态数据可以按照我们预期的方式变化。

当然，并非所有 Vue 应用的开发都需要使用 Vuex 来进行状态管理，对于小型的、简单的 Vue 应用，我们使用 Vue 自身的状态管理功能就已经足够，但是对于复杂度高、组件繁多的 Vue 应用，组件间的交互会使得状态管理变得困难，这时就需要 Vuex 的帮助了。

通过本章，你将学习到：

- Vuex框架的安装与简单使用。
- 多组件共享状态的管理方法。
- 多组件驱动同一状态的方法。

16.1 认识Vuex框架

Vuex采用集中的方式管理所有组件的状态，相较于“集中式”而言，Vue本身对状态管理采用的方式是“独立式”的，即每个组件只负责维护自身的状态。

16.1.1 关于状态管理

我们先从一个简单的示例组件来理解状态管理。使用Vue CLI工具新建一个Vue项目工程，为了方便测试，将默认生成的部分代码先清理掉，修改App.vue文件如下：

【源码见附件代码/第16章/1_vuex_demo/src/App.vue】

```
<template>
  <HelloWorld />
</template>
<script lang="ts">
import { Options, Vue } from 'vue-class-component';
import HelloWorld from './components/HelloWorld.vue';
@Options({
  components: {
    HelloWorld,
  },
})
export default class App extends Vue {}
</script>
```

修改HelloWorld.vue文件如下：

```
<template>
  <h1>计数器{{ count }}</h1>
  <button @click="increment">增加</button>
</template>
<script lang="ts">
import { Options, Vue } from 'vue-class-component';
@Options({})
export default class HelloWorld extends Vue {
  count = 0
  increment() {
    this.count ++
  }
}
</script>
```

提示 上面的代码中使用到了Element Plus框架中的UI组件，创建工程时需要引入此框架，这里不再过多介绍。

上面的代码逻辑非常简单，页面上渲染了一个按钮组件和一个文本标题，当用户单击按钮时，标题上显示的计数会进行自增。分析上面的代码，可以发现，在Vue应用中，组件状态的管理由如下几个部分组成：

（1）状态数据：是指组件中定义的属性数据，这些数据自带响应性，由其来对视图的展现进行驱动。

（2）视图：是指template中定义的视图模板，其通过声明的方式将状态映射到视图上。

（3）动作：是指会引起状态变化的行为，即上面的代码组件中定义的increment方法，这些方法用来改变状态数据，状态数据的改动最终驱动视图的刷新。

上面3部分的协同工作就是Vue状态管理的核心，总体来看，在这个状态管理模式中，数据的流向是单向的、私有的。由视图触发动作，由动作改变状态，由状态驱动视图。此过程如图16-1所示。

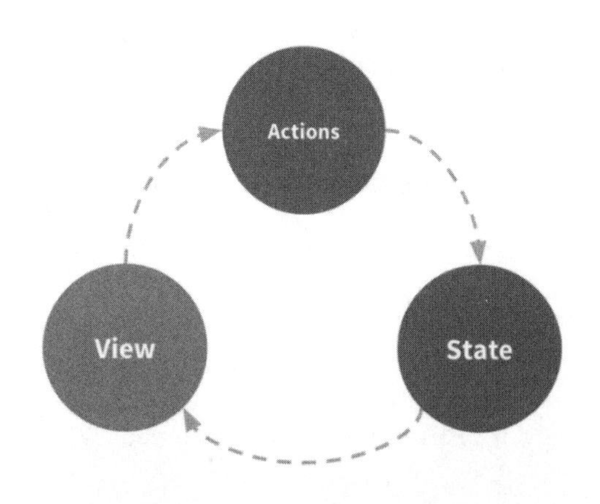

图 16-1 单向数据流使用图

单向数据流这种状态管理模式非常简洁，对于组件不多的简单Vue应用来说，这种模式非常高效，但是对于多组件复杂交互的场景，使用这种方式来进行状态管理就会比较困难。我们来思考下面两个问题：

（1）有多个组件依赖于同一个状态。

（2）多个组件都可能触发动作变更同一个状态。

对于问题（1），使用上面所述的状态管理方法很难实现，对于嵌套的多个组件，还可以通过传值的方式来传递状态，但是对于平级的多个组件，共享同一状态是非常困难的。

对于问题（2），若不同的组件要更改同一个状态，最直接的方式是将触发动作交给上层，对于多层嵌套的组件，则需要一层一层地向上传递事件，在最上层统一处理状态的更改，这会使代码的维护难度大大增加。

Vuex就是基于这种应用场景产生的，在Vuex中，我们可以将需要组件间共享的状态抽取出来，以一个全局的单例模式进行管理。在这种模式下，视图无论在视图树中的哪个位置，都可以直接获取这些共享的状态，也可以直接触发修改动作来动态改变这些共享的状态。

16.1.2 安装与体验 Vuex

与前面使用过的模块的安装方式类似，使用npm可以非常方便地为工程安装Vuex模块，命令如下：

```
npm install vuex@next --save
```

在安装过程中，如果有权限相关的错误产生，可以在命令前添加sudo。安装完成后，即可在工程的package.json文件中看到相关的依赖配置以及所安装的Vuex版本，代码如下：

```
"dependencies": {
  "core-js": "^3.8.3",
  "element-plus": "^2.3.3",
  "vue": "^3.2.13",
  "vue-class-component": "^8.0.0-0",
  "vuex": "^4.0.2"
}
```

下面体验一下Vuex状态管理的基本功能。首先仿照HelloWorld组件创建一个新的组件，命名为HelloWorld2.vue，其功能是一个简单的计数器，代码如下：

【源码见附件代码/第16章/1_vuex_demo/src/components/HelloWorld2.vue】

```
<template>
    <h1>计数器2:{{ count }}</h1>
    <button @click="increment">增加</button>
  </template>

  <script lang="ts">
  import { Options, Vue } from 'vue-class-component';

  @Options({})
  export default class HelloWorld2 extends Vue {
    count = 0
    increment() {
      this.count ++
    }
  }
</script>
```

修改App.vue文件如下：

【源码见附件代码/第16章/1_vuex_demo/src/App.vue】

```
<template>
  <HelloWorld />
  <HelloWorld2 />
</template>
<script lang="ts">
import { Options, Vue } from 'vue-class-component';
import HelloWorld from './components/HelloWorld.vue';
import HelloWorld2 from './components/HelloWorld2.vue';
@Options({
  components: {
    HelloWorld,
    HelloWorld2
  }
})
export default class App extends Vue {}
</script>
```

运行此Vue工程，在页面上可以看到两组计数器，如图16-2所示。

图 16-2　示例工程运行效果

此时，这两个计数器组件是相互独立的，即单击第1个按钮只会增加第1个计数器的值，单击第2个按钮只会增加第2个计数器的值。如果需要让这两个计数器共享一个状态，且同时操作此状态，就需要Vuex出马了。

Vuex框架的核心是store，即仓库。简单理解，store本身就是一个容器，其内存储和管理应用中需要多组件共享的状态。Vuex中的store非常强大，其中存储的状态是响应式的，若store中的状态数据发生变化，其会自动反映到对应的组件视图上。并且，store中的状态数据并不允许开发者直接进行修改，改变store中状态数据的唯一办法是提交mutation操作，通过这样严格的管理，可以更加方便地追踪每个状态的变化过程，帮助我们进行应用的调试。

现在，我们来使用Vuex对上面的代码进行改写，在main.ts文件中编写如下代码：

【代码片段16-1 源码见附件代码/第16章/1_vuex_demo/src/App.vue】

```
import { createApp } from 'vue'
import App from './App.vue'
import ElementPlus from 'element-plus'
//引入 createStore方法
import { createStore } from 'vuex'
//创建Vuex仓库store实例
const store = createStore({
    //定义要共享的状态数据
    state() {
        return {
            count:0
        }
    },
    //定义修改状态的方法
    mutations: {
        increment(state{count:number}) {
            state.count ++
        }
    }
})
const instance = createApp(App)
//注入Vuex的store
instance.use(store)
//加载ElementPlus模块
instance.use(ElementPlus)
instance.mount('#app')
```

之后我们就可以在组件中共享count状态，并且通过提交increment操作来修改此状态，修改HelloWorld与HelloWorld2组件的代码如下：

【代码片段16-2】

```
HelloWorld.vue:
<template>
  <h1>计数器1:{{ this.$store.state.count }}</h1>
  <button @click="increment">增加</button>
</template>
<script lang="ts">
```

```
import { Options, Vue } from 'vue-class-component';
@Options({})
export default class HelloWorld extends Vue {
  increment() {
    (this as any).$store.commit('increment')
  }
}
</script>
HelloWorld2.vue:
<template>
    <h1>计数器2:{{ this.$store.state.count }}</h1>
    <button @click="increment">增加</button>
  </template>
  <script lang="ts">
  import { Options, Vue } from 'vue-class-component';
  @Options({})
  export default class HelloWorld2 extends Vue {
    count = 0
    increment() {
        (this as any).$store.commit('increment')
    }
  }
</script>
```

可以看到，在组件中使用$store属性可以直接获取store实例，此实例的state属性中存储着所有共享的状态数据，且是响应式的，可以直接绑定到组件的视图进行使用。当需要对状态进行修改时，需要调用store实例的commit方法来提交变更操作，在这个方法中，直接传入要执行更改操作的方法名即可。注意，直接在Vue的模板中使用this关键字会抛出TypeScript的类型检查异常，我们可以在tsconfig.json文件的compilerOptions选项中添加如下配置来规避：

```
"noImplicitThis":false
```

再次运行工程，会发现页面上的两个计数器的状态已经能够联动起来。后面我们将讨论更多Vuex的核心概念。

16.2 Vuex中的一些核心概念

本节将讨论Vuex中的5个核心概念：state、getter、mutation、action和module。

16.2.1 Vuex 中的状态 state

我们知道，状态实际上就是应用中组件需要共享的数据。在Vuex中采用单一状态树来存储状态数据，也就是说我们的数据源是唯一的。在任何组件中，都可以使用如下方式来获取任何一个状态树中的数据：

```
this.$store.state
```

当组件中所使用的状态数据非常多时，这种写法就会显得有些烦琐，我们也可以使用Vuex中提供的mapState方法将其直接映射成组件的计算属性进行使用。由于状态数据本身具有响应性，因此将其映射为计算属性后也具有响应性，使用计算属性和直接使用状态数据并无不同。示例代码如下：

【代码片段16-3】

```
<template>
  <h1>计数器1:{{ count }}</h1>
  <button @click="increment">增加</button>
</template>
<script lang="ts">
import { Options, Vue} from 'vue-class-component';
import { mapState } from 'vuex'
//使用mapState将状态数据映射成计算属性
@Options({
  computed:mapState(['count'])
})
export default class HelloWorld extends Vue {
  count!: number //声明属性
  increment() {
    (this as any).$store.commit('increment')
  }
}
</script>
```

如果组件使用的计算属性的名字与store中定义的状态名字不一致，也可以在mapState中传入对象来进行配置，可以通过字符串进行名称映射，例如：

```
@Options({
  computed:mapState({
    'countData':'count'
  })
})
```

也可以通过函数来定义映射关系：

```
@Options({
  computed:mapState({
    countData(state:any){
      return state.count
    }
  })
})
```

虽然使用Vuex管理状态非常方便，但是这并不意味着需要将组件所有使用到的数据都放在store中，这会使store仓库变得巨大且容易产生冲突。对于那些完全是组件内部使用的数据，还是应该将其定义为局部的状态。

16.2.2 Vuex 中的 Getter 方法

在Vue中，计算属性实际上就是Getter方法，当我们需要将数据处理过再进行使用时，就可以使用计算属性。对于Vuex来说，借助mapState方法方便将状态映射为计算属性，从而增加一些我们所需的业务逻辑。但是如果有些计算属性是通用的，或者说，这些计算属性是多组件共享的，此时在这些组件中都实现一遍这些计算方法就显得非常多余。Vuex允许我们在定义store实例时添加一些仓库本身的计算属性，即Getter方法。

以16.2.1节编写的示例代码为基础，修改store定义如下：

【代码片段16-4】

```
//创建Vuex仓库store实例
const store = createStore({
    //定义要共享的状态数据
    state() {
        return {
            count:0
        }
    },
    //定义修改状态的方法
    mutations: {
        increment(state:{count:number}) {
            state.count ++
        }
    },
    getters: {
        countText (state) {
            return state.count + "次"
        }
    }
})
```

Getter方法本身也具有响应性，当其内部使用的状态发生改变时，其也会触发所绑定组件的更新。在组件中使用store的Getter数据方法如下：

```
<template>
  <h1>计数器1:{{ this.$store.getters.countText }}</h1>
  <button @click="increment">增加</button>
</template>
```

Getter方法中也支持参数的传递，这时需要让其返回一个函数，在组件中使用时非常灵活，例如修改countText方法如下：

```
getters: {
    countText (state) {
        return (s:any)=>{
            return state.count + s
        }
    }
}
```

使用方式如下：

```
<h1>计数器1:{{ this.$store.getters.countText(' 次') }}</h1>
```

对于Getter方法，Vuex中也提供了一个方法用来将其映射到组件内部的计算属性中，示例如下：

【代码片段16-5】

```
<template>
  <h1>计数器1:{{ countText("次") }}</h1>
  <button @click="increment">增加</button>
</template>
<script lang="ts">
import { Options, Vue} from 'vue-class-component';
import { mapState, mapGetters } from 'vuex'
@Options({
  computed:mapGetters([
    "countText"
  ])
})
export default class HelloWorld extends Vue {
  countText:any
  increment() {
    (this as any).$store.commit('increment')
  }
}
</script>
```

16.2.3　Vuex 中的 Mutation

在Vuex中，修改store中的某个状态数据的唯一方法是提交Mutation，Mutation的定义非常简单，我们只需要将数据变动的行为封装成函数，配置在store实例的mutations选项中即可。在前面编写的示例代码中，我们曾使用Mutation来触发计数器数据的自增，定义的方法如下：

```
mutations: {
    increment(state:{count:number}) {
        state.count ++
    }
}
```

在需要触发此Mutation时，需要调用store实例的commit方法进行提交，其中使用函数名标明要提交的具体修改指令，例如：

```
(this as any).$store.commit('increment')
```

在调用commit方法提交修改的时候，也支持传递参数，如此可以使得Mutation方法变得更加灵活。例如上面的例子，可以将自增的大小作为参数，修改Mutation定义如下：

```
mutations: {
    increment(state:{count:number}, n?:number) {
        state.count += n ?? 1 //如果变量n不为空，则自增变量大小为n，否则自增1
    }
}
```

提交修改的相关代码如下：

```
(this as any).$store.commit('increment', 2)
```

运行工程，可以发现计数器的自增步长已经变成2。虽然，Mutation方法中参数的类型是任意的，但是最好使用对象来作为参数，这样做方便进行多参数的传递，另外也支持采用对象的方式进行Mutation方法的提交，例如修改Mutation定义如下：

```
mutations: {
    increment(state:{count:number}, payload?:{n:number}) {
        //如果变量n不为空，则自增变量大小为n，否则自增1
        state.count += payload?.n ?? 1
    }
}
```

之后，就可以使用如下风格的代码来进行状态修改的提交了：

```
(this as any).$store.commit({type:'increment', n:2})
```

其中，type表示要调用的修改状态的方法名，其他的属性就是要传递的参数。

16.2.4 Vuex 中的 Action

Action是我们将要接触的一个新的Vuex中的核心概念。我们知道，要修改store仓库中的状态数据，需要通过提交Mutation来实现，但是Mutation有一个很严重的问题：其定义的方法必须是同步的，即只能同步地对数据进行修改。在实际开发中，并非所有修改数据的场景都是同步的，例如从网络请求获取数据，之后刷新页面。当然，也可以将异步操作放到组件内部处理，异步操作结束后再提交修改到store仓库，但这样可能会使本来可以复用的代码要在多个组件中分别编写一遍。Vuex中提供了Action来处理这种场景。

Action与Mutation类似，不同的是，Action并不会直接修改状态数据，而是对Mutation进行包装，通过提交Mutation来实现状态的改变，这样在Action定义的方法中，其允许我们包含任意的一步操作。

以前面编写的示例代码为基础，修改store实例的定义如下：

【代码片段16-6】

```
//创建Vuex仓库store实例
const store = createStore({
    //定义要共享的状态数据
    state() {
        return {
            count:0
        }
    },
    //定义修改状态的方法
    mutations: {
        increment(state:{count:number}, payload?:{n:number}) {
            state.count += payload?.n ?? 1
        }
    },
    //定义actions行为
```

```
    actions:{
        asyncIncrement(context, payload) {
            setTimeout(() => {
                context.commit('increment', payload)
            }, 3000);
        }
    }
})
```

可以看到，actions中定义的asyncIncrement方法实际上是异步的，其中延迟了3秒后才进行状态数据的修改。并且，Action本身也是可以接收参数的，其第一个参数是默认的，其是与store实例有着相同方法和属性的context上下文对象，第二个参数是自定义参数，由开发者定义，这与Mutation的用法类似。需要注意的是，在组件中使用Action时，需要通过store实例对象的dispatch方法来触发，例如：

```
(this as any).$store.dispatch('asyncIncrement',{n:2})
```

对于Action来说，其允许进行异步操作，但是这并不是说其必须进行异步操作，在Action中也可以定义同步的方法，只是在这种场景下，其与Mutation的功能完全一样。

16.2.5　Vuex 中的 Module

Module是Vuex进行模块化编程的一种方式。前面分析过，在定义store仓库时，无论是其中的状态，还是Mutation和Action行为，都是共享的，我们可以将其理解为通过store单例来统一地管理它们。在这种情形下，所有的状态都会集中到同一个对象中，虽然使用起来并没有什么问题，但是过于复杂的对象会使阅读和维护变得困难。为了解决此问题，Vuex中引入了Module模块的概念。

Vuex允许我们将store分割成模块，每个模块拥有自己的state、mutations、actions、getters，甚至可以嵌套拥有自己的子模块。我们先来看一个例子。

修改main.ts文件如下：

【代码片段16-7　源码见附件代码/第16章/1_vuex_demo/src/main.ts】

```
import { createApp } from 'vue'
import App from './App.vue'
import ElementPlus from 'element-plus'
//引入 createStore方法
import { createStore } from 'vuex'
//定义模块接口
interface Module1 {
    count1:number //计数变量
}
interface Module2 {
    count2:number //计数变量
}
//创建模块
const module1 = {
    state() {
        return {
```

```
            count1:7
        }
    },
    mutations: {
        increment1(state: Module1, payload:any) {
            state.count1 += payload.n
        }
    }
}
const module2 = {
    state() {
        return {
            count2:0
        }
    },
    mutations: {
        increment2(state: Module2, payload: any) {
            state.count2 += payload.n
        }
    }
}
//创建Vuex仓库store实例
const store = createStore({
    modules:{
        helloWorld1:module1,
        helloWorld2:module2
    }
})
const instance = createApp(App)
//注入Vuex的store
instance.use(store)
//加载ElementPlus模块
instance.use(ElementPlus)
instance.mount('#app')
```

如以上代码所示，我们创建了两个模块，两个模块中分别定义了不同的状态和Mutation方法。在使用时，提交Mutation的方式和之前并没有什么不同，在使用状态数据时，则需要区分模块，例如修改HelloWorld.vue文件如下：

```
<template>
  <h1>计数器1:{{ this.$store.state.helloWorld1.count1 }}</h1>
  <button @click="increment">增加</button>
</template>
<script lang="ts">
import { Options, Vue} from 'vue-class-component';
import { mapState, mapGetters } from 'vuex'
@Options({})
export default class HelloWorld extends Vue {
  increment() {
    (this as any).$store.commit({type:'increment1', n:2})
  }
```

```
}
</script>
```

修改HelloWorld2.vue文件如下：

```
<template>
    <h1>计数器2:{{this.$store.state.helloWorld2.count2 }}</h1>
    <button @click="increment">增加</button>
  </template>

  <script lang="ts">
  import { Options, Vue } from 'vue-class-component';

  @Options({})
  export default class HelloWorld2 extends Vue {
    count = 0
    increment() {
        (this as any).$store.commit('increment2', {n:2})
    }
  }
</script>
```

此时，两个组件使用各自模块内部的状态数据，进行状态修改时，使用的也是各自模块内部的Motation方法，这两个组件从逻辑上实现了模块的分离。

Vuex模块化的含义是将store进行拆分和隔离，你可能已经发现了，目前虽然对模块中的状态数据进行了隔离，但是实际上Mutation依然是共用的，在触发Mutation的时候，也没有进行模块的区分，如果需要更高的封装度与复用性，可以开启模块的命名空间功能，这样模块内部的Getter、Action以及Mutation都会根据模块的嵌套路径进行命名，实际上实现了模块间的完全隔离，例如修改模块定义如下：

【代码片段16-8 源码见附件代码/第16章/1_vuex_demo/src/main.ts】

```
//创建模块
const module1 = {
    namespaced: true, //启用命名空间
    state() {
        return {
            count1:7
        }
    },
    mutations: {
        increment1(state: Module1, payload:any) {
            state.count1 += payload.n
        }
    }
}
const module2 = {
    namespaced: true, //启用命名空间
    state() {
        return {
            count2:0
        }
```

```
    },
    mutations: {
        increment2(state: Module2, payload: any) {
            state.count2 += payload.n
        }
    }
}
```

此时这两个模块在命名空间上实现了分离，需要通过如下方式进行使用：

```
(this as any).$store.commit({type:'helloWorld1/increment1', n:2})
(this as any).$store.commit('helloWorld2/increment2', {n:2})
```

Vuex中的Module还有一个非常实用的功能，其支持动态注册，这样在编写代码时，可以根据实际需要来决定是否新增一个Vuex的store模块。要进行模块的动态注册，直接调用store实例的registerModule即可，示例如下：

【源码见附件代码/第16章/1_vuex_demo/src/main.ts】

```
interface Module1 {
    count1:number
}
interface Module2 {
    count2:number
}
//创建模块
const module1 = {
    namespaced: true,
    state() {
        return {
            count1:7
        }
    },
    mutations: {
        increment1(state: Module1, payload:any) {
            state.count1 += payload.n
        }
    }
}
const module2 = {
    namespaced: true,
    state() {
        return {
            count2:0
        }
    },
    mutations: {
        increment2(state: Module2, payload: any) {
            state.count2 += payload.n
        }
    }
}
```

```
//创建Vuex仓库store实例
const store = createStore({})
//动态注册模块
store.registerModule('helloWorld1', module1)
store.registerModule('helloWorld2', module2)
```

16.3 本章小结

本章介绍了在Vue项目开发中常用的状态管理框架Vuex的应用。有效的状态管理可以帮助我们更加顺畅地开发大型应用。Vuex的状态管理功能主要解决了Vue组件间的通信问题，让跨层级共享数据或平级组件共享数据变得非常容易。

至此，读者应该掌握了在Vue项目开发中需要的所有技能。后面将通过实战项目帮助你更好地应用这些技能。

思考Vuex状态管理能为Vue项目开发带来哪些收益？

提示 可以从组件间通信的便利性、数据的流转可回溯性等进行思考。

第 17 章 实战：编程技术论坛系统开发

通过前面章节的学习，我们已经将与 Vue 编程相关的基础知识和实用框架做了完整介绍。现在是综合运用所学的知识的时候了。本章将通过一个完整的论坛项目来讲解在实际工作中如何使用 Vue 来完成一款大型的产品。

本项目包括前端和后端两部分，其中前端部分将使用 Vue 来作为基础框架进行开发，后端部分将使用 Node.js 中的 Express 框架来进行搭建。因此，本章涉及一部分 Express 框架的使用，以及部分数据库操作技术。本实战项目之所以将前后端技术都包括进来，是为了让读者能够更加全面地了解一款成熟产品的完整开发流程。作为一个优秀的前端开发工作者，除要完成领域内的需求外，对其他技术栈有统筹的了解也非常重要，这可以帮助你在制定技术方案和理解其他技术端的设计思想方面有很大的帮助。

本项目包括登录注册模块、论坛首页模块、内容详情页模块、搜索页面模块、文章发布模块以及评论模块。这些模块是一个完整论坛项目必备的核心部分，实现了这些模块基本可以闭环论坛系统的完整功能。

虽然本书前面章节几乎未涉及后端开发的部分，但是无须过多担心，对于本项目使用到的后端部分，你只需要跟随本书的介绍进行实践即可，不必深究原理。

17.1 项目搭建

本论坛系统项目包含前端和后端两部分。前端部分使用Vue+TypeScript以及配套的Vuex、Vue-Router、Element Plus等框架进行搭建。后端部分通过Express+SQlLite的组合来进行服务搭建。

17.1.1 前端项目搭建

前端项目部分是与用户直接相关的前端页面及其交互逻辑，这也是本书的核心内容。

本项目将使用Vue CLI工具来进行项目搭建，首先新建一个名为technique_forum的工程，采用自定义配置的方式创建，选择Vue 3.x+TypeScript的组合，同时引入vue-class-component模块，方便我们采用“类组件”的风格来编写代码。

下面引入一些前端开发中需要使用的基本模块，分别在工程目录下执行如下指令：

```
npm install @element-plus/icons-vue --save
npm install element-plus --save
npm install vue-router --save
npm install vuex --save
npm install vue-axios --save
npm install axios --save
```

这些基本模块几乎是Vue大型项目的标配。

打开工程的main.ts文件，对要使用的模块进行配置和引入操作，代码如下：

【代码片段17-1 源码见附件代码/第17章/technique_forum/src/main.ts】

```
import { createApp } from 'vue'
//引入ElementPlus模块
import ElementPlus from 'element-plus'
//引入CSS样式
import 'element-plus/dist/index.css'
//引入图标
import * as ElementPlusIconsVue from '@element-plus/icons-vue'
//引入vue-axios模块
import VueAxios from 'vue-axios'
import axios from 'axios';
//引入App组件
import App from './App.vue'
//创建App实例
const app = createApp(App)
//遍历ElementPlusIconsVue中的所有组件进行注册
for (const [key, component] of Object.entries(ElementPlusIconsVue)) {
    //向应用实例中全局注册图标组件
    app.component(key, component)
}
//注册ElementPlus
app.use(ElementPlus)
//注册axios
app.use(VueAxios, axios)
//将组件挂载到HTML元素上
app.mount('#app')
```

这里尚未对Veu-Router和Vuex进行配置，这是由于Veu-Router需要定义具体的Router实例，Vuex需要定义具体的Store实例，我们计划将其定义在单独的TypeScript文件中，后面章节编写具体业务功能时再来处理。

现在尝试运行代码，此时我们尚未编写任何业务代码，浏览器上将展示Vue模板工程的示例页面，如图17-1所示。

前端项目的工程搭建暂且告一段落，17.1.2节搭建后端工程。

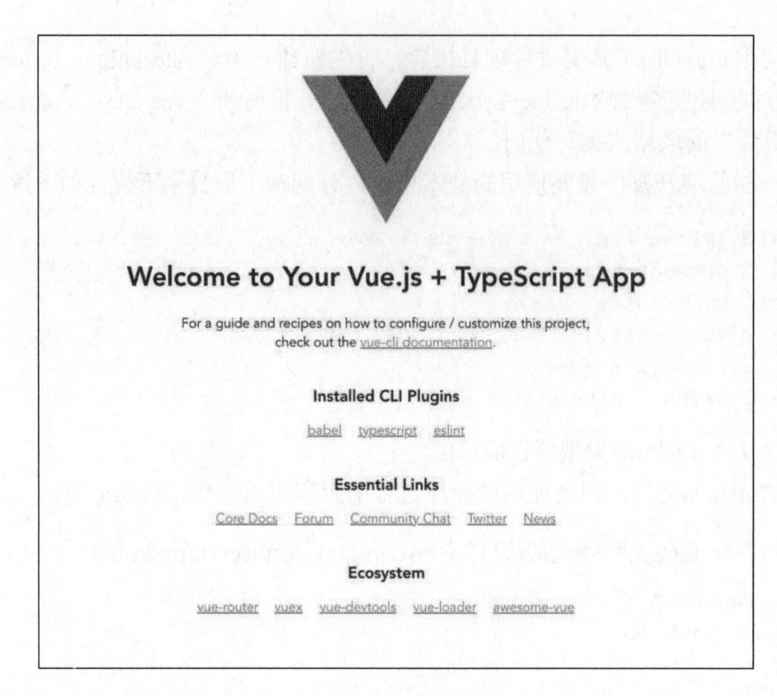

图 17-1 模板工程的示例页面

17.1.2 后端项目搭建

对于一个完整的互联网项目来说，前端和后端缺一不可。前端主要负责处理与用户有关的页面展示、交互逻辑等。后端主要处理数据同步、数据存取与整理等。当然，有些业务逻辑可以在前端处理，也可以在后端处理，要根据实际情况来确定技术上的实现方案。总之，前端更多专注于页面交互，后端则更多专注于数据存取和处理。

论坛项目离不开后端服务的支持。相信你如果使用过某个论坛网站，一定知道对于论坛用户来说，最主要的功能是阅读帖子和阅读评论，对应地也需要进行帖子的发布和评论的发布。这些帖子和评论本质上都是数据，用户产生内容数据通过前端来传输到后端，后端服务将数据存储到数据库中，并通过整合与处理，将数据返回前端页面来供用户阅读。

接下来将基于Node.js平台，使用Express框架来搭建后端项目。Express是一个非常轻量级的Web服务开发框架，我们可以先安装Express的脚手架工具：express-generator。

express-generator与Express的关系就相当于Vue CLI与Vue的关系。使用express-generator可以快速生成一个Express项目。使用如下命令来安装express-generator脚手架工具：

```
npm install express-generator -g
```

之后，可以在前面创建的technique_forum项目的同级目录下执行如下指令来创建后端工程：

```
express technique_forum_backend
```

通过上面的指令创建了名为technique_forum_backend的后端工程。创建出的模板工程中包含很多文件，比较重要的有三个目录：public、router和views。其中public文件夹用来放一些功能的资源文件，router文件夹用来放路由文件，views文件夹用来放页面。此Express项目主要用来做后端服务（本质上，Express也可以完成前端的页面绘制工作），我们只需要关注router文件夹中的内容即可，后面编写的代码大多也和路由相关。注意，这里所说的路由并不是Vue前端页面中的路由，我们可以将其理解为后端服务的路由，不同的服务对应不同的路由，例如论坛帖子数据获取和评论数据获取就可以定义为不同的路由。

关于Express项目的结构，我们目前无须深究，后面在编写后端服务时可以在实践中进行体验。现在，你可以在technique_forum_backend目录下执行如下指令来运行此Express项目（执行此指令前不要忘记使用npm install指令来安装依赖）：

```
npm run start
```

执行成功后，系统会开启一个端口号为3000的服务，可以在浏览器中输入如下地址来进行访问：

```
http://localhost:3000/
```

页面如图17-2所示。Express默认的模板将返回一个简单的欢迎页面。

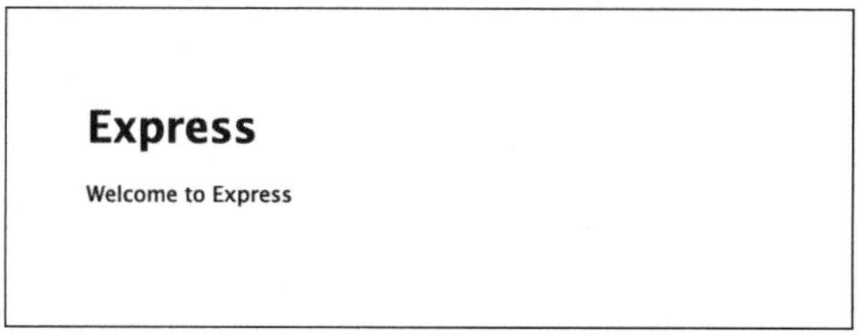

Express

Welcome to Express

图 17-2　Express 模板工程运行示例

现在，我们完成了基础项目的搭建，后面将正式进入技术交流论坛项目的实战开发。

17.2　登录注册模块

如果你已经是IT行业的从业者，那么你一定浏览过技术类型的论坛网站。开发者经常需要通过技术论坛来交流学习，分享工作中的问题和探讨解决方案。作为技术论坛，支持用户进行发帖、评论和回复是基础功能，因此需要有用户系统。有用户系统就一定需要有登录和注册功能。本节将介绍用户系统的开发。

17.2.1　SQLite 数据库的应用

用户信息数据需要持久化地进行存储，在后端服务中，数据库是必不可少的。在本项目中，我们使用SQLite数据库，SQLite数据库是一种文件数据库，支持执行SQL语句，效率很高且非常轻量。首先在系统中安装SQLite数据库软件。

以macOS系统为例，在终端使用如下指令即可安装SQLite数据库，如果使用的不是macOS的设备，也可以在搜索引擎中直接搜索SQLite，来获取对应系统的安装包进行安装：

```
brew install sqlite
```

安装完成后，即可在终端直接进行SQLite数据库的操作。当然，也可以选择安装一款可视化的SQLite工具，这样可以更加直观地对数据库进行操作。

要定义的用户数据表需要包含如表17-1所示的字段。

表 17-1　要定义的用户数据表需要包含的字段

字 段 名	类　型	约　束	意　义
id	INTEGER	自增主键	用户账号的唯一标识
nickname	VARCHAR(32)	不可为空	用户的昵称
account	VARCHAR(32)	唯一且不可为空	用户的账号
password	VARCHAR(32)	不可为空	用户的密码

其中，用户id作为唯一标识，将其定义为自增的主键，用户注册账号时，我们默认为其分配一个id，用户需要自己输入昵称、账号和密码，同时需要约束这些字段的值都不为空，且账号是唯一的。

在technique_forum_backend工程的根目录下，新建一个名为db的文件夹，用来存放数据库文件与数据库操作相关的代码模块。使用终端在此目录下执行如下指令来创建一个新的数据库：

```
sqlite3 forum.db
```

之后终端会进入SQLite 3数据库软件的可交互环境中，执行如下指令进行用户表的创建：

【代码片段17-2】

```
CREATE TABLE IF NOT EXISTS user (
  id INTEGER PRIMARY KEY AUTOINCREMENT,
  nickname VARCHAR(32) NOT NULL,
  account VARCHAR(32) UNIQUE NOT NULL,
  password VARCHAR(32) NOT NULL
);
```

用户表创建完成后，即可在其中进行数据的增删改查，先插入一条数据方便做测试，执行如下指令：

【代码片段17-3】

```
INSERT INTO user (nickname, account, password)
VALUES ('小明', 'xiaoming', '123456');
```

插入完成后，可先暂时将终端关闭。我们已经做好了数据库的准备工作，之后可以在technique_forum_backend工程中引入SQLite模块来进行一些简单的测试。

在工程目录下执行如下指令来安装SQLite模块：

```
npm install sqlite3 --save
```

如果安装成功，工程的package.json文件的依赖项如下：

```
"dependencies": {
  "cookie-parser": "~1.4.4",
  "debug": "~2.6.9",
  "express": "~4.16.1",
  "http-errors": "~1.6.3",
  "jade": "~1.11.0",
  "morgan": "~1.9.1",
  "sqlite3": "^5.1.6"
}
```

在工程的db目录下新建一个名为db.js的文件，将数据库操作相关的方法都放入此文件中。代码如下：

【代码片段17-4　源码见附件代码/第17章/technique_forum_backend/db.js】

```
//引入sqlite3模块
const sqlite3 = require('sqlite3').verbose();
//工程中的数据库文件路径，以根目录为参照
const dbName = './db/forum.db';
//此方法为测试方法，将查询到库中所有用户信息
function queryAllUsersInfoFromDB(callback) {
    //打开数据库
    const db = new sqlite3.Database(dbName);
    //定义SQL语句
    const sql = 'SELECT * FROM user';
    //查询所有数据
    db.all(sql, [], (err, rows)=>{
        //进行回调
        callback(err, rows)
    });
    //关闭数据库
    db.close();
}
//导出模块
module.exports = {
    queryAllUsersInfoFromDB
}
```

上面的代码只定义了一个测试方法，之后修改users.js文件中的路由方法实现，修改代码如下：

【代码片段17-5　源码见附件代码/第17章/technique_forum_backend/db/db.js】

```
var express = require('express');
var router = express.Router();
//引入数据库工具
var dbManager = require('../db/db')
//用户路由
router.get('/', function(req, res, next) {
  //从数据库中读取数据
  dbManager.queryAllUsersInfoFromDB((err, data)=>{
    //定义response的结构，设置Response Code并将数据进行JSON化返回
    res.status(200).json(data);
  })
});
module.exports = router;
```

现在，运行工程，在浏览器中输入如下地址：

```
http://localhost:3000/users
```

可以看到，已经能够通过Express服务来读取数据库中所有的用户数据了，如图17-3所示。

```
[{"id":1,"nickname":"珲少","account":"huishao","password":"123456"}]
```

图 17-3 通过 Express 读取数据库数据示例

17.2.2 用户登录注册服务接口实现

本小节来实现后端服务中的用户注册接口，本小节所提到的工程项目都特指后端服务technique_forum_backend项目。

关于用户的登录注册模块，需要提供两个后端接口服务，一个接口用来进行用户注册，我们可以将此服务接口使用的方法定义为POST类型；另一个接口用来进行登录，需要用户输入账户和密码，后端服务校验无误后，将完整的用户信息返回，此接口可以定义为GET类型。

我们先来实现用户注册接口，用户注册需要提供的信息包括账户、密码、昵称3项，并且这3项都是必填项，账户必须唯一。在工程的根目录下，新建一个名为format的文件夹，再在其中新建一个名为response.js的文件，在其中编写如下代码：

【代码片段17-6 源码见附件代码/第17章/technique_forum_backend/format/response.js】

```
//标准化返回结构
function FormatResponse(success, msg, content) {
    return {
        success: success,              //调用是否成功
        msg: success ? "ok" : msg,     //如果调用失败，失败原因
        content: content               //如果调用成功，返回的具体数据
    }
}
module.exports = {
    FormatResponse
};
```

上面的FormatResponse方法用来生成标准化结构的返回数据。

在db.js文件中新增两个方法，代码如下：

【代码片段17-7 源码见附件代码/第17章/technique_forum_backend/db/db.js】

```
//判断账户是否已经存在
function accountIfExist(account, callback) {
    //打开数据库
    const db = new sqlite3.Database(dbName);
    //定义SQL语句
    const sql = 'SELECT account FROM user where account = '${account}';';
    //查询所有数据
    db.all(sql, [], (err, rows)=>{
        if (rows.length > 0) {
            callback(true)
        } else {
```

```
            callback(false)
        }
    });
    //关闭数据库
    db.close();
}
//新建一个账户
function createAccount(nickname, account, password, callback) {
    //打开数据库
    const db = new sqlite3.Database(dbName);
    //定义SQL语句
    const sql = 'INSERT INTO user (nickname, account, password) VALUES
('${nickname}', '${account}', '${password}');';
    db.run(sql, (res, err)=>{
        if (err) {
            callback(err, null);
        } else {
            db.get('SELECT * FROM user WHERE account = '${account}';', (err, row)
=> {
                console.log(err);
                callback(null, row);
            });
        }
    });
    //关闭数据库
    db.close();
}
```

上面的代码中，accountIfExist方法用来判断某个账户是否已经存在，在用户进行注册时，相同的账户名不能重复注册。createAccount方法用来进行具体的注册操作，简单来说就是将昵称、账户、密码存储到数据库中。存储成功后，数据库会自动为账户分配id。

提示　在db.js文件中新定义的方法不要忘记使用module.exports导出，代码如下：

```
// 导出模块
module.exports = {
    queryAllUsersInfoFromDB,
    accountIfExist,
    createAccount
}
```

下面编写具体的接口逻辑，在users.js文件中新增如下代码：

【代码片段17-8 源码见附件代码/第17章/technique_forum_backend/routers/users.js】

```
router.post('/create', function(req, res, next) {
    //首先从请求的数据中获取参数
    var params = req.body;
    var account = params.account;
    var password = params.password;
    var nickname = params.nickname;
    //进行有效性校验
```

```
    if (!account || !password || !nickname) {
      res.status(404).json(FormatResponse.FormatResponse(false, "缺少必填参数",
""));
      return;
    }
    //查询数据库中用户是否已经存在
    dbManager.accountIfExist(account, (exist)=>{
      if (exist) {
        //账户已经存在
        res.status(409).json(FormatResponse.FormatResponse(false, "账户已存在，请
更换进行注册", ""));
      } else {
        //账户不存在，进行写库注册
        dbManager.createAccount(nickname, account, password, (err, user)=>{
          if (err) {
            //写入异常，返回注册失败
            res.status(404).json(FormatResponse.FormatResponse(false, "注册失败",
""));
          } else {
            //写入成功，将完整的用户数据进行返回
            res.status(200).json(FormatResponse.FormatResponse(true, "", user));
          }
        })
      }
    })
  });
```

上面的代码添加了对/users/create路由POST请求的处理，在Express框架中，接收到POST请求后，可以从请求对象的body属性中获取用户设置的参数。这里需要对账户、密码和昵称进行不为空校验，且需要查询账户是否已经存在，当账户不存在时，允许用户进行注册，将用户设置的信息存入数据库并返回完整的用户信息。

运行后端服务工程，可以在终端发起注册请求来测试此接口的功能。在终端输入如下指令发起POST请求：

```
  curl -H "Content-Type: application/json" -X POST -d '{"account":"hui10",
"password":"123455","nickname":"珲少"}' "http://localhost:3000/users/create"
```

之后终端将输出类似如下信息，表示接口功能正常，用户可以注册成功：

```
  {"success":true,"msg":"ok","content":{"id":10,"nickname":"珲少","account":
"hui10","password":"123455"}
```

如果此时使用相同的account继续调用注册接口进行注册，则会返回异常信息如下：

```
  {"success":false,"msg":"账户已存在，请更换进行注册","content":""}
```

完成注册服务接口的开发后，我们再来添加一个登录接口，在users.js文件中新增如下代码：

【代码片段17-9 源码见附件代码/第17章/technique_forum_backend/routers/users.js】

```
  //登录接口
  router.get('/login', function(req, res, next){
    //获取登录的账户和密码参数
```

```
    var params = req.query;
    var account = params.account;
    var password = params.password;
    //进行有效性校验
    if (!account || !password) {
      res.status(404).json(FormatResponse.FormatResponse(false, "账户或密码不能为空
", ""));
      return;
    }
    //读取数据库用户数据
    dbManager.queryUser(account, (err, user)=>{
      console.log(password, user);
      if (user) {
        //如果读取到用户数据，则判断密码是否正确
        if (user.password == password) {
          res.status(200).json(FormatResponse.FormatResponse(true, "", user));
        } else {
          res.status(500).json(FormatResponse.FormatResponse(false, "密码错误",
""));
        }
      } else {
        //没有读取到用户数据，返回提示注册
        res.status(404).json(FormatResponse.FormatResponse(false, "不存在的账户，请
先注册", ""));
      }
    })
  });
```

注意，登录接口为GET类型的请求，参数需要拼接到请求URL中，我们可以直接在浏览器输入以下地址进行登录测试：

```
http://localhost:3000/users/login?account=hui10&password=123455
```

可以看到，浏览器将展示返回的完整用户信息，如图17-4所示。

```
{"success":true,"msg":"ok","content":{"id":10,"nickname":"珲少","account":"hui10","password":"123455"}}
```

图 17-4　登录接口测试

虽然从终端和浏览器上已经可以进行接口的调用，但是如果要在Vue项目中使用这些接口，还需要配置允许跨域请求。在工程的app.js文件中编写如下代码：

【代码片段17-10　源码见附件代码/第17章/technique_forum_backend/app.js】

```
  var app = express();
  app.all('*', (req, res, next) => {
    //设置允许跨域访问
    res.setHeader('Access-Control-Allow-Credentials', 'true')
    res.setHeader('Access-Control-Allow-Origin', req.get('Origin') ?
req.get('Origin') : "")
    //允许跨域请求的方法
```

```
    res.setHeader(
      'Access-Control-Allow-Methods',
      'POST, GET, OPTIONS, DELETE, PUT'
    )
    //允许跨域请求header携带哪些东西
    res.header(
      'Access-Control-Allow-Headers',
      'Origin, X-Requested-With, Content-Type, Accept, If-Modified-Since'
    )
    next()
  })
```

这里需要注意app.all方法必须尽量放在文件中靠前的位置，Node.js在执行时会按代码顺序进行解析。

至此，我们已经完成了简易的登录和注册接口，在真实业务中，用户信息可能会更加丰富，目前我们的逻辑是如果登录成功，则会返回有用户id的完整用户数据，之后的用户操作都将与此id进行绑定，这其实是不安全的，实际应用中通常会分配一个token给登录的用户进行使用。此项目设计得比较简易，但麻雀虽小，五脏俱全，相信你跟着本书的安排进行编码练习后，能对互联网项目开发前后端的整体流程有更深入的理解。

17.2.3节开始搭建登录注册的前端页面，前端工程通过对接口的调用来完整地实现用户登录注册模块。

17.2.3 前端登录注册页面搭建

本小节来编写前端项目的登录注册模块。本小节所涉及的“项目工程”都特指前端trchnique_forum工程。

可以直接将模板工程中的HelloWorld.vue文件删除，项目中不需要使用此文件。在工程的src目录下新建一个名为tools的目录，在开始编写页面前，我们先将路由和状态管理相关的功能准备好。

在tools文件夹下新建一个名为Store.ts的文件，在其中编写如下代码：

【代码片段17-11 源码见附件代码/第17章/technique_forum/src/tools/Store.ts】

```
import { createStore } from 'vuex'
//描述用户信息的接口
interface UserInfo {
    account:string
    nickname:string
    id:number
}
const store = createStore<UserInfo>({
    //进行状态数据初始化
    state () {
        return {
            account:"",
            nickname:"",
            id:NaN
        }
    },
```

```
    //提供一个Getter方法来获取登录状态
    getters: {
        isLogin: (state) => {
            return !isNaN(state.id);
        }
    },
    //提供修改用户信息和清空用户信息的方法
    mutations: {
        clearUserInfo(state) {
            state.account = "";
            state.nickname = "";
            state.id = NaN
        },
        registUserInfo(state, userinfo: UserInfo) {
            state.account = userinfo.account;
            state.nickname = userinfo.nickname;
            state.id = userinfo.id;
        }
    }
})
//导出需要使用的对象和接口
export default store;
export {UserInfo};
```

这里我们定义了一个用户信息接口，当用户登录成功后，用户数据会全局进行保存。只要本地有存储用户的id数据，就认为当前用户已经处于登录状态。

在components文件夹下新建3个子文件夹，分别命名为home、layout和login。我们先将需要的页面组件模板创建出来。

在home文件夹下新建Home.vue文件，编写代码如下：

```
<template>
    首页
</template>
<script lang="ts">
import { Options, Vue } from 'vue-class-component';
@Options({})
export default class Home extends Vue {}
</script>
```

在layout文件夹下新建Layout.vue文件，编写代码如下：

```
<template>
    Layout页面
</template>
<script lang="ts">
import { Options, Vue } from 'vue-class-component';
@Options({})
export default class Layout extends Vue {}
</script>
```

在login文件夹下新建两个Vue文件，分别命名为Login.vue和SignUp.vue。分别编写代码如下：

Login.vue：

```
<template>
    登录页面
</template>
<script lang="ts">
import { Options, Vue } from 'vue-class-component';
@Options({})
export default class Login extends Vue {}
</script>
```

SignUp.vue：

```
<template>
    注册页面
</template>
<script lang="ts">
import { Options, Vue } from 'vue-class-component';
@Options({})
export default class SignUp extends Vue {}
</script>
```

这些页面文件中目前尚未编写任何业务代码，先将其创建出来，方便路由逻辑的搭建。在tools文件夹下新建一个名为Router.ts的文件，编写如下代码：

【代码片段17-12 源码见附件代码/第17章/technique_forum/src/tools/Router.ts】

```
//模块导入
import { Router, createRouter, createWebHashHistory } from 'vue-router'
import store from '../tools/Store'
import Layout from '../components/layout/Layout.vue'
import Login from '../components/login/Login.vue'
import SignUp from '../components/login/SignUp.vue'
import Home from '../components/home/Home.vue'
//创建路由对象
const router:Router = createRouter({
    history:createWebHashHistory(),
    routes:[
        {
            path:'/',
            component:Layout,
            name:"Layout",
            children: [
                {
                    path:'home', //首页
                    component:Home,
                    name:"home"
                },
                {
                    path:'login', //登录页面
                    component:Login,
                    name:"login"
                },
```

```
                {
                    path:'sign', //注册页面
                    component:SignUp,
                    name:"sign"
                }
            ]
        }
    ]
})
//创建前置路由守卫
router.beforeEach((from) => {
    //获取登录状态
    const isLogin = store.getters.isLogin;
    //如果已经登录或者访问的是登录注册模块的页面，再允许
    if (isLogin || from.name == 'login' || from.name == 'sign') {
        return true;
    } else {
        //未登录时访问其他页面都跳转到登录页面
        return {name: 'login'}
    }

})
export default router;
```

在main.ts文件中对状态管理与路由组件进行注册，添加代码如下：

【源码见附件代码/第17章/technique_forum/src/main.ts】

```
//引入router对象
import router from './tools/Router'
//引入store对象
import store from './tools/Store'
//注册router
app.use(router)
//注册Vuex
app.use(store)
```

下面我们可以来实现具体的页面框架，首先对模板生成的App.vue文件中的代码做些修改，使其通过路由来加载指定页面，代码如下：

【源码见附件代码/第17章/technique_forum/src/App.vue】

```
<template>
  <!-- 路由主入口 -->
  <router-view />
</template>
<script lang="ts">
import { Options, Vue } from 'vue-class-component';
@Options({})
export default class App extends Vue {}
</script>
<style>
body {
```

```
  height: 100%;
  width: 100%;
  margin: 0;
  padding: 0;
  background-color: #e2e2e2;
}
div {
  margin: 0;
  padding: 0;
}
h1 {
  margin: 0;
  padding: 0;
}
</style>
```

在Layout.vue文件中编写如下代码：

【代码片段17-13 源码见附件代码/第17章/technique_forum/src/components/layout/Layout.vue】

```
<template>
    <el-container id="container">
        <!-- 添加一个通用的头部 -->
        <el-header style="margin:0;padding:0; box-shadow: 5px 5px 10px #c1c1c1;"
height="80px">
                <el-container style="background-color:#FFFFFF;margin:0; padding:0;
height:80px">
                    <div style="margin: auto;margin-left:300px"><h1> 开发者技术交流论
坛</h1></div>
                </el-container>
            </el-header>
        <el-main style="padding:0; margin-top: 20px">
        <!-- 这里用来渲染具体的功能模块 -->
        <router-view></router-view>
        </el-main>
    </el-container>
</template>
<script lang="ts">
import { Options, Vue } from 'vue-class-component';
@Options({})
export default class Layout extends Vue {}
</script>
<style scoped>
#container {
    height: 100%;
    width:100%;
    margin: 0px;
    padding: 0px;
}
</style>
```

Layout组件中也使用了router-view组件，这里的路由入口是子路由，用来渲染页面中具体的内容部分。Layout页面大致被分为两部分，上面是静态的头部视图，下面是内容视图。

对于Home.vue文件暂且不做处理，先来实现登录和注册页面。在Login.vue文件中编写如下代码：

【代码片段17-14 源码见附件代码/第17章/technique_forum/src/components/login/Login.vue】

```
<template>
    <div id="container">
        <div id="title">用户登录</div>
        <!-- 信息输入区 -->
        <el-row class="input">
            <el-col :span="3"><div class="label">账户: </div></el-col>
            <el-col :span="9"><el-input v-model="account" prefix-icon="User"
placeholder="请输入账户"></el-input></el-col>
        </el-row>
        <el-row class="input">
            <el-col :span="3"><div class="label">密码: </div></el-col>
            <el-col :span="9"><el-input v-model="password" prefix-icon="Key"
placeholder="请输入密码"></el-input></el-col>
        </el-row>
        <!-- 登录按钮 -->
        <el-button @click="login" style="width:100px; margin-top: 20px;
margin-left: 100px;" type="primary" :disabled="disabled">登录</el-button>
        <!-- 跳转注册页面的链接 -->
        <div class="link"><el-link href="#/sign">还没有账户? 立即注册</el-link>
</div>
    </div>
</template>
<script lang="ts">
import { Options, Vue } from 'vue-class-component';
@Options({})
export default class Login extends Vue {
    //登录按钮是否可用
    get disabled() {
        return !(this.account && this.password)
    }
    //绑定到账户输入框的数据
    account?: string = ""
     //绑定到密码输入框的数据
    password?: string = ""
    //登录按钮单击方法
    login() {
        console.log("login");
    }
}
</script>
<style scoped>
#container {
    margin: 0 auto;
    width: 800px;
    background-color: white;
    box-shadow: 5px 5px 10px #c1c1c1;
    border-radius: 5px;
    overflow:hidden
```

```
}
#title {
    margin: 10px 0px 0px 20px;
    font-size: 18px;
    font-weight: bold;
}
.label {
    display: flex;
    height: 100%;
    line-height: 100%;
    justify-content: center;
    align-items: center;
}
.input {
    margin-top: 20px;
    text-align: center;
}
.link {
    margin-left: 100px;
    margin-top: 15px;
    margin-bottom: 20px;
}
</style>
```

上面的代码中并未处理登录按钮的状态切换逻辑和用户真正的登录逻辑，只是先将页面搭建了出来，现在如果你在浏览器中输入http://localhost:8080/地址，因为没有登录信息，可以看到浏览器会自动被路由到http://localhost:8080/#/login页面，如图17-5所示。

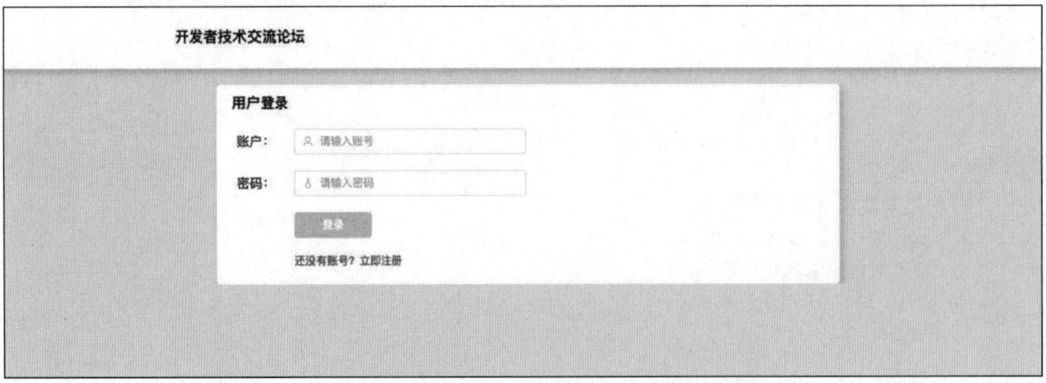

图 17-5　登录页面搭建效果

注册页面的搭建也是类似的逻辑，在SignUp.vue文件中编写如下代码：

【代码片段17-15 源码见附件代码/第17章/technique_forum/src/components/login/SignUp.vue】

```
<template>
    <div id="container">
        <div id="title"> 用户注册 </div>
        <el-row class="input">
            <el-col :span="3"><div class="label">账户: </div></el-col>
            <el-col :span="9"><el-input v-model="account" prefix-icon="User"
```

```
placeholder="请输入账号"></el-input></el-col>
            </el-row>
            <el-row class="input">
                <el-col :span="3"><div class="label">昵称: </div></el-col>
                <el-col :span="9"><el-input v-model="nickname" prefix-icon="Reading"
placeholder="取个昵称吧"></el-input></el-col>
            </el-row>
            <el-row class="input">
                <el-col :span="3"><div class="label">密码: </div></el-col>
                <el-col :span="9"><el-input v-model="password" prefix-icon="Key"
placeholder="请输入密码"></el-input></el-col>
            </el-row>
            <el-button @click="signUp" style="width:100px; margin-top: 20px;
margin-left: 100px;" type="primary" :disabled="disabled">立即注册</el-button>
            <div class="link"><el-link href="#/login">已有账户? 返回登录
</el-link></div>
        </div>
    </template>
    <script lang="ts">
    import { Options, Vue } from 'vue-class-component';
    @Options({})
    export default class SignUp extends Vue {
        //注册按钮是否可用
        get disabled() {
            return !(this.account && this.password && this.nickname)
        }
        //账户名
        account?: string = ""
        //密码
        password?: string = ""
        //昵称
        nickname?: string = ""
        //注册按钮单击执行的方法
        signUp() {
            console.log("注册");
        }
    }
    </script>
    <style scoped>
    #container {
        margin: 0 auto;
        width: 800px;
        background-color: white;
        box-shadow: 5px 5px 10px #c1c1c1;
        border-radius: 5px;
        overflow:hidden
    }
    #title {
        margin: 10px 0px 0px 20px;
        font-size: 18px;
        font-weight: bold;
```

```
}
.label {
   display: flex;
   height: 100%;
   line-height: 100%;
   justify-content: center;
   align-items: center;
}
.input {
   margin-top: 20px;
   text-align: center;
}
.link {
   margin-left: 100px;
   margin-top: 15px;
   margin-bottom: 20px;
}
</style>
```

运行代码，用户注册页面效果如图17-6所示。

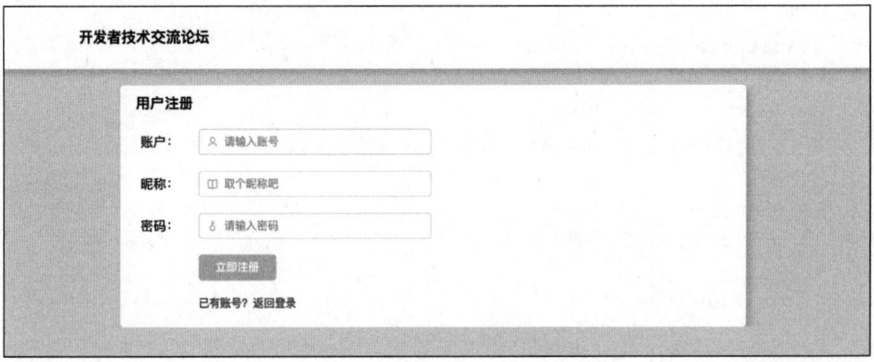

图 17-6　用户注册页面效果

相比登录页面，注册页面只是多了一个昵称的输入框。现在可以尝试在登录和注册页面间随意切换，除登录和注册页面外，我们暂且无法进入其他任何页面。17.2.4节将处理具体的登录和注册逻辑，之后整个登录注册模块的前后端即可连成一个整体，功能即可实现完整闭环。

17.2.4　前端登录注册逻辑实现

本小节在technique_forum前端项目中接入登录注册模块的接口，完成整个登录注册模块的功能。

首先完善注册功能，在tools文件夹下新建一个名为Network.ts的文件，此文件的作用是将所使用的接口路径进行整合。在其中编写代码如下：

【源码见附件代码/第17章/technique_forum/src/tools/Network.ts】

```
const host = "http://localhost:3000/"       //接口host
const networkPath  = {                      //定义要用到的后端服务接口路径
   signUp: host + "users/create",           //注册接口路径
   login: host + "users/login"              //登录接口路径
```

```
}
export default networkPath;
```

在SignUp.vue文件中引入一些需要使用的模块，代码如下：

```
import networkPath from '../../tools/Network';
import store, {UserInfo} from '@/tools/Store';
import { ElMessage } from 'element-plus'
```

实现核心的signUp方法如下：

【代码片段17-16 源码见附件代码/第17章/technique_forum/src/components/login/SignUp.vue】

```
//注册按钮单击执行的方法
signUp() {
    //通过axios进行POST请求，注册接口需要account、nickname和password参数
    this.axios.post(networkPath.signUp, {
        account: this.account,
        nickname: this.nickname,
        password: this.password
    }).then((response)=>{
        //请求成功后，获取到后端服务返回的content数据
        let userInfo:UserInfo =  response.data.content;
        //进行用户信息的全局状态修改
        store.commit('registUserInfo', userInfo);
        //提示注册成功
        ElMessage({
            message: '注册成功，即将跳转到首页~',
            type: 'success',
        });
        //3秒后自动跳转到首页
        setTimeout(()=>{
            this.$router.push({name:"home"})
        }, 3000);
    }).catch((error)=>{
        //接口请求失败，则提示后端服务的异常信息
        ElMessage.error(error.response.data.msg)
    })
}
```

下面尝试在前端的注册页面中填写账户、密码和昵称进行注册，如果注册成功，就会看到页面跳转到首页，如果使用已经存在的账户注册，页面上会弹出异常提示信息。

核心登录方法的实现与注册类似，需要将请求的方法修改为GET方法，且参数需要拼接到URL中，代码如下：

【代码片段17-17 源码见附件代码/第17章/technique_forum/src/components/login/Login.vue】

```
login() {
    //通过axios进行GET请求，登录接口需要account和password参数
    this.axios.get(networkPath.login + '?account=${this.account}
&password=${this.password}').then((response)=>{
        //请求成功后，获取后端服务返回的content数据
        let userInfo:UserInfo =  response.data.content;
        //进行用户信息的全局状态修改
```

```
        store.commit('registUserInfo', userInfo);
        //提示注册成功
        ElMessage({
            message: '登录成功，即将跳转到首页~',
            type: 'success',
        });
        //3秒后自动跳转到首页
        setTimeout(()=>{
            this.$router.push({name:"home"})
        }, 3000);
    }).catch((error)=>{
        ElMessage.error(error.response.data.msg)
    })
}
```

至此，登录注册模块的功能已经基本完成。为了简单起见，登录注册时对用户的账户和密码格式并未做太多限制，在实际项目中，还要有一些格式上的限制，比如密码不能太简单，账户长度不能小于6位等。同样，为了学习方便，我们也未做太多安全性的限制，通常对于密码这种敏感数据，在前后端传输时是要进行加密的，如果你有兴趣，可以弥补一下这些不足之处。

17.3 帖子列表模块的开发

论坛网站的首页大多会展示一个帖子列表，帖子列表其实就是文章的目录。用户通过目录找到自己感兴趣的帖子进行阅读。当然，一般也会提供发布帖子的入口，用户也可以发布自己的帖子来与网友进行学习交流。本节就来完成这部分功能的开发。

17.3.1 类别与帖子数据库表的设计

与登录注册模块的开发思路类似，首先需要确定帖子数据的模型结构。定义数据结构后，才能在数据库中创建对应的表。之后才能进行后端接口服务的开发，配合前端页面的交互，从而完成整个模块功能。

我们先来分析一下一个完整的帖子需要包含哪些数据。首先必须包含作者信息，帖子一定是由某个用户发布的。还要包含分类信息，通常论坛都会有多个子模块，每个子模块就是一个分类。最重要的是帖子要有标题、摘要、发布时间和内容，这些数据也要有专门的字段来存储。我们已经定义了用户表，因此帖子中只需要存储作者的id即可，用户的详细信息可以通过用户表来查看。同理，类别本身也应该使用一张表来进行维护。

定义类别表包含的字段如表17-2所示。

表 17-2　类别表包含的字段

字 段 名	类　型	约　束	意　义
id	INTEGER	自增主键	类别的唯一标识
label	TEXT	不可为空	类别显示的文案
position	INTEGER	不可为空	类别的顺序，用于排序

定义帖子表包含的字段如表17-3所示。

表 17-3 定义帖子表包含的字段

字 段 名	类 型	约 束	意 义
id	INTEGER	自增主键	帖子的唯一标识
category_id	INTEGER	不可为空	当前帖子关联到的类别的 id
author_id	INTEGER	不可为空	当前帖子关联到的作者的 id
title	TEXT	不可为空	帖子的标题
summary	TEXT	不可为空	帖子的摘要
content	TEXT	不可为空	帖子的内容
publish_time	DATETIME	默认为当前时间	帖子的发布时间

在已经创建的forum.db数据库中执行如下指令来创建类别表：

【代码片段17-18】

```
CREATE TABLE category (
  id INTEGER PRIMARY KEY AUTOINCREMENT,
  label TEXT NOT NULL,
  position INTEGER NOT NULL
);
```

使用如下指令来创建帖子表：

【代码片段17-19】

```
CREATE TABLE post (
  id INTEGER PRIMARY KEY AUTOINCREMENT,
  category_id INTEGER NOT NULL,
  title TEXT NOT NULL,
  summary TEXT NOT NULL,
  content TEXT NOT NULL,
  author_id INTEGER NOT NULL,
  publish_time DATETIME DEFAULT CURRENT_TIMESTAMP
);
```

通常论坛网站的子模块都是预定义好的，用户只可以选择在相关的类别下发布帖子，是不允许用户自定义类别的。因此，类别表中的数据可以直接定义好，使用如下语句进行类别数据的插入：

【代码片段17-20】

```
INSERT INTO category (label, position) VALUES ('编程语言', 1);
INSERT INTO category (label, position) VALUES ('移动开发', 2);
INSERT INTO category (label, position) VALUES ('Web开发', 3);
INSERT INTO category (label, position) VALUES ('数据库', 4);
INSERT INTO category (label, position) VALUES ('云计算', 5);
INSERT INTO category (label, position) VALUES ('人工智能', 6);
INSERT INTO category (label, position) VALUES ('区块链', 7);
INSERT INTO category (label, position) VALUES ('运维', 8);
INSERT INTO category (label, position) VALUES ('测试', 9);
INSERT INTO category (label, position) VALUES ('信息安全', 10);
```

为了方便后面的测试，也可以向帖子表中插入一个示例帖子，注意，因为帖子数据需要包含类别和作者，因此使用的类别id和作者id一定要是数据库中存在的。使用如下语句插入：

【代码片段17-21】

```
INSERT INTO post (
  category_id,
  title,
  summary,
  content,
  author_id
) VALUES (
  1,
  'Python vs Java',
  '本帖讨论Python和Java两种语言的区别...',
  '示例内容...',
  1
);
```

现在已经准备好了数据库表和示例数据，之后即可在后端项目中添加一些接口来与数据库进行交互。

17.3.2 类别列表与帖子列表接口开发

我们计划在论坛首页展示所有子模块，当用户选中某个子模块时对应地展示当前子模块下的帖子目录。要实现此功能，后端服务需要提供两个接口供前端调用：获取所有子模块数据和根据子模块id来获取当前模块下的帖子。这两个接口都可以使用GET方法。

先来开发获取所有子模块的接口，在后端工程的routers文件夹下新建一个名为post.js的文件，与帖子相关的接口方法都写在这个文件中。在post.js中编写代码前，先在db.js中新增一个查询所有类别数据的方法：

【代码片段17-22 源码见附件代码/第17章/technique_forum_backend/db/db.js】

```
//获取所有类别数据
function queryAllCategories(callback) {
    //打开数据库
    const db = new sqlite3.Database(dbName);
    //定义SQL语句，这里查询所有类别数据并按照position进行排序
    const sql = 'SELECT * FROM category order by 'position';';
    //查询所有数据
    db.all(sql, [], (err, rows)=>{
        if (!err) {
            callback(rows)
        } else {
            callback(undefined)
        }
    });
    //关闭数据库
    db.close();
}
```

在post.js中编写如下代码：

【代码片段17-23　源码见附件代码/第17章/technique_forum_backend/routes/post.js】

```
var express = require('express');
var router = express.Router();
//引入数据库工具
var dbManager = require('../db/db')
//引入数据结构化方法
var FormatResponse = require('../format/response')
//获取所有分类接口
router.get('/categories', function(req, res, next){
    //读取数据库类别数据
    dbManager.queryAllCategories((data)=>{
        res.status(200).json(FormatResponse.FormatResponse(true, "", data));
    })
});
module.exports = router;
```

完成逻辑代码的编写后，不要忘记在app.js文件中进行新增路由的注册，代码如下：

```
var postRouter = require('./routes/post');
app.use('/post', postRouter);
```

下面尝试在浏览器中输入地址http://localhost:3000/post/categories，浏览器中将显示当前数据库中所有的类别数据，如图17-7所示。

```
{"success":true,"msg":"ok","content":[{"id":1,"label":"编程语言","position":1},{"id":2,"label":"移动开发","position":2},{"id":3,"label":"Web开发","position":3},{"id":4,"label":"数据库","position":4},{"id":5,"label":"云计算","position":5},{"id":6,"label":"人工智能","position":6},{"id":7,"label":"区块链","position":7},{"id":8,"label":"运维","position":8},{"id":9,"label":"测试","position":9},{"id":10,"label":"信息安全","position":10}]}
```

图17-7　浏览器显示的类别数据

帖子列表的接口设计与类别接口类似，需要注意的是，论坛的帖子可能会越来越多，不可能一次将所有的数据都返回给客户端。因此，帖子列表的接口是可以设计为分页的。传统的分页方法是采用offset+limit的方式进行分页，offset表示数据的偏移位置，limit表示要请求的数据数量。举个例子，在请求第一页的数据时，可以设置offset为0，limt为10。请求第2页的数据时，可以设置offset为10，limit为10。通常limit参数不需要变动，设置一个分页大小即可，offset根据当前已获取的数据量来设置。

在获取帖子列表数据时，需要同时将帖子对应的作者与类别的信息返回，并且只需要在帖子列表中展示帖子的摘要信息，不需要返回帖子的所有内容的。这样可以有效地减少前后端交互的数据传输量，减少请求消耗的时间。

首先在db.js文件中新增一个查询帖子数据的方法，代码如下：

【代码片段17-24　源码见附件代码/第17章/technique_forum_backend/db/db.js】

```
//查询帖子列表数据
function queryPosts(category, offset, limit, callback) {
    //打开数据库
    const db = new sqlite3.Database(dbName);
```

```
    //定义SQL语句，这里插入所有类别数据并按照position进行排序
    const sql = 'SELECT id,category_id,title,summary,author_id,publish_time FROM
post where category_id = '${category}' order by publish_time DESC limit ${limit} offset
${offset};';
    //查询所有数据
    db.all(sql, [], (err, posts)=>{
        if (!err) {
            //如果没有任何帖子，直接返回
            if (posts.length == 0) {
                callback(posts)
                return
            }
            //定义变量标记需要二次查询数据的次数
            var queryCount = posts.length * 2
            //当前已经查询的次数
            var currentQueryCount = 0
            for (var i = 0; i < posts.length; i++) {
                let post = posts[i];
                //查询作者信息，并拼接到文章对象中
                const sql1 = 'SELECT * FROM user where id = ${post.author_id};';
                db.get(sql1, (err, row)=>{
                    post.author = row
                    currentQueryCount += 1
                    if (currentQueryCount == queryCount) {
                        callback(posts)
                        db.close();
                    }
                });
                 //查询类别信息，并拼接到文章对象中
                 const sql2 = 'SELECT * FROM category where id = ${post.category_id};';
                 db.get(sql2, (err, row)=>{
                    post.category = row
                    currentQueryCount += 1
                    if (currentQueryCount == queryCount) {
                        callback(posts)
                        db.close();
                    }
                });
            }
        } else {
            callback()
            db.close();
        }
    });
}
```

上面的代码中，查询帖子数据时使用了时间逆序的排序规则，这样可以保证按照从新往旧的顺序获取帖子目录。在post.js文件中新增一个获取帖子列表的接口，编写代码如下：

【代码片段17-25 源码见附件代码/第17章/technique_forum_backend/routes/post.js】

```
//获取某个分类下的帖子列表
router.get('/posts', function(req, res, next){
    //参数对象
```

```
    var params = req.query;
    //子模块id参数
    var category_id = params.category_id;
    //用来进行分页的参数
    var offset = params.offset ? params.offset : 0;
    var limit = params.limit ? params.limit : 10;
    if (!category_id) {
        res.status(500).json(FormatResponse.FormatResponse(false, "缺少必要参数", ""));
        return;
    }
    //读取数据库类别数据
    dbManager.queryPosts(category_id, offset, limit, (data)=>{
        res.status(200).json(FormatResponse.FormatResponse(true, "", data));
    });
});
```

运行代码，也可以在浏览器中输入如下地址来测试帖子列表接口的功能：

```
http://localhost:3000/post/posts?category_id=1&offset=0&limit=2
```

将浏览器上显示的数据进行格式化后，如图17-8所示。

```
{
    "success": true,
    "msg": "ok",
    "content": [
        {
            "id": 14,
            "category_id": 1,
            "title": "Python vs Java",
            "summary": "本帖讨论Python和Java两种语言的区别...",
            "author_id": 1,
            "publish_time": "2023-08-08 14:03:00",
            "category": {
                "id": 1,
                "label": "编程语言",
                "position": 1
            },
            "author": {
                "id": 1,
                "nickname": "珲少",
                "account": "huishao",
                "password": "123456"
            }
        },
        {
            "id": 13,
            "category_id": 1,
            "title": "Python vs Java",
            "summary": "本帖讨论Python和Java两种语言的区别...",
            "author_id": 1,
            "publish_time": "2023-08-08 12:01:12",
            "category": {
                "id": 1,
                "label": "编程语言",
                "position": 1
            },
            "author": {
                "id": 1,
                "nickname": "珲少",
                "account": "huishao",
                "password": "123456"
            }
        }
    ]
}
```

图 17-8　帖子列表接口示例数据

首页客户端所需要的接口都已准备完成，17.3.3节将进入前端首页功能的开发。

17.3.3 前端首页帖子列表模块开发

本小节来实现技术论坛前端项目的首页。当用户登录后，路由会将Home组件渲染到页面。首先在tools文件夹下新建一个名为Model.ts的文件，之后可以将需要使用的模型数据定义在这个文件中，在其中编写如下代码：

【代码片段17-26 源码见附件代码/第17章/technique_forum/src/tools/Model.ts】

```
//子模块模型接口
interface CategoryModel {
    id: number
    label: string
    position: number
}
//导出模型接口
export {
    CategoryModel
}
```

在Network.ts文件的networkPath对象中新定义一个接口路径，代码如下：

```
categories: host + 'post/categories'
```

下面具体编写首页子模块部分的逻辑，修改Home.vue文件代码如下：

【代码片段17-27 源码见附件代码/第17章/technique_forum/src/components/home/Home.vue】

```
<template>
    <div id="container">
        <!-- 顶部的模块导航部分 -->
        <el-menu mode="horizontal" @select="selectedItem" default-active="0">
            <el-menu-item v-for="(item, index) in
categoryData" :index="'${index}'" :key="index">{{item.label}}</el-menu-item>
        </el-menu>
    </div>
</template>
<script lang="ts">
import { Options, Vue } from 'vue-class-component';
import { CategoryModel } from '../../tools/Model'
import networkPath from '../../tools/Network';
import { ElMessage } from 'element-plus';
@Options({})
export default class Home extends Vue {
    //子模块类别数据
    categoryData:CategoryModel[] = []
    //声明周期方法，组件挂载时请求分类数据
    mounted(): void {
        this.loadDataCategories()
    }
    //请求全部子模块数据
```

```
    loadDataCategories(): void {
        this.axios.get(networkPath.categories).then((response)=>{
            //赋值分类数据，响应式的变量会自动更新页面
            this.categoryData =  response.data.content;
        }).catch(()=>{
            ElMessage.error("网络失败，请稍后刷新页面")
        })
    }
    //选中某个子模块调用的方法
    selectedItem(index: number) {
        console.log("用户选择阅览模块" + this.categoryData[index].label);
    }
}
</script>
<style scoped>
#container {
    margin: 0 auto;
    width: 950px;
    background-color: white;
    box-shadow: 5px 5px 10px #c1c1c1;
    border-radius: 5px;
    overflow:hidden
}
</style>
```

首页组件从布局上分为两部分，上面是子模块导航区，用户单击不同的子模块会切换下面部分的列表数据。现在运行前端代码，页面效果如图17-9所示。

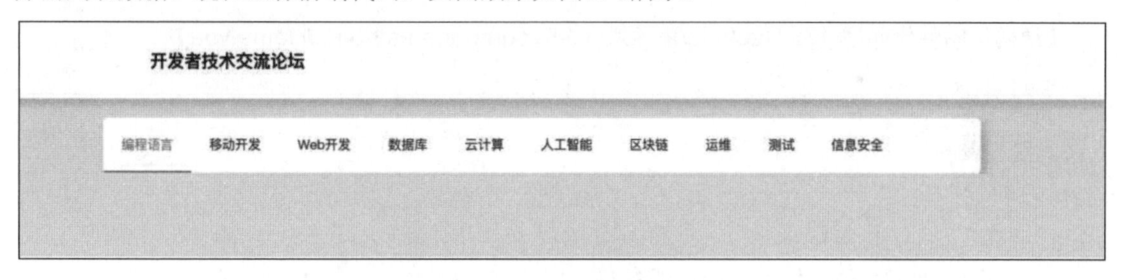

图 17-9　首页子模块导航栏示例

注意，在运行前端项目时，需要先将后端服务项目运行起来，否则无法通过接口获取子模块数据。

之后，将选中的子模块id作为参数之一来获取帖子列表即可。先来实现帖子列表的UI展现样式。修改Home组件的模板部分如下：

【源码见附件代码/第17章/technique_forum/src/components/home/Home.vue】

```
<template>
    <div id="container">
        <!-- 顶部的模块导航部分 -->
        <el-menu mode="horizontal" @select="selectedItem" default-active="0">
            <el-menu-item v-for="(item, index) in 
categoryData" :index="'${index}'" :key="index">{{item.label}}</el-menu-item>
        </el-menu>
```

```
        <!-- 帖子列表部分 -->
        <div>
            <!-- 通过for循环来创建列表 -->
            <div class="post" v-for="(post, index) in posts" :key="'${index}'">
                <span class="avatar">
                    {{ post.author.nickname.charAt(0) }}
                </span>
                <span class="content">
                    <div class="title">
                        {{ post.title }}
                    </div>
                    <div class="summary">
                        {{ post.summary }}
                    </div>
                    <div class="time">
                        发布时间: {{ post.publish_time }}
                    </div>
                </span>
                <div class="line"></div>
            </div>
            <!-- 分页时加载更多按钮 -->
            <div class="more" v-on:click="loadMore">{{ bottomViewText }}</div>
        </div>
    </div>
</template>
```

通过CSS代码来对模板中的元素进行样式控制，在Home.vue文件中添加CSS如下：

【源码见附件代码/第17章/technique_forum/src/components/home/Home.vue】

```
<style scoped>
/* 容器的样式 */
#container {
    margin: 0 auto;
    width: 950px;
    background-color: white;
    box-shadow: 5px 5px 10px #c1c1c1;
    border-radius: 5px;
    overflow:hidden;
    position: relative;
}
/* 帖子项的样式 */
.post {
    height: 130px;
    background-color: white;
    position: relative;
}
/* 头像样式 */
.avatar {
    margin-top: 15px;
    margin-left: 15px;
    width: 50px;
```

```
    height: 50px;
    background-color:azure;
    color: black;
    font-size: 30px;
    font-weight: bold;
    display:inline-block;
    text-align: center;
    line-height: 50px;
    border-radius: 10px;
    position: absolute;
}
/* 内容部分样式 */
.content {
    margin-top: 0px;
    padding: 0px;
    display:inline-block;
    margin-left: 80px;
    margin-right: 80px;
    position: absolute;
}
/* 标题样式 */
.title {
    margin-top: 10px;
    width: 100%;
    font-weight: bold;
    color: #444444;
    font-size: 20px;
    overflow: hidden;
    text-overflow: ellipsis;
}
/* 摘要样式 */
.summary {
    display: -webkit-box;
    overflow: hidden;
    text-overflow: ellipsis;
    -webkit-line-clamp: 2;
    -webkit-box-orient: vertical;
    margin-top: 5px;
    font-size: 15px;
    line-height: 25px;
    color: #777777;
}
/* 时间模块样式 */
.time {
    font-size: 14px;
    margin-top: 5px;
    color: #a1a1a1;
}
/* 分割线样式 */
.line {
    background-color: #e1e1e1;
```

```
    width: 100%;
    height: 1px;
    position:absolute;
    bottom:0;
}
/* 加载更多按钮的样式 */
.more {
    height: 50px;
    line-height: 50px;
    text-align: center;
}
</style>
```

对应地，在Home组件中定义一些需要使用的内部属性，代码如下：

【源码见附件代码/第17章/technique_forum/src/components/home/Home.vue】

```
//帖子列表数据
posts:Post[] = []
//当前选中的子模块id
selectedCategoryId = 0
//标记是否有更多数据可以加载
hasMore = true
//底部加载更多数据按钮的文案
bottomViewText = "单击加载更多"
```

在实现数据请求逻辑之前，先在networkPath对象中定义一个获取帖子列表的接口路径，代码如下：

```
posts: host + 'post/posts'
```

对应地，在Model.ts文件中新定义一个帖子数据模型接口，代码如下：

【源码见附件代码/第17章/technique_forum/src/tools/Model.ts】

```
import {UserInfo} from './Store'
//帖子模型接口
interface Post {
    author: UserInfo
    category: CategoryModel
    id: number
    title: string
    summary: string
    content: string
    publish_time: string
}
```

在Home组件中补齐核心的数据处理逻辑，定义方法如下：

【代码片段17-28 源码见附件代码/第17章/technique_forum/src/components/home/Home.vue】

```
//生命周期方法，组件挂载时请求分类数据
mounted(): void {
    this.loadDataCategories()
}
```

```
    //请求全部子模块数据
    loadDataCategories(): void {
        this.axios.get(networkPath.categories).then((response)=>{
            //赋值分类数据，响应式的变量会自动更新页面
            this.categoryData =  response.data.content;
            //设置当前选中的子模块
            this.selectedCategoryId = this.categoryData[0].id;
            //加载对应子模块的帖子数据
            this.loadPosts();
        }).catch(()=>{
            ElMessage.error("网络失败，请稍后刷新页面")
        })
    }
    //加载帖子数据
    loadPosts() {
        //请求帖子数据
        this.axios.get(networkPath.posts + '?category_id=${this.selectedCategoryId}
&offset=0&limit=5').then((response)=>{
            //赋值帖子列表变量，响应式地更新页面
            this.posts =  response.data.content;
            //处理是否可以加载更多数据的逻辑
            if (response.data.content.length < 5) {
                this.bottomViewText = "到底啦~"
                this.hasMore = false
            } else {
                this.bottomViewText = "单击加载更多"
                this.hasMore = true
            }
        }).catch(()=>{
            ElMessage.error("网络失败，请稍后刷新页面")
        })
    }
    //加载更多数据
    loadMore() {
        if (!this.hasMore) {
            return;
        }
        this.axios.get(networkPath.posts + '?category_id= ${this.selectedCategoryId}&
offset=${this.posts.length}&limit=5').then((response)=>{
            //将新请求到的数据追加到当前列表的末尾
            this.posts.push(...response.data.content);
            console.log(this.posts);
            if (response.data.content.length < 5) {
                this.bottomViewText = "到底啦~"
                this.hasMore = false
            } else {
                this.bottomViewText = "单击加载更多"
                this.hasMore = true
            }
        }).catch(()=>{
            ElMessage.error("网络失败，请稍后刷新页面")
```

```
    })
}
//选中某个子模块调用的方法
selectedItem(index: number) {
    this.selectedCategoryId = this.categoryData[index].id;
    console.log(this.selectedCategoryId);
    this.loadPosts();
}
```

至此，首页的核心功能已经基本开发完成。运行代码，效果如图17-10所示。

图 17-10 论坛首页示例

17.4 帖子发布模块开发

前面的章节中完成了帖子列表的展示逻辑，目前页面上已经可以展示已有的帖子数据，这些数据是预定义的测试数据。在实际应用中，帖子数据都是由用户来创建生成的。本节将开发帖子发布模块。

17.4.1 新增创建帖子的后端服务接口

创建帖子的后端接口服务部分非常简单，只需要增加一个插入帖子的接口即可。首先在后端项目的db.js文件中新增一个向数据库中插入帖子数据的方法，代码如下：

【代码片段17-29 源码见附件代码/第17章/technique_forum_backend/db/db.js】

```
function createPost(category_id, title, summary, content, author_id, callback) {
    //打开数据库
    const db = new sqlite3.Database(dbName);
```

```
        //定义插入帖子数据的SQL语句
        const sql = 'INSERT INTO post (category_id, title, summary, content, author_id)
        VALUES (${category_id}, '${title}', '${summary}', '${content}',
${author_id})';
        db.run(sql, (res, err)=>{
            if (err) {
                callback(false);
            } else {
                callback(true);
            }
        });
        //关闭数据库
        db.close();
    }
```

在向数据库中新增帖子数据时，无须设置id和publish_time字段，这两个字段会自动生成。在post.js文件中新增一个创建帖子的接口，代码如下：

【代码片段17-30 源码见附件代码/第17章/technique_forum_backend/routes/post.js】

```
    //新建帖子
    router.post('/create', function(req, res, next){
        //首先从请求的数据中获取参数
        var params = req.body;
        //分类id
        var category_id = params.category_id;
        //标题
        var title = params.title;
        //摘要
        var summary = params.summary;
        //内容
        var content = params.content;
        //作者
        var author_id = params.author_id;
        //进行有效性校验
        if (!title || !summary || !content || !author_id) {
            res.status(404).json(FormatResponse.FormatResponse(false, "缺少必填参数",
""));
            return;
        }
        //进行入库操作
        dbManager.createPost(category_id, title, summary, content, author_id,
(success)=>{
            if (success) {
                res.status(200).json(FormatResponse.FormatResponse(true, "", ""));
            } else {
                res.status(404).json(FormatResponse.FormatResponse(false, "帖子发布失
败", ""));
            }
        });
    });
```

运行后端项目，可以在终端使用如下指令来测试创建帖子接口服务是否正常：

```
curl -H 'Content-Type: application/json' -d '{"category_id":2, "title":"测试帖子
标题", "summary":"测试帖子摘要", "content":"测试帖子内容", "author_id":1}'
http://localhost:3000/post/create
```

如果请求成功，则说明帖子创建接口已经正常运行。

17.4.2 前端发布页面入口添加

回到technique_forum前端项目，首先在home文件夹下新建一个名为PublishPost.vue的文件，用来作为发布页面的组件。简单编写代码如下：

【源码见附件代码/第17章/technique_forum/components/home/PublishPost.vue】

```
<template>
    发布页面:{{ category_id }}
</template>
<script lang="ts">
import { Options, Vue } from 'vue-class-component';
@Options({
    props: {
        category_id: String
    }
})
export default class PublishPost extends Vue {
    category_id!: string
}
</script>
```

上面的代码只在组件中定义了一个category_id外部属性，进入发布页面时要指明在哪个子模块下发布帖子。

在Router.ts文件中新增加一个路由结构，代码如下：

```
{
    path:'publish/:category_id', //发布页面
    component:PublishPost,
    name:"publish",
    props: true
}
```

将props配置项设置为true后，路由在匹配到参数后，会自动将其解析为对应组件的外部属性，使用非常方便。

在Home组件的template模板标签内新增一段HTML代码，将其放在template标签的末尾，与id为container的div标签同级。代码如下：

```
<div class="publish">
    <el-button type="primary" style="width: 50px; height: 50px; font-size: 30px;"
icon="Edit" circle v-on:click="publishPost" />
</div>
```

上面的代码定义了一个发布按钮组件，我们可以采用fixed定位方式将其固定展示在页面的右上角位置，不随页面的滑动而移动，增加CSS样式代码如下：

```
/* 发布按钮样式 */
.publish {
    position: fixed;
    right: 100px;
    top: 110px;
}
```

当用户单击按钮后，会执行publishPost方法，此方法实现如下：

```
publishPost() {
    ElMessageBox.confirm('确认在当前模块下发布新的帖子？').then(() => {
        //跳转到帖子发布页面
        this.$router.push({name:"publish", params:{category_id:
this.selectedCategoryId}})
    }).catch(()=>{
        console.log("取消发布");
    });
}
```

这里使用了Element-Plus框架中的ElMessageBox来弹出提示框，对应要引入此对象：

```
import { ElMessageBox } from 'element-plus'
```

用户单击“发布帖子”按钮后，首先会弹出提示框提示用户是否在当前子模块下发布帖子，如果用户单击OK按钮，则会进入发布页面，否则会取消发布流程，最终如图17-11所示。

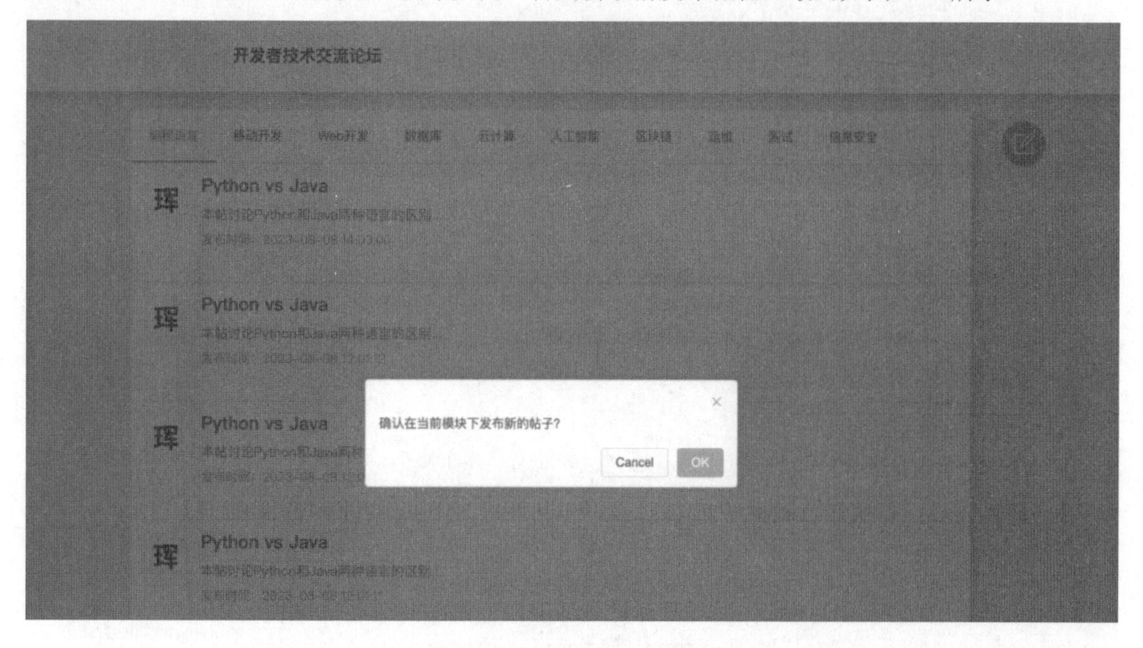

图 17-11　帖子发布入口示例

现在，发布页面还没有编写与帖子编辑相关的任何逻辑，之后将使用一个富文本编辑器来创建帖子内容。

17.4.3 前端发布帖子页面开发

帖子内容不像标题和摘要那样简单，需要对格式进行丰富的控制，例如设置字号、设置字体及颜色、能够插入表格、能够插入引用等。在前端项目根目录下执行如下指令来安装富文本组件模块：

```
npm install @wangeditor/editor @wangeditor/editor-for-vue@next --save
```

安装完成后，即可使用Editor组件来渲染富文本编辑器。

由于富文本编辑器需要进行较多配置，使用vue-class-component的方式来构建Vue组件比较复杂，我们直接使用Vue原生的组合式API来进行PublishPost组件的创建。编写代码如下：

【源码见附件代码/第17章/technique_forum/components/home/PublishPost.vue】

```
<template>
  <!-- 标题输入模块 -->
  <div id="container">
    <input placeholder="请输入帖子标题"  class="title" v-model="title"/>
  </div>
  <!-- 摘要输入模块 -->
  <div id="container">
    <textarea placeholder="请输入摘要"  class="summary" v-model="summary"/>
  </div>
  <!-- 内容输入模块 -->
  <div id="container">
      <Toolbar
        :editor="editorRef"
        :defaultConfig="toolbarConfig"
        :mode="mode"
        style="border-bottom: 1px solid #ccc;width: 800px;"
      />
      <Editor
        :defaultConfig="editorConfig"
        :mode="mode"
        v-model="valueHtml"
        style="height: 400px; width: 800px; overflow-y: hidden"
        @onCreated="handleCreated"
      />
  </div>
  <!-- 发布按钮 -->
  <div id="container">
    <div class="button" v-on:click="publish">发布帖子</div>
  </div>
</template>
<script lang="ts">
import '@wangeditor/editor/dist/css/style.css';
import { onBeforeUnmount, ref, shallowRef } from 'vue';
import { Editor, Toolbar } from '@wangeditor/editor-for-vue';
import { IDomEditor } from '@wangeditor/editor'
import store from '../../tools/Store';
export default {
```

```
components: { Editor, Toolbar },
props: {
  category_id: String
},
setup(props:any) {
  //编辑器实例
  const editorRef = shallowRef();
  //内容HTML文本
  const valueHtml = ref('');
  //标题文本
  const title = ref('')
  //摘要文本
  const summary = ref('')
  //过滤编辑器不需要的功能
  const toolbarConfig = {
    excludeKeys: [
    'group-video',
    'group-image',
    'fullScreen'
  ]};
  const editorConfig = { placeholder: '请输入内容...' };
  //组件销毁时，也及时销毁编辑器
  onBeforeUnmount(() => {
    const editor = editorRef.value;
    if (editor == null) return;
    editor.destroy();
  });
  //编辑器回调函数
  const handleCreated = (editor:IDomEditor) => {
    console.log('created', editor);
    editorRef.value = editor; //记录editor实例
  };
  const publish = () => {
    //进行帖子发布
    console.log(valueHtml.value);
    console.log(props.category_id);
    console.log(title.value);
    console.log(summary.value);
    console.log(store.state.id);
  };
  //组合式API
  return {
    editorRef,
    mode: 'default',
    title,
    summary,
    valueHtml,
    toolbarConfig,
    editorConfig,
    handleCreated,
    publish
  };
}
```

```
  };
</script>

<style scoped>
#container {
    margin: 0 auto;
    width: 800px;
    background-color: white;
    box-shadow: 5px 5px 10px #c1c1c1;
    border-radius: 5px;
    overflow:hidden;
    position: relative;
    margin-bottom: 20px;
}
.title {
  border: transparent;
  width: 80%;
  height: 50px;
  font-size: 30px;
  max-lines: 1;
  margin: 20px;
  outline: none;
}
.summary {
  border: transparent;
  width: 100%;
  height: 50px;
  font-size: 18px;
  max-lines: 1;
  margin: 20px;
  outline: none;
}
.button {
  width: 100%;
  height: 60px;
  font-size: 25px;
  line-height: 60px;
  text-align: center;
  background-color: cornflowerblue;
  color: white;
}
</style>
```

运行上面的代码，进入帖子发布页面，效果如图17-12所示。

尝试在帖子发布页面输入标题、摘要以及一些富文本的内容，在单击“发布帖子”按钮时，控制台会对创建帖子所需要的数据进行打印，17.4.4节将处理帖子发布的前后端交互逻辑。

图 17-12　帖子发布页面示例

17.4.4　完善帖子发布模块

帖子发布模块还剩下接口调用部分的逻辑需要补充。首先在networkPath对象中新定义一个接口路径，代码如下：

```
createPost: host + 'post/create'
```

修改PublishPost组件中的TypeScript代码，先引入必要模块：

```
import networkPath from '../../tools/Network';
import { ElMessage } from 'element-plus';
import { useRouter } from 'vue-router';
import { getCurrentInstance } from 'vue';
```

注意，由于我们使用了组合式API，因此在setup方法内是不能调用this关键字来获取当前实例组件的，需要使用其他的方式来调用网络工具和路由工具。getCurrentInstance方法可以获取当前App实例，从而调用axios模块方法，useRouter可以获取路由实例进行路由跳转。对应地，在setup方法中需要定义这些实例，代码如下：

【源码见附件代码/第17章/technique_forum/components/home/PublishPost.vue】

```
//当前实例
const instance = getCurrentInstance();
//路由实例
const router = useRouter();
```

实现核心的publish方法如下：

【源码见附件代码/第17章/technique_forum/components/home/PublishPost.vue】

```
const publish = () => {
  //整体创建帖子所需要的参数
  let content = valueHtml.value;
  let t = title.value;
  let s = summary.value;
  let author_id = store.state.id;
  let category_id = props.category_id;
  //检查参数是否为空
  if (!content) {
    ElMessage({
      message: '请先编写帖子内容',
      type: 'error',
    });
    return;
  }
  if (!t) {
    ElMessage({
      message: '必须设置帖子标题',
      type: 'error',
    });
    return;
  }
  if (!s) {
    ElMessage({
      message: '必须设置帖子摘要内容',
      type: 'error',
    });
    return;
  }
  if (!author_id) {
    ElMessage({
      message: '请先登录再发布帖子',
      type: 'error',
    });
    return;
  }
  if (!category_id) {
    ElMessage({
      message: '发布帖子必须选择分类模块',
      type: 'error',
    });
    return;
  }
  //发布帖子
  instance?.appContext.app.axios.post(networkPath.createPost, {
      title: t,
      summary: s,
      category_id: category_id,
      content: content,
      author_id: author_id
```

```
    }).then(()=>{
        ElMessage({
            message: '发布成功，即将跳转到首页~',
            type: 'success',
        });
        //3秒后自动跳转到首页
        setTimeout(()=>{
          router.push({name:"home"})
        }, 3000);
    }).catch((error:any)=>{
        ElMessage.error(error.response.data.msg)
    })
};
```

现在运行代码，可以尝试使用富文本编辑器编辑一些有意思的帖子内容，如图17-13所示。

单击“发布帖子”按钮后，即可在首页对应的子模块下找到新发布的帖子。当然，目前我们还无法通过帖子目录进入具体的帖子详情页，将在17.5节进行帖子详情模块的开发。

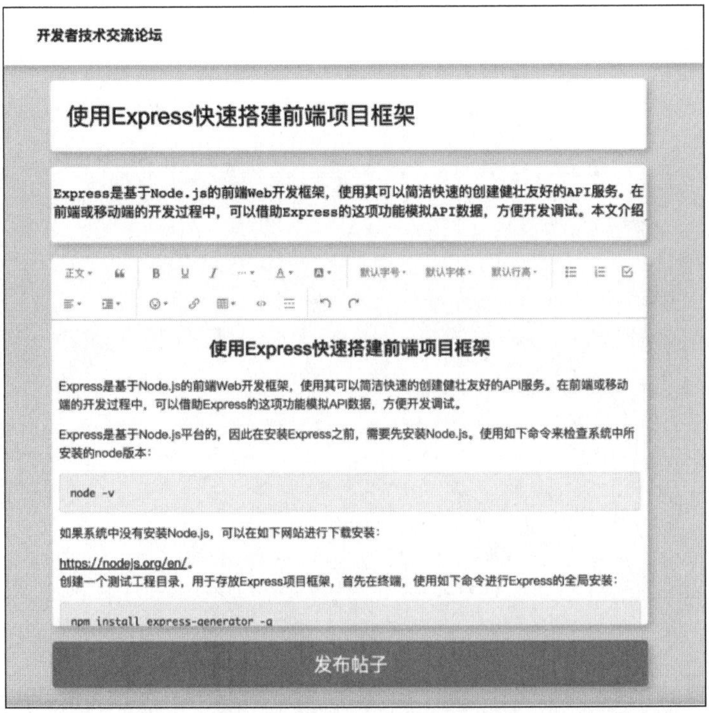

图 17-13　编写帖子内容示例

17.5　帖子详情模块开发

帖子详情主要用来展示具体某个帖子的详细内容。用户在首页浏览帖子目录时，如果发现了感兴趣的帖子，可以单击对应的目录条目进入帖子详情页面。帖子详情页面会完整地展示帖子的内容，并且支持评论。本节将对帖子详情模块进行开发。

17.5.1 帖子详情模块后端接口开发

帖子详情页除展示帖子的详细内容外，如果是自己发的帖子，还要支持对其进行删除操作。同时，对帖子的评论和回复也将在帖子详情页展示。本节先只处理帖子详情的展示和删除逻辑。

在帖子详情模块，需要新增两个后端接口：一个是根据帖子id来查询具体的帖子内容，包括完整的帖子信息及其所在的模块信息和作者信息；另一个是根据id删除某个帖子。

我们先来实现查询帖子详情的接口。查询帖子详情的后端服务逻辑其实与获取帖子列表数据的逻辑类似，只是查询需要将帖子的完整数据查询出来。在后端项目的db.js方法中新增一个方法，代码如下：

【代码片段17-31 源码见附件代码/第17章/technique_forum_backend/db/db.js】

```
//获取某个帖子的详情信息
function queryPostDetail(id, callback) {
    //打开数据库
    const db = new sqlite3.Database(dbName);
    //定义SQL语句，这里查询出帖子数据的所有字段
    const sql = 'SELECT * FROM post where id = ${id};';
    //查询数据
    db.get(sql, [], (err, post)=>{
        if (!err) {
            //如果没有查询到帖子，直接返回
            if (!post) {
                callback()
                return
            }
            //查询作者信息，拼接到文章对象中
            const sql1 = 'SELECT * FROM user where id = ${post.author_id};';
            db.get(sql1, (err, row)=>{
                post.author = row
                //查询类别信息，拼接到文章对象中
                const sql2 = 'SELECT * FROM category where id = ${post.category_id};';
                db.get(sql2, (err, row)=>{
                    post.category = row
                    callback(post)
                    db.close();
                });
            });
        } else {
            callback()
            db.close();
        }
    });
}
```

在post.js文件中新增一个GET请求接口，实现如下：

【代码片段17-32 源码见附件代码/第17章/technique_forum_backend/routes/post.js】

```
//获取帖子详情
router.get('/detail', function(req, res, next){
    //参数对象
    var params = req.query;
    //帖子id参数
    var id = params.id;
    if (!id) {
        res.status(404).json(FormatResponse.FormatResponse(false, "缺少必要参数",
""));
        return;
    }
    //读取数据库数据
    dbManager.queryPostDetail(id, (data)=>{
        if (data) {
            //查询到数据，直接返回
            res.status(200).json(FormatResponse.FormatResponse(true, "", data));
        } else {
            //查询不到数据，提示异常
            res.status(404).json(FormatResponse.FormatResponse(false, "帖子不存在
", ""));
        }
    });
});
```

帖子详情的查询比较简单，只需要通过id索引来查询即可。我们可以用一条数据库中已经存在的帖子的id为例，在浏览器中直接输入下面的地址即可获取帖子的详细数据：

```
http://localhost:3000/post/detail?id=20
```

删除帖子数据页比较简单，直接使用SQLite的DELETE语句即可。注意，这里采用的是硬删除逻辑，即一旦删除某个帖子就不可恢复。在db.js文件中新增加一个删除帖子数据的方法：

【代码片段17-33 源码见附件代码/第17章/technique_forum_backend/db/db.js】

```
//删除帖子
function deletePost(id, callback) {
    //打开数据库
    const db = new sqlite3.Database(dbName);
    //定义删除数据的SQL语句
    const sql = 'DELETE FROM post WHERE id=${id};';
    db.run(sql, (res, err)=>{
        if (err) {
            callback(false);
        } else {
            callback(true);
        }
    });
    //关闭数据库
    db.close();
}
```

在post.js中增加删除帖子接口如下：

【代码片段17-34 源码见附件代码/第17章/technique_forum_backend/routes/post.js】

```
//删除指定帖子
router.delete('/delete', function(req, res, next){
    //参数对象
    var params = req.body;
    //帖子id参数
    var id = params.id;
    if (!id) {
        res.status(404).json(FormatResponse.FormatResponse(false, "缺少必要参数",
""));
        return;
    }
    //删除数据库中的数据
    dbManager.deletePost(id, (success)=>{
        if (success) {
            //删除成功
            res.status(200).json(FormatResponse.FormatResponse(true, "", ""));
        } else {
            //删除失败
            res.status(404).json(FormatResponse.FormatResponse(false, "删除失败",
""));
        }
    });
});
```

注意，为了语义表述上更加明确，上面的代码中定义删除帖子接口的请求方法为DELETE，其实这里使用GET或者POST也没有任何问题。

可以在终端使用如下指令来测试删除接口是否正常工作：

```
curl -X DELETE -d 'id=2' http://localhost:3000/post/delete
```

注意，参数中的id值需要是数据库中存在的帖子id。

准备好了接口服务，17.5.2节进入帖子详情页前端展现逻辑的开发。

17.5.2 前端帖子详情模块开发

创建帖子时，帖子内容是使用富文本编辑器编写的，此富文本编辑器会自动将用户输入的富文本内容转换成HTML文本，我们在数据库中存储的也是HTML文本。因此，在帖子详情页，只要正常对HTML文本进行渲染即可。

首先，在前端项目的components文件夹下新建一个名为post的子文件夹，用来存放帖子详情页相关的组件。在其下新建一个名为PostDetail.vue的文本，简单编写模板代码如下：

【源码见附件代码/第17章/technique_forum/src/components/post/PostDetail.vue】

```
<template>
    帖子详情页:{{ id }}
</template>
```

```
<script lang="ts">
import { Options, Vue } from 'vue-class-component';
@Options({
    props:{
        id:String //当前帖子的id，由路由传递过来
    }
})
export default class PostDetail extends Vue {
    id!:string
}
</script>
```

在Router.ts中新增加一个路由对象，代码如下：

```
{
    path:'post/:id', //帖子详情
    component:PostDetail,
    name:"detail",
    props: true
}
```

之后可以将从首页跳转到帖子详情页的逻辑补充完整。在Home组件中，找到渲染帖子目录的div组件，为其增加单击事件如下：

```
<!-- 通过for循环来创建列表 -->
<div class="post" v-for="(post, index) in posts" :key="'${index}'"
v-on:click="goDetail(index)">
    <!-- 内部代码省略 -->
</div>
```

上面的代码中定义了用户单击首页某个帖子的交互事件，goDetail在调用时会将用户单击的帖子在数组中的下标传递进来。goDetail方法实现如下：

```
//跳转详情
goDetail(index: number) {
    let postId = this.posts[index].id;
    this.$router.push({name:'detail', params:{id: postId}});
}
```

现在，只需要编写在PostDetail组件中进行数据请求和页面布局的逻辑即可。

在networkPath对象中新增两个接口路径：

```
detail: host + 'post/detail',
deletePost: host + 'post/delete'
```

修改PostDetail组件的模板部分代码如下：

【源码见附件代码/第17章/technique_forum/src/components/post/PostDetail.vue】

```
<template>
    <!-- 显示当前的子模块名称 -->
    <div class="category">
        当前模块：{{ post?.category.label ?? "" }}
    </div>
```

```
    <!-- 内容部分 -->
    <div id="container">
        <!-- 帖子标贴 -->
        <div class="title">
            {{ post?.title }}
        </div>
        <!-- 作者、发布时间等 -->
        <div>
            <span class="tag">作者: {{ post?.author.nickname }}</span>
            <span class="tag">发布时间: {{ post?.publish_time }}</span>
            <span class="tag delete" v-if="post?.author.id == userId"
v-on:click="deletePost">删除帖子</span>
        </div>
        <!-- 摘要部分 -->
        <div class="summary">
            <div class="summary_title">摘要</div>
            <div class="summary_content">{{ post?.summary }}</div>
        </div>
        <!-- 帖子内容 -->
        <div v-html="post?.content" class="content editor-content-view"></div>
    </div>
</template>
```

在数据库存储的帖子数据中，内容是直接以HTML文本的格式进行存储的，因此需要使用Vue中的v-html指令来进行渲染。还有一点需要注意，编辑器输出的数据是不带CSS内联样式的，我们需要额外定义一些全局的CSS样式来支持富文本的渲染。在PostDetail.vue文件中编写样式代码如下：

【源码见附件代码/第17章/technique_forum/src/components/post/PostDetail.vue】

```
<!-- 局部CSS样式，只在PostDetail组件内生效 -->
<style scoped>
#container {
    margin-left: 80px;
    margin-top: 10px;
    width: 950px;
    background-color: white;
    box-shadow: 5px 5px 10px #c1c1c1;
    border-radius: 5px;
    overflow:hidden;
    position: relative;
}
.category {
    color: #777777;
    margin-left: 80px;
}
.title {
    font-size: 40px;
    margin-left: 15px;
    margin-top: 15px;
    margin-right: 15px;
}
.tag {
```

```
    margin-left: 20px;
    color: #777777;
}
.delete {
    color: red;
}
.summary {
    background-color: #EEF1FE;
    border-radius: 10px;
    margin: 10px;
    margin-top: 40px;
    padding: 20px;
}
.summary_title {
    font-weight: bold;
}
.summary_content {
    margin-top: 20px;
    color:#333333;
}
.content {
    margin: 20px;
}
</style>
<!-- 全局CSS样式，用来渲染富文本样式 -->
<style>
.editor-content-view {
  padding: 0 10px;
  margin-top: 20px;
  overflow-x: auto;
}
.editor-content-view p,
.editor-content-view li {
  white-space: pre-wrap; /* 保留空格 */
}
.editor-content-view blockquote {
  border-left: 8px solid #d0e5f2;
  padding: 10px 10px;
  margin: 10px 0;
  background-color: #f1f1f1;
}
.editor-content-view code {
  font-family: monospace;
  background-color: #eee;
  padding: 3px;
  border-radius: 3px;
}
.editor-content-view pre>code {
  display: block;
  padding: 10px;
}
```

```
.editor-content-view table {
 border-collapse: collapse;
}
.editor-content-view td,
.editor-content-view th {
 border: 1px solid #ccc;
 min-width: 50px;
 height: 20px;
}
.editor-content-view th {
 background-color: #f1f1f1;
}
.editor-content-view ul,
.editor-content-view ol {
 padding-left: 20px;
}
.editor-content-view input[type="checkbox"] {
 margin-right: 5px;
}
</style>
```

之后，对组件进行数据请求和属性响应式的赋值即可。组件TypeScript部分代码如下：

【源码见附件代码/第17章/technique_forum/src/components/post/PostDetail.vue】

```
<script lang="ts">
import { Options, Vue } from 'vue-class-component';
import { Post } from '../../tools/Model'
import networkPath from '../../tools/Network';
import { ElMessage, ElMessageBox } from 'element-plus';
import store from '../../tools/Store';
@Options({
    props:{
        id:String //当前帖子的id，由路由传递过来
    }
})
export default class PostDetail extends Vue {
    //帖子id
    id!:string
    //帖子数据
    post:Post | null = null
    //当前登录的用户id，如果未登录，为NaN
    userId = store.state.id

    //组件挂载时，请求帖子详情数据
    mounted(): void {
        this.loadData();
    }
    //获取帖子详情数据
    loadData() {
        this.axios.get(networkPath.detail + '?id=${this.id}').then((response)=>{
            this.post = response.data.content;
```

```
        }).catch((error)=>{
            ElMessage.error(error.response.msg);
        });
    }
    //删除帖子的方法
    deletePost() {
        //弹出消息框，删除操作需要用户二次确认
        ElMessageBox.confirm('确认删除当前帖子？删除后将不可恢复！').then(() => {
            this.axios.delete(networkPath.deletePost,{
                data: {
                    id: this.id
                }
            }).then(()=>{
                ElMessage.success('删除成功');
                //3秒后自动跳转到首页
                setTimeout(()=>{
                this.$router.push({name:"home"})
                }, 3000);
            }).catch((error)=>{
                ElMessage.error(error.response.msg);
            });
        }).catch(()=>{
            console.log("取消删除");
        });

    }
}
</script>
```

运行前端项目，进入一篇之前发布的帖子的详情页，可以看到帖子的详细内容已经呈现到页面中了，如图17-14所示。

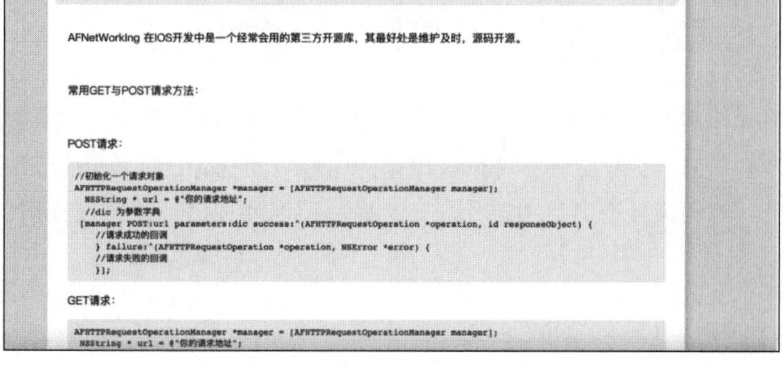

图 17-14　帖子详情页示例

如果当前登录的用户就是帖子的发布者，则在标题下面会展示“删除帖子”按钮，单击后会弹出消息框，如果用户确认了消息，则会将当前发布的帖子删除，如图17-15所示。

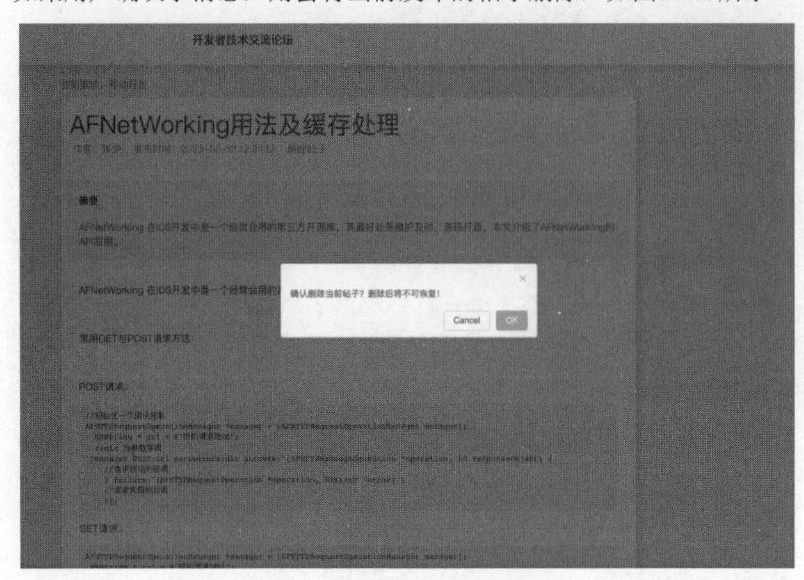

图 17-15　删除帖子示例

17.6　评论与回复模块开发

到目前为止，我们已经完成了技术论坛项目的用户登录注册模块、首页模块和帖子详情模块。一个完整的论坛项目已经初现雏形。对于论坛来说，用户间的交互讨论是非常重要的一部分。本节将开发与用户间交互相关的评论和回复模块。

评论和回复本质上是同样的数据结构，评论是针对帖子的，用户发布评论的目标是某个具体的帖子。回复则是针对某个发表评论或者回复的用户的，当然回复最终也会关联到一个帖子，只是其发起交流的对象是帖子下的某条评论或者回复的用户。为了简单起见，在此论坛项目中，我们将评论和回复的结构拉平，按照时间顺序逆序地对评论和回复进行平级展示，不同的是，回复会显示当前回复所针对的用户是谁。

17.6.1　评论数据库表的设计与接口逻辑编写

评论作为一种单独的数据结构，需要有一个自增的主键，评论都是附属在某个帖子下面的，因此需要关联一个帖子id，还需要有字段存储评论的内容以及评论的发布者。如果当前评论是对其他某条评论的回复，则还需要有其回复的用户id，最后还需要存储评论的发布时间。总结如表17-4所示。

表 17-4　评论数据库表包含的字段

字 段 名	类　型	约　束	意　义
id	INTEGER	自增主键	评论的唯一标识
post_id	INTEGER	不可为空	评论关联到的帖子 id
author_id	INTEGER	不可为空	发布评论的用户 id
reply_to	INTEGER	无约束	评论回复的用户 id
content	TEXT	不可为空	评论的内容
publish_time	DATETIME	默认为当前时间	评论的发布时间

执行如下指令在数据库中新建一张评论数据表：

【代码片段17-35】

```
CREATE TABLE comment (
  id INTEGER PRIMARY KEY AUTOINCREMENT,
  post_id INTEGER NOT NULL,
  author_id INTEGER NOT NULL,
  reply_to INTEGER,
  content TEXT NOT NULL,
  publish_time DATETIME DEFAULT CURRENT_TIMESTAMP
);
```

现在，可以在后端项目中编写一些与评论相关的业务接口，需要的接口有3个：

（1）创建评论的接口。
（2）删除评论的接口。
（3）拉取某个帖子评论列表的接口。

其中，创建评论需要的参数有对应的帖子id、创建者id以及被回复者id（如果有被回复者的话）。删除评论的接口比较简单，只需要知道评论的id，即可通过此id删除评论。拉取评论列表的接口与拉取帖子列表的接口类似，需要将其设计为分页。

我们先来实现创建评论的接口，在后端服务technique_forum_backend项目的db.js文件中新增一个向数据库中插入评论数据的方法：

【代码片段17-36 源码见附件代码/第17章/technique_forum_backend/db/db.js】

```
//创建评论
function createComment(postId, author_id, reply_to, content, callback) {
    //打开数据库
    const db = new sqlite3.Database(dbName);
    //定义插入评论数据的SQL语句
    var sql = ""
    if (reply_to) {
        sql = 'INSERT INTO comment (post_id, author_id, reply_to, content)
        VALUES (${postId}, ${author_id}, ${reply_to}, '${content}')';
    } else {
        sql = 'INSERT INTO comment (post_id, author_id, content)
        VALUES (${postId}, ${author_id}, '${content}')';
    }
```

```
        db.run(sql, (res, err)=>{
            if (err) {
                callback(false);
            } else {
                callback(true);
            }
        });
        //关闭数据库
        db.close();
    }
```

我们可以将与评论相关的接口编写在一个单独的路由文件中，方便后期对接口的更新和维护。在routes文件夹下新建一个名为comment.js的文件，在其中编写如下代码：

【代码片段17-37 源码见附件代码/第17章/technique_forum_backend/routes/comments.js】

```
    var express = require('express');
    var router = express.Router();
    //引入数据库工具
    var dbManager = require('../db/db')
    //引入数据结构化方法
    var FormatResponse = require('../format/response')
    //新建评论
    router.post('/create', function(req, res, next){
        //首先从请求的数据中获取参数
        var params = req.body;
        //帖子id
        var post_id = params.post_id;
        //内容
        var content = params.content;
        //作者
        var author_id = params.author_id;
        //回复者
        var reply_to = params.reply_to;
        //进行有效性校验
        if (!post_id || !author_id || !content) {
            res.status(404).json(FormatResponse.FormatResponse(false, "缺少必填参数",
""));
            return;
        }
        //进行入库操作
        dbManager.createComment(post_id, author_id, reply_to, content, (success)=>{
            if (success) {
                res.status(200).json(FormatResponse.FormatResponse(true, "", ""));
            } else {
                res.status(404).json(FormatResponse.FormatResponse(false, "评论发布失
败", ""));
            }
        });
    });
    module.exports = router;
```

在app.js文件中对新创建的路由对象进行注册，代码如下：

【源码见附件代码/第17章/technique_forum_backend/app.js】

```
var commentRouter = require('./routes/comment');
var app = express();
//中间代码省略
app.use('/comment', commentRouter);
```

运行此后端项目，我们可以在终端分别输入如下指令来测试评论创建接口的功能：

```
curl -H 'Content-Type: application/json' -d '{"post_id": 20, "content": "测试评论", "author_id": 1}' http://localhost:3000/comment/create
curl -H 'Content-Type: application/json' -d '{"post_id": 20, "content": "测试回复", "author_id": 11, "reply_to":1}' http://localhost:3000/comment/create
```

对应地，添加删除评论的相关方法。可以仿照删除帖子的写法，在db.js中新增一个方法如下：

【源码见附件代码/第17章/technique_forum_backend/db/db.js】

```
//删除指定帖子
router.delete('/delete', function(req, res, next){
    //参数对象
    var params = req.body;
    //帖子id参数
    var id = params.id;
    if (!id) {
        res.status(404).json(FormatResponse.FormatResponse(false, "缺少必要参数",
""));
        return;
    }
    //删除数据库中的数据
    dbManager.deleteComment(id, (success)=>{
        if (success) {
            //删除成功
            res.status(200).json(FormatResponse.FormatResponse(true, "", ""));
        } else {
            //删除失败
            res.status(404).json(FormatResponse.FormatResponse(false, "删除失败",
""));
        }
    });
});
```

对应地，增加删除评论的接口如下：

【源码见附件代码/第17章/technique_forum_backend/routes/comments.js】

```
//删除指定评论
router.delete('/delete', function(req, res, next){
    //参数对象
    var params = req.body;
    //帖子id参数
    var id = params.id;
```

```
        if (!id) {
            res.status(404).json(FormatResponse.FormatResponse(false, "缺少必要参数",
""));
            return;
        }
        //删除数据库中的数据
        dbManager.deleteComment(id, (success)=>{
            if (success) {
                //删除成功
                res.status(200).json(FormatResponse.FormatResponse(true, "", ""));
            } else {
                //删除失败
                res.status(404).json(FormatResponse.FormatResponse(false, "删除失败",
""));
            }
        });
    });
```

注意，此方法需要写在comment.js文件定义的路由对象中。在终端使用如下指令可以进行删除帖子接口功能的测试：

```
    curl -X DELETE -d 'id=2' http://localhost:3000/comment/delete
```

还剩下拉取评论的接口需要开发，拉取评论列表的逻辑与拉取帖子列表类似，对于分页逻辑，也使用limit与offset参数来控制。在db.js文件中添加如下方法：

【源码见附件代码/第17章/technique_forum_backend/db/db.js】

```
    //查询评论列表数据
    function queryComments(postId, offset, limit, callback) {
        //打开数据库
        const db = new sqlite3.Database(dbName);
        //定义SQL语句，查询评论数据
        const sql = 'SELECT * FROM comment where post_id = '${postId}' order by
publish_time DESC limit ${limit} offset ${offset};';
        //查询所有数据
        db.all(sql, [], (err, comments)=>{
            if (!err) {
                //如果没有任何评论，直接返回
                if (comments.length == 0) {
                    callback(comments)
                    return
                }
                //定义变量标记需要二次查询数据的次数、查询作者和回复者
                var queryCount = comments.length * 2
                //当前已经查询的次数
                var currentQueryCount = 0
                for (var i = 0; i < comments.length; i++) {
                    let comment = comments[i];
                    //查询作者信息，拼接到评论对象中
                    const sql1 = 'SELECT * FROM user where id = ${comment.author_id};';
                    db.get(sql1, (err, row)=>{
```

```
                    comment.author = row
                    currentQueryCount += 1
                    if (currentQueryCount == queryCount) {
                        callback(comments)
                        db.close();
                    }
                });
                if (!comment.reply_to) {
                    currentQueryCount += 1
                } else {
                    //查询回复信息，拼接到评论对象中
                    const sql2 = 'SELECT * FROM user where id = ${comment.reply_to};';
                    db.get(sql2, (err, row)=>{
                    comment.reply = row
                    currentQueryCount += 1
                    if (currentQueryCount == queryCount) {
                        callback(comments)
                        db.close();
                    }
                    });
                }
            }
        } else {
            callback()
            db.close();
        }
    });
}
```

查询评论列表的请求使用GET方法即可，示例如下：

【源码见附件代码/第17章/technique_forum_backend/routes/comments.js】

```
//获取某个分类下的帖子列表
router.get('/comments', function(req, res, next){
    //参数对象
    var params = req.query;
    //帖子id参数
    var post_id = params.post_id;
    //用来进行分页的参数
    var offset = params.offset ? params.offset : 0;
    var limit = params.limit ? params.limit : 10;
    if (!post_id) {
        res.status(500).json(FormatResponse.FormatResponse(false, "缺少必要参数",
""));
        return;
    }
    //读取数据库评论数据
    dbManager.queryComments(post_id, offset, limit, (data)=>{
        res.status(200).json(FormatResponse.FormatResponse(true, "", data));
    });
});
```

对于GET类型的请求，可以直接在浏览器中进行测试，在浏览器中输入类似http://localhost:3000/post/comments?post_id=1的地址，可以看到格式化后的评论数据如图17-16所示。

```
{
    "success": true,
    "msg": "ok",
    "content": [
        {
            "id": 4,
            "post_id": 20,
            "author_id": 1,
            "reply_to": null,
            "content": "测试评论",
            "publish_time": "2023-08-19 02:10:16",
            "author": {
                "id": 1,
                "nickname": "珲少",
                "account": "huishao",
                "password": "123456"
            }
        },
        {
            "id": 3,
            "post_id": 20,
            "author_id": 1,
            "reply_to": null,
            "content": "测试评论",
            "publish_time": "2023-08-19 02:10:15",
            "author": {
                "id": 1,
                "nickname": "珲少",
                "account": "huishao",
                "password": "123456"
            }
        },
        {
            "id": 1,
            "post_id": 20,
            "author_id": 1,
            "reply_to": null,
            "content": "测试评论",
            "publish_time": "2023-08-19 01:35:49",
            "author": {
                "id": 1,
                "nickname": "珲少",
                "account": "huishao",
                "password": "123456"
            }
        }
```


图 17-16　拉取评论列表示例

本小节完成了评论模块中与后端服务接口相关的开发。为前端页面的搭建做好了准备工作。在17.6.2节中将完善帖子详情页，对评论数据进行展示。

17.6.2　前端帖子详情页评论数据展示

在前端项目的networkPath对象中新增两个接口路径，代码如下：

```
comments: host + 'comment/comments'
deleteComment: host + 'comment/delete'
```

在Model.ts文件中新定义一个接口，用来描述评论数据的结构，代码如下：

【源码见附件代码/第17章/technique_forum/src/tools/Model.ts】

```
//评论模型接口
interface Comment {
    author: UserInfo,
    reply?: UserInfo,
```

```
        id: number,
        content: string,
        publish_time: string
    }
```

下面我们在PostDetail组件中增加一些响应式属性，用来处理评论模块的相关逻辑，增加的属性如下：

```
    //评论列表的数据
    comments: Comment[] = []
    //标记是否还有更多评论
    hasMoreComments = true
```

在组件挂载的生命周期方法中增加评论数据请求逻辑：

```
    //组件挂载时，请求帖子详情数据和评论数据
    mounted(): void {
        //请求帖子数据
        this.loadData();
        //请求评论数据
        this.loadComment();
    }
```

实现loadComment方法如下：

【源码见附件代码/第17章/technique_forum/src/components/post/PostDetail.vue】

```
    //加载评论数据
    loadComment() {
        this.axios.get(networkPath.comments +
'?post_id=${this.id}&offset=${this.comments.length}&limit=5').then((response)=>{
            //赋值评论数据
            this.comments.push(...response.data.content);
            //对应修改是否有更多评论数据的变量
            this.hasMoreComments = response.data.content.length == 5;
        }).catch((error)=>{
            ElMessage.error(error.response.msg);
        })
    }
```

对于用户自己发布的评论，同样支持删除操作，定义删除评论的方法如下：

【源码见附件代码/第17章/technique_forum/src/components/post/PostDetail.vue】

```
    //删除评论
    deleteComment(id:number) {
        //弹出消息框，删除操作需要用户二次确认
        ElMessageBox.confirm('确认删除当前评论？删除后将不可恢复！').then(() => {
            this.axios.delete(networkPath.deleteComment,{
                data: {
                    id: id
                }
            }).then(()=>{
                ElMessage.success('删除成功');
```

```
            //3秒后自动刷新评论区
            setTimeout(()=>{
                this.comments = [];
                this.loadComment();
            }, 3000);
        }).catch((error)=>{
            ElMessage.error(error.response.msg);
        });
    }).catch(()=>{
        console.log("取消删除");
    });
}
```

关于发布评论的逻辑会在17.6.3节具体介绍，我们可以先定义一个占位方法：

```
//发布评论
publicComment() {
    console.log("发布评论");
}
```

最后，修改PostDetail组件的模板部分，在其template根元素下新增HTML元素如下（此元素需要追加在帖子内容部分元素的后面）：

【源码见附件代码/第17章/technique_forum/src/components/post/PostDetail.vue】

```
<!-- 评论部分 -->
<div id="container">
    <!-- 帖子标题 -->
    <div class="comment_title">
        <span>用户评论</span>
      <span style="margin-left: 10px; font-size: 12px; padding: 10px; font-weight:
bold; background-color: antiquewhite; border-radius: 10px;" v-on:click=
"publicComment">发布评论</span>
      </div>
      <div v-for="(item, index) in comments" :key="index">
        <div class="comment_icon">
            {{ item.author.nickname[0] }}
        </div>
        <div class="comment_container">
            <div v-if="item.reply" class="reply">
                回复{{ item.reply?.nickname }}:
            </div>
            <div class="comment_content">
                {{ item.author.nickname }}说: {{ item.content }}
            </div>
            <div class="comment_tags">
                <span>
                    发布时间: {{ item.publish_time }}
                </span>
                <span v-if="item.author.id == userId" style="color: red;" v-on:
click="deleteComment(item.id)">
                    删除
                </span>
```

```
            </div>
        </div>
    </div>
    <div v-if="hasMoreComments" class="comment_more" v-on:click="loadComment">
        单击加载更多
    </div>
</div>
```

对应地补充一些与评论模块相关的内部CSS样式：

【源码见附件代码/第17章/technique_forum/src/components/post/PostDetail.vue】

```
.comment_icon {
    width: 50px;
    height: 50px;
    display: inline-block;
    background-color: #c1c1c1;
    border-radius: 5px;
    margin: 15px;
    text-align: center;
    font-size: 30px;
    line-height: 50px;
    font-weight: bold;
    vertical-align: top;
}
.reply {
  font-size: 14px;
  color: #777777;
}
.comment_container {
    display: inline-block;
    margin-right: 20px;
    margin-top: 15px;
    vertical-align: top;
}
.comment_content {
    font-size: 18px;
}
.comment_tags {
    margin-top: 5px;
    font-size: 14px;
    color: #c1c1c1;
}
.comment_more {
    text-align: center;
    font-size: 18px;
    margin: 10px;
    padding-top: 20px;
    border-top: #f1f1f1 1px solid;
    margin-bottom: 50px;
}
```

现在运行前端项目，效果如图17-17所示。

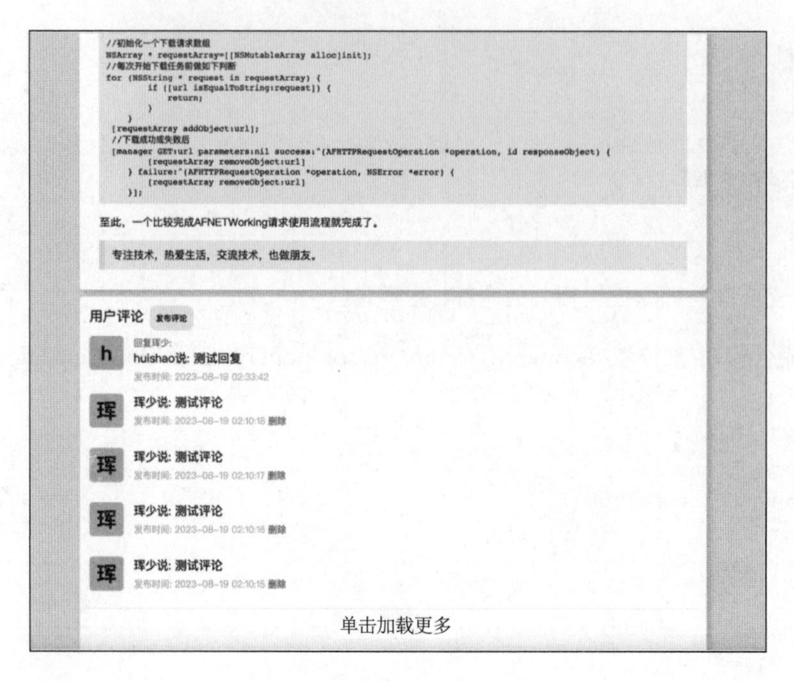

图 17-17　帖子评论模块示例

17.6.3　前端发布评论功能开发

前端我们已经定义好了发布评论的后端接口，对前端来说，发布评论分为两种，当用户单击“发布评论”按钮进行评论时，其所针对的评论对象是帖子。当前用户单击了某条评论时，也可以发布评论，此时其所针对的评论对象是帖子和对应评论的发布者。首先来处理单纯针对帖子的评论的发布。

在networkPath对象中新增一个发布评论的接口路径，代码如下：

```
createComment: host + 'comment/create'
```

我们计划在用户发布评论时弹出一个自定义对话框，对话框中包含一个输入框组件，用户可以输入要评论的内容进行发布。在PostDetail组件中定义一些需要使用的属性，代码如下：

【源码见附件代码/第17章/technique_forum/src/components/post/PostDetail.vue】

```
//是否展示发布评论的窗口
conmentPannelOpen = false
//回复的用户，如果没有回复的用户，则为null
replyTo: UserInfo | null = null
//绑定到输入框的评论内容
commentText = ""
//计算属性，标记发布评论对话框中的发布按钮是否可用
get canPublishComment(): boolean {
    return this.commentText.length <= 0
}
```

前面提到过，当用户单击某条评论时，我们认为用户要对这条评论进行回复，需要对评论元素增加交互事件，修改模板代码如下：

```
    <div v-for="(item, index) in comments" :key="index"
v-on:click="publishReply(index)">
    <!-- 中间代码省略 -->
    </div>
```

在模板template元素内部的末尾增加一个自定义对话框，代码如下：

【源码见附件代码/第17章/technique_forum/src/components/post/PostDetail.vue】

```
    <!-- 发布评论的对话框 -->
    <el-dialog v-model="conmentPannelOpen" title="发布评论">
        <div style="margin-bottom: 30px; font-size: 22px;" v-if="replyTo">回复:
{{ replyTo.nickname }}</div>
        <div>
            <el-input
                v-model="commentText"
                :rows="4"
                type="textarea"
                placeholder="请输入评论"
            />
        </div>
        <div style="margin-top: 30px;">
            <el-button size="large" type="primary" :disabled="canPublishComment"
v-on:click="toPublishComment">评论</el-button>
        </div>
    </el-dialog>
```

下面我们来实现与发布评论相关的几个核心方法：

【源码见附件代码/第17章/technique_forum/src/components/post/PostDetail.vue】

```
    //发布评论
    publicComment() {
        //将回复对象清空
        this.replyTo = null;
        //弹出评论发布对话框
        this.conmentPannelOpen = true;
    }
    //发布回复
    publishReply(index: number) {
        //赋值回复对象
        this.replyTo = this.comments[index].author;
        //弹出评论发布对话框
        this.conmentPannelOpen = true;
    }
    //调用发布方法
    toPublishComment() {
        //参数构建
        var params:any = {
            post_id: this.id,
            content: this.commentText,
            author_id: this.userId
        }
```

```
        if (this.replyTo) {
            params.reply_to = this.replyTo.id;
        }
        //调用接口
        this.axios.post(networkPath.createComment, params).then(()=>{
            ElMessage.success('评论成功');
            setTimeout(()=>{
                //重新拉取评论区数据
                this.comments = [];
                this.loadComment();
                //关闭发布对话框
                this.connentPannelOpen = false;
                //清空发布评论对话框的内容
                this.commentText = "";
            }, 3000);
        }).catch((error)=>{
            ElMessage.error(error.response.msg);
        });
    }
```

运行代码，发布评论效果如图17-18所示。

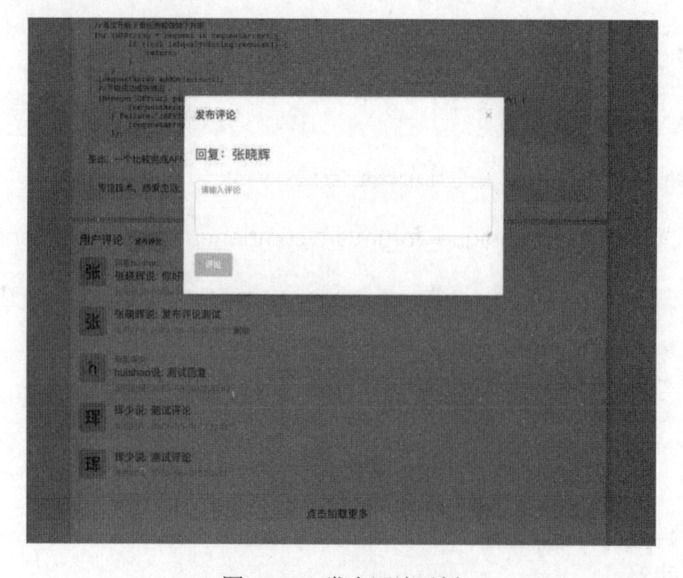

图 17-18　发布评论示例

17.7　搜索模块与退出登录逻辑开发

如果跟随着本书的进度将项目做到了此处，那么恭喜你，此论坛项目的核心功能已经基本完成了，相信通过这些代码实践的练习，你对Vue项目开发的前后端交互流程已经有了更加深入的理解。本节将查漏补缺，完善此项目的剩余部分。

随着论坛中帖子数量的增加，按时间顺序浏览帖子可能不太方便。有时候，用户有很明确的阅读需求，需要查与指定内容相关的帖子，这时就需要使用搜索功能。

在实际项目开发中，后端搜索服务往往比较复杂，当用户发布帖子后，需要在服务端对帖子的内容进行关键词提炼，之后建立索引表，以便在客户端调用搜索接口时可以快速的找到相关的内容。在本练习项目中，我们简化一下搜索的流程，只进行标题匹配，只要标题中包含用户所搜索的关键词，就将此帖子作为结果返回。

首先在后端项目的工程中新增一个查询方法，在SQLite中，进行字符串的模糊匹配可以使用LIKE查询语句。在db.js文件中新增一个查询方法如下：

【代码片段17-38　源码见附件代码/第17章/technique_forum_backend/db/db.js】

```
//搜索帖子列表数据
function searchPosts(keyword, offset, limit, callback) {
    //打开数据库
    const db = new sqlite3.Database(dbName);
    //定义SQL语句，这里查询所有标题中包含关键字的帖子数据并按照发布时间进行排序
    const sql = `SELECT id,category_id,title,summary,author_id,publish_time FROM
post where title LIKE '%${keyword}%' order by publish_time DESC limit ${limit} offset
${offset};`;
    //查询所有数据
    db.all(sql, [], (err, posts)=>{
        if (!err) {
            //如果没有任何帖子，直接返回
            if (posts.length == 0) {
                callback(posts)
                return
            }
            //定义变量标记需要二次查询数据的次数
            var queryCount = posts.length * 2
            //当前已经查询的次数
            var currentQueryCount = 0
            for (var i = 0; i < posts.length; i++) {
                let post = posts[i];
                //查询作者信息，拼接到文章对象中
                const sql1 = `SELECT * FROM user where id = ${post.author_id};`;
                db.get(sql1, (err, row)=>{
                    post.author = row
                    currentQueryCount += 1
                    if (currentQueryCount == queryCount) {
                        callback(posts)
                        db.close();
                    }
                });
                 //查询类别信息，拼接到文章对象中
                 const sql2 = `SELECT * FROM category where id =
${post.category_id};`;
                 db.get(sql2, (err, row)=>{
                    post.category = row
                    currentQueryCount += 1
                    if (currentQueryCount == queryCount) {
                        callback(posts)
                        db.close();
```

```
                }
            });
        }
    } else {
        callback()
        db.close();
    }
  });
}
```

其中，在构造SQLite查询语句时，%表示匹配任意字符。对应地，在post.js文件中增加一个查询帖子的接口，代码如下：

【源码见附件代码/第17章/technique_forum_backend/routes/post.js】

```
//获取某个分类下的帖子列表
router.get('/search', function(req, res, next){
    //参数对象
    var params = req.query;
    //查询关键词
    var keyword = params.keyword;
    //用来进行分页的参数
    var offset = params.offset ? params.offset : 0;
    var limit = params.limit ? params.limit : 10;
    if (!keyword) {
        res.status(500).json(FormatResponse.FormatResponse(false, "缺少必要参数",
""));
        return;
    }
    //查询数据库帖子的数据
    dbManager.searchPosts(keyword, offset, limit, (data)=>{
        res.status(200).json(FormatResponse.FormatResponse(true, "", data));
    });
});
```

之后运行后端项目，可以在浏览器中验证这个新增的接口是否能正常工作。现在，此论坛项目后端部分的开发可以告一段落了。不知不觉中，我们已经完成了所有需要的接口。下面来完善一下前端项目。

首先增加一个新的接口路径，代码如下：

```
searchPosts: host + 'post/search'
```

搜索框和退出登录的按钮可以放在全局的导航栏下，修改Layout.vue组件的模板和TypeScript代码部分如下：

【源码见附件代码/第17章/technique_forum/components/layout/Layout.vue】

```
<template>
    <el-container id="container">
        <!-- 添加一个通用的头部 -->
        <el-header style="margin:0;padding:0; box-shadow: 5px 5px 10px #c1c1c1;"
height="80px">
```

```
            <el-container
style="background-color:#FFFFFF;margin:0;padding:0;height:80px">
                <div style="margin: auto;margin-left:300px;">
                    <!-- 标题 -->
                    <h1 style="float: left;"> 开发者技术交流论坛</h1>
                    <!-- 搜索框，只有登录状态下才展示 -->
                    <div v-if="isLogin" style="margin: auto; margin-left: 60px;
float: left;">
                        <el-input
                            v-model="keyword"
                            style="height: 30px; width: 500px;"
                            placeholder="搜搜感兴趣的帖子吧~">
                            <template #prepend>
                                <el-button icon="Search" />
                            </template>
                            <template #append>
                                <el-button v-on:click="toSearch">前往</el-button>
                            </template>
                        </el-input>
                    </div>
                    <!-- 登出按钮，只有登录状态下才展示 -->
                    <div v-if="isLogin" style="float: left; margin-left: 40px;">
                        <el-button type="danger" v-on:click="logout">登出
</el-button>
                    </div>
                </div>
            </el-container>
        </el-header>
        <el-main style="padding:0; margin-top: 20px">
        <!-- 这里用来渲染具体的功能模块 -->
        <router-view :key="$route.fullPath"></router-view>
        </el-main>
    </el-container>
</template>
<script lang="ts">
import { Options, Vue } from 'vue-class-component';
import store from '../../tools/Store';
@Options({})
export default class Layout extends Vue {
    //搜索关键字
    keyword = ""
    //是否登录
    get isLogin(): boolean {
        return store.getters.isLogin;
    }
    //跳转到搜索页面
    toSearch() {
        if (this.keyword) {
            this.$router.push({name:"search", params:{keyword: this.keyword}});
        }
    }
```

```
    //登出操作，后续实现
    logout() {
        console.log();
    }
}
</script>
```

注意，在上面的代码中，我们对router-view组件增加了key属性，并且将其设置为当前路由的全路径。这样做的好处是对于不同的路径，页面组件会独立渲染。后面在编写搜索页面组件时，当搜索关键词变化后，无须跳转新的页面即可完成页面的刷新。

在前端项目的home文件夹下新建一个名为SearchPage.vue的文件，完整代码如下：

【源码见附件代码/第17章/technique_forum/components/home/SearchPage.vue】

```
<template>
    <div id="container">
        <!-- 帖子列表部分 -->
        <div>
            <!-- 通过for循环来创建列表 -->
            <div class="post" v-for="(post, index) in posts" :key="'${index}'"
v-on:click="goDetail(index)">
                <span class="avatar">
                    {{ post.author.nickname.charAt(0) }}
                </span>
                <span class="content">
                    <div class="title">
                        {{ post.title }}
                    </div>
                    <div class="summary">
                        {{ post.summary }}
                    </div>
                    <div class="time">
                        发布时间: {{ post.publish_time }}
                    </div>
                </span>
                <div class="line"></div>
            </div>
            <!-- 分页时加载更多按钮 -->
            <div class="more" v-on:click="loadMore">{{ bottomViewText }}</div>
        </div>
    </div>
</template>
<script lang="ts">
import { Options, Vue } from 'vue-class-component';
import { Post } from '../../tools/Model'
import networkPath from '../../tools/Network';
import { ElMessage } from 'element-plus';
@Options({
    props: {
        keyword:String
    }
})
```

```
export default class SearchPage extends Vue {
    keyword!:string
    //帖子列表数据
    posts:Post[] = []
    //标记是否有更多数据可以加载
    hasMore = true
    //底部加载更多数据按钮的文案
    bottomViewText = "单击加载更多"
    //生命周期方法，组件挂载时请求分类数据
    mounted(): void {
        this.loadPosts();
    }
    //加载帖子数据
    loadPosts() {
        //请求帖子数据
        this.axios.get(networkPath.searchPosts +
'?keyword=${this.keyword}&offset=0&limit=5').then((response)=>{
            //赋值帖子列表变量，响应式地更新页面
            this.posts =  response.data.content;
            //处理是否可以加载更多数据的逻辑
            if (response.data.content.length < 5) {
                this.bottomViewText = "到底啦~"
                this.hasMore = false
            } else {
                this.bottomViewText = "单击加载更多"
                this.hasMore = true
            }
        }).catch(()=>{
            ElMessage.error("网络失败，请稍后刷新页面")
        })
    }
    //加载更多数据
    loadMore() {
        if (!this.hasMore) {
            return;
        }
        this.axios.get(networkPath.searchPosts + '?keyword=
${this.keyword}&offset=${this.posts.length}&limit=5').then((response)=>{
            //将新请求到的数据追加到当前列表的末尾
            this.posts.push(...response.data.content);
            console.log(this.posts);
            if (response.data.content.length < 5) {
                this.bottomViewText = "到底啦~"
                this.hasMore = false
            } else {
                this.bottomViewText = "单击加载更多"
                this.hasMore = true
            }
        }).catch(()=>{
            ElMessage.error("网络失败，请稍后刷新页面")
        })
```

```
    }
    //跳转详情
    goDetail(index: number) {
        let postId = this.posts[index].id;
        this.$router.push({name:'detail', params:{id: postId}});
    }
}
</script>
<style scoped>
/* 容器的样式 */
#container {
    margin: 0 auto;
    width: 950px;
    background-color: white;
    box-shadow: 5px 5px 10px #c1c1c1;
    border-radius: 5px;
    overflow:hidden;
    position: relative;
}
/* 帖子项的样式 */
.post {
    height: 130px;
    background-color: white;
    position: relative;
}
/* 头像样式 */
.avatar {
    margin-top: 15px;
    margin-left: 15px;
    width: 50px;
    height: 50px;
    background-color:azure;
    color: black;
    font-size: 30px;
    font-weight: bold;
    display:inline-block;
    text-align: center;
    line-height: 50px;
    border-radius: 10px;
    position: absolute;
}
/* 内容部分样式 */
.content {
    margin-top: 0px;
    padding: 0px;
    display:inline-block;
    margin-left: 80px;
    margin-right: 80px;
    position: absolute;
}
/* 标题样式 */
```

```
.title {
    margin-top: 10px;
    width: 100%;
    font-weight: bold;
    color: #444444;
    font-size: 20px;
    overflow: hidden;
    text-overflow: ellipsis;
}
/* 摘要样式 */
.summary {
    display: -webkit-box;
    overflow: hidden;
    text-overflow: ellipsis;
    -webkit-line-clamp: 2;
    -webkit-box-orient: vertical;
    margin-top: 5px;
    font-size: 15px;
    line-height: 25px;
    color: #777777;
}
/* 时间模块样式 */
.time {
    font-size: 14px;
    margin-top: 5px;
    color: #a1a1a1;
}
/* 分割线样式 */
.line {
    background-color: #e1e1e1;
    width: 100%;
    height: 1px;
    position:absolute;
    bottom:0;
}
/* 加载更多按钮的样式 */
.more {
    height: 50px;
    line-height: 50px;
    text-align: center;
}
</style>
```

搜索结果页面与帖子列表页面的逻辑和样式都比较类似，这里我们不做过多介绍。最后，别忘记在Router.ts中注册搜索结果页的路由：

```
{
    path:'search/:keyword', //搜索结果
    component: SearchPage,
    name:"search",
    props:true
}
```

运行前端项目，可以尝试搜索一些已经存在的帖子，效果如图17-19所示。

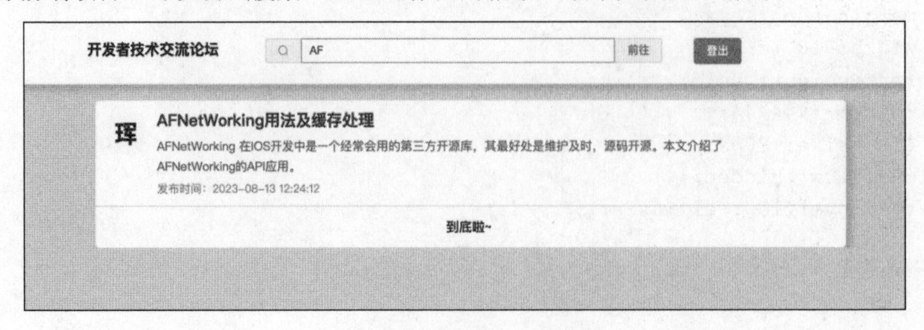

图 17-19　搜索结果页示例

至此，我们的论坛项目只剩下最后一个功能细节待完善了，即登出功能。其实对于登出功能来说，前面在定义Store工具对象的时候已经有所涉及，当时定义了一个clearUserInfo方法，登出无须与服务端交互，只需要将本地存储的用户信息清空，并退回登录页面即可，非常简单。

实现Layout组件中的logout方法如下：

```
//登出操作
logout() {
    store.commit('clearUserInfo');
    this.$router.push({name: 'login'});
}
```

17.8　本 章 小 结

本章花费大量篇幅来从0到1实现了一个相对完整的论坛项目，既包括后端服务和数据管理，又包括前端渲染和用户交互。如果你跟随本章的节奏一步一步自主独立地完成了这个项目，那么相信你一定会受益匪浅。

由于本书篇幅有限，无法将此项目做到尽善尽美。但是你可以根据自己的需要和想法来对本项目进行改造。例如通过数据持久化在本地保存用户数据，为了安全性来调整接口的返回数据，对密码进行加密，以及通过token来认证用户登录。本项目中所有的源代码都会完整提供，你可以根据需要进行修改和扩展。